TRAITÉ PRATIQUE

DE LA FABRICATION DES

POUDRES ET SALPÊTRES

CORBEIL. — Typ. et stér. de CRÉTÉ.

BIBLIOTHÈQUE DES PROFESSIONS INDUSTRIELLES ET AGRICOLES

SÉRIE F, N° 4.

GUIDE PRATIQUE

DE LA FABRICATION DES

POUDRES ET SALPÊTRES

PAR

LE MAJOR STEERK

SUIVI D'UN APPENDICE

sur

LES FEUX D'ARTIFICE

PAR M. SPILT.

PARIS

LIBRAIRIE SCIENTIFIQUE, INDUSTRIELLE ET AGRICOLE

EUGÈNE LACROIX, ÉDITEUR

LIBRAIRE DE LA SOCIÉTÉ DES INGÉNIEURS CIVILS

54, rue des Saints-Pères

—

TRAITÉ PRATIQUE

DE LA FABRICATION DES

POUDRES ET SALPÊTRES

Les auteurs et l'éditeur se réservent le droit de traduire ou de faire traduire cet ouvrage en toutes langues. Ils poursuivront conformément à la loi et en vertu des traités internationaux toute contrefaçon ou traduction faite au mépris de leurs droits.

Le dépôt légal de cet ouvrage a été fait à Paris à l'époque de mai 1866, et toutes les formalités prescrites par les traités sont remplies dans les divers États avec lesquels il existe des conventions littéraires.

Tout exemplaire du présent ouvrage qui ne porterait pas, comme ci-dessous, ma griffe, sera réputé contrefait, et les fabricants et débitants de ces exemplaires seront poursuivis conformément à la loi.

CORBEIL. — Typ. et stér. de CRÉTÉ.

BIBLIOTHÈQUE DES PROFESSIONS INDUSTRIELLES ET AGRICOLES

SÉRIE F, No 4.

GUIDE PRATIQUE

DE LA FABRICATION DES

POUDRES ET SALPÊTRES

PAR

LE MAJOR STEERK

SUIVI D'UN APPENDICE

sur

LES FEUX D'ARTIFICE

PAR M. SPILT.

PARIS

LIBRAIRIE SCIENTIFIQUE, INDUSTRIELLE ET AGRICOLE

EUGÈNE LACROIX, ÉDITEUR

LIBRAIRE DE LA SOCIÉTÉ DES INGÉNIEURS CIVILS

15, QUAI MALAQUAIS

GUIDE PRATIQUE

DE LA FABRICATION

DES POUDRES ET DES SALPÊTRES

Il existe en France un Traité sur l'art de fabriquer la poudre à canon, qu'on doit à deux ingénieurs distingués, MM. Bottée et Riffault; mais cet ouvrage, écrit en 1811, n'est plus à la hauteur de la science actuelle; néanmoins il me paraît toujours bon à être consulté, et je commence ce guide pratique, en lui empruntant les préliminaires suivants :

« La découverte des effets que peut produire le mélange du nitre, du soufre et du charbon, paraît dater des temps très-reculés. On croit assez généralement pouvoir l'attribuer aux Chinois, qui, ayant les premiers fait usage de ces matières pour la pyrotechnie, essayèrent les premiers aussi d'en former une composition, dont ils trouvèrent le moyen de se servir avec le plus grand avantage dans des instruments de guerre. Si l'on peut ajouter quelque foi aux récits des navigateurs portugais, qui, ayant abordé sur les côtes de la Chine, purent se procurer quelques notions de tradition sur cet antique et vaste empire, un de ses souverains s'aida de canons, plusieurs siècles avant notre ère, contre les Tartares qui lui faisaient la guerre. Depuis, les Chinois ayant entrepris la conquête du royaume de Pégu, ils y conduisirent du canon. Ce serait donc de la Chine que la connaissance de la poudre et de la machine dans laquelle on en faisait usage se serait répandue chez d'autres nations, soit par la Tartarie, soit par les Arabes, qui trafiquaient sur les mers des Indes, ou, enfin, par les Portugais et les Hollandais, que la navigation porta vers ces contrées lointaines. On prétend que le souverain de la Chine, qui fit l'essai de cette invention contre les Tartares, sut profiter adroitement de leur état d'épouvante et d'effroi pour faire courir le bruit qu'il la tenait de Jupiter lui-même, dont la protection signalée lui avait fourni ce moyen de lancer la foudre sur ses ennemis : et si l'on considère la difficulté qu'il y a toujours eue, et qu'il existe encore de communiquer avec ce pays, on jugera facilement que l'usage de la poudre et du canon, dont les Chinois se faisaient gloire d'être les inventeurs, sera demeuré pendant très-longtemps particulier à ce peuple. Bien des siècles se seront donc écoulés avant que leur secret ait pu leur être dérobé.

« Il paraît cependant que Roger Bacon, philosophe du treizième siècle, était bien sur la voie de cette découverte, lorsqu'il disait, dans son Traité *De nullitate Magiœ*, qu'en renfermant le mélange du nitre, du soufre et du charbon dans quelque chose de creux et de bouché, on parvenait à imiter les éclairs, et à produire plus de bruit et d'éclat qu'un coup de tonnerre.

« Il y a lieu de s'étonner qu'on se soit alors borné à ces essais, à ces résultats connus du mélange du nitre, du soufre et du charbon : car, soit qu'on n'ait songé que plus d'un siècle après à en tirer parti, soit que, sans s'en être occupé davantage, on ait eu en effet connaissance de ce qui se faisait, depuis plus de deux mille ans peut-être, à la Chine, ce qui paraît très-probable, c'est que ce fût seulement sous la troisième race, et pendant le règne de Philippe de Valois, qu'on fit, pour la première fois en France, usage de la poudre et du canon.

« Elle est bien remarquable, sans doute, cette époque où les moyens étant donnés de substituer à la baliste, à la catapulte, au bélier, etc., à ces machines à masses énormes, mises en action, pour la plupart, par la puissance de l'homme, et avec peu de vitesse, des machines beaucoup plus simples, plus faciles à mouvoir, lançant d'elles-mêmes des masses infiniment moins considérables, mais avec une vitesse prodigieuse, il devait en résulter les changements qui se sont successivement opérés dans les machines, les armes, les fortifications, les charges, les armées, enfin dans tout le système de la guerre. Cependant ce point si mémorable de l'histoire de la France ne s'y trouve point fixé d'une manière précise. Suivant le dernier des continuateurs de Velly, le trésorier des guerres, Barthélemi de Drack fait dépense dans ses états présentés à la Chambre des comptes, pour l'année 1338, de l'argent donné à Henri de Famechon, pour achat de poudres et autres choses nécessaires aux canons qui étaient devant Puy-Guillaume, château fortifié en Auvergne. D'un autre côté, on voit dans la *Chronique de Jean Froissart*, que le duc Jean de Normandie, fils aîné de Philippe de Valois, faisant, en 1339, une incursion, dans le Hainaut, se présenta devant le Quesnoy ; et à cette occasion il est dit, en parlant de la marche de son armée : Ceux qui chevauchoyent devant, viendrent devant le Quesnoi, jusqu'aux barrières, et firent semblant d'assaillir ; mais il étoit si bien pourveu de bonnes gens d'armes et de grande artillerie, qu'ils eussent perdu leur peine ; non pourtant ils écarmouchèrent un petit devant les bailles ; mais on les fit retraire, car ceux du Quesnoi décliquèrent canons et bombardes qui gettoyent grands carreaux, etc.

« Enfin, selon Anquetil, ce fut ce même duc Jean de Normandie qui employa, pour la première fois, des canons et des bombardes au siége de Trin-l'Évêque, château et petite place de Cambrai, dont il s'empara; et il paraît que ce siége eut lieu en 1339.

« On doit cependant observer ici que Flurance Rivault, dans ses *Eléments d'artillerie*, édition de 1608, prétend qu'il faut assigner une autre signification aux termes de canons et de bombardes, dont Froissart fait usage en parlant de l'attaque de la place du Quesnoy par le duc Jean de Normandie; et s'il en était ainsi, cette signification devrait également s'appliquer aux mêmes expressions dont Anquetil s'est servi depuis, relativement au siége de Trin-l'Évêque. Suivant Flurance Rivault il faut plutôt interpréter ce passage et autres semblables, « des machines à pierres qui estoient bandées comme arbalestres, et ce bracquoient à certains points comme un niveau ou quadran, qui se nommait canon, c'est-à-dire règle et loi de la machine. Les autres prenoient leur force par l'esbranlement d'un gros arbre, qui estoit suspendu en balance, et qui, lasché de grands bransle, alloit du bout frapper roidement une pierre exposée à cela, et l'envoyoit fort loin avec une extrême violence; et de ce balancement la machine s'appeloit canon, parce que proprement canon est le styl de la balance ou du trébuchet qui fait paroître l'égalité ou inégalité du poids. Quant aux bombardes, ce pouvoient estre quelques armes qui menoient bruit au deslacher qu'elles faisoient, et en fut pris le mot du grec, qui signifie proprement mener le bruit des mouches à miel; et depuis a été transféré à mille autres sons, et principalement à la rumeur du tonnerre, etc. » Il est à remarquer que Flurance Rivault, en faisant ces observations, ajoute, pour leur donner sans doute plus de poids, que, si ce que dit Froissart pouvait en effet s'entendre de nos canons, « il faudroit que nos ancestres en usent usé devant Italiens et Allemans, et les premiers de l'Europe; » c'est ce qu'il ne lui paraît pas possible d'admettre.

« Nous n'entreprendrons point de discuter ici le mérite de

cette explication de Flurance Rivault : nous nous bornerons
à dire qu'elle ne nous paraît pas de nature à prévaloir sur
le fait positif de l'article de dépense, porté en 1338 sur les
comptes du trésorier de la guerre, fait avoué par la plupart
de nos historiens et chronologistes, et plus particulièrement
affirmé par Ducange, qui dit avoir vu le registre de la Chambre des comptes, pour l'année 1338 qui fait mention de
l'objet de dépense dont il s'agit. Il n'y a rien, d'ailleurs,
dans la citation de ce fait, qui puisse donner lieu à la moindre ambiguïté sur le sens des termes; car on ne doit pas
douter que les canons pour le service desquels on faisait
alors achat de poudre ne fussent bien réellement les mêmes
machines dont on a continué depuis à faire usage de même
avec emploi de poudre, soit que dans ce temps-là ils lanças-
sent des pierres, ou tous autres corps que les boulets et
la mitraille dont on les chargea par la suite.

« Nous pensons donc qu'on peut considérer cette époque de
1338, comme étant celle qui nous présente la date la moins
incertaine du premier usage connu des canons dans les armées françaises. Mais si, en 1338, on avait fait achat de
poudre pour les canons, il est bien évident que le moyen de
fabriquer cette matière était déjà mis en pratique. Il nous
faut donc encore rapporter à des temps antérieurs la connaissance et la première exécution du travail de l'extraction
du salpêtre, et de son emploi en confection de poudre pour
les canons, dont l'usage précéda de plus d'un siècle celui
des autres armes à feu; et, puisque toute autre indication
bien précise, qui pourrait aider à en déterminer l'époque,
nous manque, nous nous bornerons à la fixer à l'an 1336.

« C'est à cette époque que se rattache nécessairement l'o-
rigine du service des poudres et salpêtres en France; et,
c'est par conséquent à dater de ladite année 1336, que nous
allons essayer d'en tracer l'histoire.

« C'était, en 1336, le grand maître des arbalétriers, le premier officier militaire après les deux maréchaux de France, dont l'autorité très-grande alors s'étendait sur presque tous les corps de l'armée, qui avait dans sa dépendance toutes les machines de guerre portant déjà la dénomination générale d'artillerie. Il était défendu d'en faire ailleurs que dans les fabriques établies pour la confectionner, et on la gardait dans les forteresses ou dans les châteaux des grandes villes. Il y avait à cette époque des maîtres d'artillerie, des maîtres et fabricants d'artillerie, des préposés aux artilleries, des gardes et visiteurs de l'artillerie, mais tous, même ceux qui, vers la fin du quatorzième siècle, reçurent les titres de souverain maître des artilleries de France, de général maître des artilleries du roi, étaient subordonnés au grand maître des arbalétriers.

« Ce serait donc sous les ordres de Pierre de Galart, grand maître des arbalétriers, de 1310 à 1339, que les maîtres de l'artillerie, chargés de tout ce qui concernait les machines de guerre, le furent pour la première fois de la fabrication ou de l'achat des canons et de la poudre, en rendant directement compte de cette partie nouvelle de leur service au grand maître des arbalétriers, qui, par les attributions de son office, devait seul en connaître ; de même qu'il était l'ordonnateur unique de toutes les dépenses qui y étaient relatives.

« On ne trouve rien, ni dans Fontanon ni dans le *Recueil des Edits et Ordonnances des rois de la troisième race*, par Villevault, qui ait rapport au service des poudres, avant l'an 1540. Il doit paraître étonnant que dans un intervalle de temps aussi long, il n'en ait été fait aucune mention dans la suite des actes authentiquement émanés de la souveraineté ; mais il nous semble qu'il y a moyen d'expliquer comment, en effet, il en a pu être ainsi.

« On jugera facilement, sans doute, que le service du canon dût être d'une bien faible importance, tant que ce fut la seule bouche à feu dont on fit usage. De quel intérêt aurait pu être alors l'approvisionnement particulier à cette arme, dont l'utilité était si peu appréciée comparativement aux autres machines dont on continuait à se servir, comme constituant encore essentiellement l'artillerie? Il y a donc tout lieu de présumer que ce fut seulement lors de l'invention et de l'usage des autres armes à feu, dont l'emploi avec le canon devait bientôt remplacer les machines anciennes de guerre, que la nécessité fut reconnue d'organiser d'une manière plus générale et plus régulière la fabrication du salpêtre et de la poudre en France, et d'assurer par des mesures rigoureusement prescrites, par la force d'édits et ordonnances des rois, le succès d'un service dont les produits allaient devenir la partie la plus importante de l'approvisionnement des armées en munitions de guerre. Ce fut alors aussi, sans doute, que la recherche du salpêtre ayant été, dès les premiers besoins connus de la confection de la poudre pour le service du canon, exclusivement réservée au roi, comme un attribut essentiel de la souveraineté, ce droit fut pleinement confirmé, et plus particulièrement consacré, comme ayant pour objet d'assurer la défense de l'État, de prévenir les troubles intérieurs, de surveiller la destination et l'emploi des munitions de guerre, et de donner à la puissance royale toute la force nécessaire pour faire respecter e exécuter les lois.

« Or, suivant le père Daniel, dans son *Histoire de la Milice française*, ce fut l'arquebuse à croc, se braquant sur une espèce de trépied, dont l'invention succéda immédiatement à celle du canon. On donna longtemps après, vers la fin du règne de Louis XII, le même nom à une espèce d'arme à feu dont le canon était monté sur un fût qui avait une crosse pour coucher en joue. Cette arquebuse devint ensuite l'arme à feu ordinaire des soldats dans les troupes. Après cela, furent connus le pétrinal, le mousquet, etc.

« On voit donc que l'époque où le nombre des différentes espèces d'armes à feu s'augmenta, où l'usage dans les armées en devint plus grand et plus habituel, s'accorde assez bien avec celle de l'ordonnance de François Ier, sur le fait des poudres et salpêtres, la plus ancienne qui soit parvenue jusqu'à présent à notre connaissance. »

Nous arrêterons là ces recherches sur l'origine de la fabrication de la poudre et sur son emploi dans les armes, pour entrer tout de suite en matière.

La poudre est un mélange intime de soufre, de salpêtre et de charbon ; nous allons examiner d'abord chacune de ces substances ou matières composantes.

SOUFRE

Le soufre était connu dès la plus haute antiquité, les volcans qui le rejettent avec abondance ont dû, dans le principe, le montrer aux hommes. Sa couleur est jaune-citron, son odeur est légère, mais caractéristique, et se développe surtout par le frottement. Sa saveur est nulle, et il est complétement insoluble dans l'eau, aussi ne pouvons-nous comprendre l'usage de mettre du soufre dans l'eau offerte aux chiens comme boisson, puisque l'eau ne peut en dissoudre la moindre parcelle. Il est cassant, mais ne se pulvérise pas facilement, parce que le broiement développe toujours de la chaleur qui le rend mou et difficile à écraser, aussi a-t-on quelque peine à le pulvériser seul. On obtient le soufre en poudre excessivement fine par le procédé que nous décrirons plus tard en exposant la fabrication de la *fleur de soufre.*

Le commerce vend ordinairement le soufre sous forme de bâtons cylindriques : si on saisit un de ces bâtons dans la main, on entend un craquement et souvent le bâton se brise ; cet effet est dû à la chaleur de la main, qui, par des dilatations inégales, détermine la rupture. Sa densité est de 2,087, c'est-à-dire double de celle de l'eau. Le frottement lui donne la singulière propriété d'attirer les corps légers, plumes, duvet, paille, en les électrisant.

Le soufre exposé à la chaleur nous offre des phénomènes

fort extraordinaires, et dont nous allons étudier la série. Mettons un morceau de soufre dans une capsule, chauffons celle-ci avec une petite lampe, et observons : Le soufre craque, décrépite, se brise; à 111°C., il commence à fondre et coule comme de la cire, en donnant une liqueur transparente, très-fluide, et de couleur de citron. Continuons l'application de la chaleur : la liqueur change de couleur et de nature; elle devient brun clair, rougeâtre, perd sa fluidité et s'épaissit; la couleur se fonce de plus en plus, passe au rouge foncé; l'épaississement augmente. Enfin, la matière devient rouge-cramoisi, et si pâteuse, qu'elle ne coule plus; elle prend la consistance de la poix, et peut s'étirer en longs fils excessivement fins. Continuons, augmentons l'action de la chaleur, et nous voyons à 250° C. la masse prendre feu, et brûler avec une flamme bleue en répandant des vapeurs blanches et excessivement piquantes. Cette combustion n'est rien autre chose que la combinaison du soufre avec l'oxygène de l'air à l'aide de la température, combustion qui se fait avec lumière, et qui donne lieu à un nouveau composé gazeux que nous étudierons plus loin sous le nom d'*acide sulfureux*. C'est cette même flamme bleue qui paraît à l'extrémité de l'allumette soufrée que l'on allume. Mais revenons au soufre : la combustion s'est faite, parce que le soufre chauffé était supposé dans une capsule ouverte, en contact avec l'air; si, au contraire, le soufre est chauffé dans un vase fermé, une fiole mal bouchée, par exemple, n'étant plus exposé à l'air, il ne s'enflamme plus; on le voit, vers 400°, entrer en ébullition et produire des vapeurs jaunâtres qui, en se condensant par le refroidissement, donnent cette poussière ténue connue sous le nom de *fleur de soufre*. Quand le soufre est liquide, on peut le couler dans des moules, où il prend les formes les plus diverses, et présente après le refroidissement l'image exacte et solide de l'objet à reproduire. On fabrique ainsi les belles médailles auxquelles on conserve la couleur jaune naturelle, ou qu'on recouvre d'une couleur bronzée.

Une propriété bien singulière du soufre, c'est que si dans le moment où la chaleur l'a rendu pâteux et visqueux, on le jette dans l'eau froide, il conserve sa viscosité, devient malléable, ductile, s'étire en fils, prend sous les doigts les formes qu'on veut lui donner comme une véritable cire, et ne reprend sa couleur et sa dureté qu'après un temps assez long. Le soufre s'allie à tous les corps : il est fort répandu dans la nature, soit à l'état pur et isolé dans le voisinage des volcans, soit combiné avec des métaux dans le sein de la terre; il existe encore dans la laine, les poils et les œufs : il ne faut pas manger des œufs avec des ustensiles en argent, parce que ce dernier métal est attaqué par le soufre qui le noircit aussitôt. Le soufre est une substance de première nécessité dans les arts ; la fabrication de l'acide sulfurique, composé de soufre et d'oxygène, en consomme des quantités considérables.

Il convient de relater ici les expériences suivantes qu'on doit à l'ingénieur H. Violette, et qui ont un intérêt particulier pour le sujet qui nous occupe, parce qu'elles déterminent les températures auxquelles le soufre s'unit, soit à l'oxygène de l'air, soit au salpêtre.

« Le soufre projeté sur du salpêtre fondu à 360 degrés, dans un creuset en porcelaine, surnage, fond, s'enflamme en se combinant avec l'oxygène de l'air, mais sans se combiner avec le salpêtre, et disparaît en gaz sulfureux. Si l'on élève la température du bain jusqu'à 400 degrés environ, jusqu'à la décomposition du sel, le soufre projeté sur la surface se conduit de la même manière, sans produire de combinaison. Cette expérience ne me semblait pas assez concluante, dit M. Violette, parce que, dans ce cas, le soufre en vapeur et le salpêtre pouvaient ne pas être en contact parfait. Il fallait immerger le soufre; on ne pouvait opérer avec un

fil de platine ou de verre, parce que le soufre fond aussitôt
et s'échappe du fil, en gagnant aussitôt la surface, où il brûle
comme nous le savons.

« J'ai construit un petit creuset en platine *a* de la grosseur
d'un pois, je l'ai rempli de soufre fondu, environ $0^{gr},1$, et
je l'ai fixé, renversé à l'extrémité d'un fil de
platine *b* ; cela fait, je l'ai plongé dans le bain
de salpêtre fondu *c*, comme l'indique la fig. 1.
Le bain avait une température de 340 degrés.
Or le soufre s'est réduit en vapeurs, qui ont
traversé le liquide, en bulles incolores et trans-
parentes à la manière d'un gaz, et sont ve-
nues brûler à la surface, avec un léger bruit
et une lumière bleue magnifique. Cette opé-

Fig. 1.

ration, faite dans l'obscurité, montre le curieux spectacle d'un gaz qui vient brûler à la surface d'un
liquide, bulle à bulle, avec une lumière bleue d'un très-bel
effet. Ici encore il n'y a pas eu combinaison avec le salpêtre ; on a élevé la température du bain jusqu'à 400 degrés environ, et la décomposition du salpêtre n'a pas eu
lieu ; il ne s'est fait aucune déflagration : les bulles gazeuses du soufre ont continué à traverser le bain d'une
manière inoffensive ; seulement l'inflammation à la surface
était plus brillante, et le bain semblait tout couvert d'une
atmosphère bleue lumineuse. Enfin, on a chauffé environ
à 432 degres, jusqu'à la fusion d'une parcelle d'antimoine
projetée dans le bain, et tout à coup le soufre s'est combiné avec le salpêtre, en produisant une très-vive lumière blanche et en bouleversant la masse liquide par le
dégagement de gaz abondants. Le soufre décompose donc
le salpêtre à la température de 432 degrés centigrades.

« Déterminons la température à laquelle le soufre brûle
dans l'air en se combinant avec l'oxygène atmosphérique.
Les traités de chimie disent que cette combustion a lieu

à 150 degrés; or il m'a été impossible de la reproduire.
Le soufre, soit en morceau, soit en poudre, projeté sur la
surface d'un bain d'étain fondu à 150 degrés, ou bien sur
une pellicule de verre surnageant ce bain, pour éviter le
contact du métal, a fondu, en émettant de légères vapeurs,
mais ne s'est jamais enflammé; c'est à 250 degrés seulement, et pas en deçà, que le soufre a pris feu, en brûlant
avec la flamme bleue ordinaire. J'ai maintes fois répété
ces essais, et je n'ai jamais pu obtenir l'inflammation du
soufre avant 250 degrés.

« Le charbon le plus inflammable, projeté sur une surface
chauffée à 250 degrés, ne brûle pas; mais si l'on dépose
sur ce charbon, ainsi placé, quelques grains de soufre, celui-ci brûle, et, en se combinant avec l'oxygène de l'air, développe assez de chaleur pour faire rougir le charbon qui brûle
dans l'air et se consume. Les charbons préparés aux températures croissantes de 160 à 432 degrés, placés ainsi à
250 degrés, en contact avec le soufre, brûlent également;
mais ceux qui sont voisins de 432 degrés s'enflamment
beaucoup moins rapidement.

« Cette combustion du charbon dans l'air par l'intermédiaire du soufre ne se produit plus pour les charbons moins
combustibles préparés aux températures comprises entre
1000 et 1500 degrés; ces derniers ne rougissent point dans
la flamme du soufre allumé, qui les laisse intacts. »

EXTRACTION. — C'est dans les mines de Pirita, en Tos-
cane, de Sulfatara, dans le royaume de Naples, et principalement dans les terres volcaniques de la Sicile, que le soufre
paraît être en plus grande quantité, et d'où provient la presque
totalité de celui qui se consomme en France. Après avoir été
extrait de la mine, il est soumis à une première opération
qui a pour but de le dégager d'une partie des matières
étrangères, terres et pyrites, avec lesquelles il est mêlé. Le

procédé que l'on emploie varie suivant les localités, mais il consiste toujours à soumettre les pyrites à l'action du feu, soit dans des chaudières, soit dans des tuyaux de terre disposés sur un fourneau allongé, soit même dans des fosses en plein air. Trois procédés sont donc en usage, suivant la nature de la matière première :

Premier procédé. —Lorsque la matière est très-riche, on se contente de la faire fondre dans une chaudière en fonte de fer (*fig.* 2), chauffée par un foyer. On remue avec un ringard, puis on laisse déposer en maintenant la température, mais sans l'élever, jusqu'à 150 degrés; précaution qu'il convient de prendre pour éviter l'inflammation, toutes les fois que l'on fait fondre du soufre à l'air libre ; on décante alors le soufre liquide à l'aide d'une cuiller, et on le verse dans un baquet préalablement trempé dans l'eau, ou dans une auge en tôle. Dès que le soufre est solidifié, on retourne le vase, et le pain, qui a éprouvé un retrait en se prenant en masse, tombe sur le sol ; on le brise alors d'un coup de merlin en quelques morceaux, et on l'expédie soit en vrac, soit dans des tonneaux de bois blanc.

Fig. 2.

Les résidus terreux tirés de la chaudière, après avoir puisé le soufre liquide, peuvent être, suivant les circonstances locales ou commerciales, rejetés ou traités par l'un des deux procédés suivants :

Deuxième procédé. — On peut extraire le soufre de la mine peu riche, sans autre combustible qu'une partie du soufre lui-même, au moyen d'une sorte de haut fourneau,

four coulant ou vase conique en briques ou pierres dures E
(*fig. 3*). Au fond de ce fourneau, on allume le soufre impur et
l'on ajoute successivement les fragments de mine qui brûlent
à la surface et laissent couler le
soufre fondu par la chaleur de
la combustion. Des ouvreaux
f, f, f, à différentes hauteurs,
fournissent l'air utile à cette
combustion superficielle, tandis
que le soufre en excès s'écoule
au-dessous et sort à la partie
inférieure du fourneau par des
ouvreaux *g*; il est reçu dans des
vases en bois ou tôle *h*, où il se
solidifie.

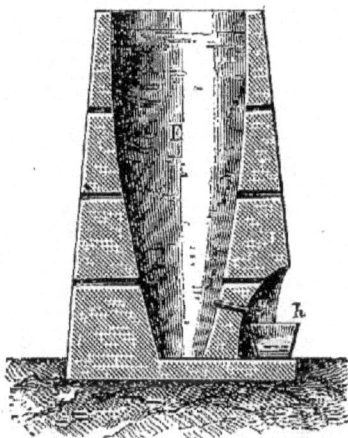

Fig. 3.

Le *troisième procédé* permet
de traiter les matières pauvres
qui contiennent 8 à 12 pour 100 de soufre. Il consiste en
une distillation grossière opérée dans des creusets A (*fig. 4*)
engagés, au nom-
bre de 12 ou 16,
dans un fourneau
en forme de voûte
prolongée. Entre
les deux rangées
de creusets, il
reste un espace li-
bre dans lequel
brûle le bois de

Fig. 4.

chauffage. Chaque creuset reçoit environ 25 kilogrammes
de matière; un disque en terre, luté avec de l'argile, le
recouvre, et un ajutage E fait communiquer la partie supérieure de chaque creuset avec un deuxième vase B qui reçoit et condense la vapeur de soufre. Le produit liquide

s'écoule par un orifice C, dans un récipient analogue à ceux décrits ci-dessus.

Cette opération laisse souvent passer, avec le produit, des substances étrangères entraînées par un boursouflement lorsque l'ébullition est très-vive; aussi, le soufre recueilli est-il, comme le produit des deux autres procédés, plus ou moins impur, et arrive-t-il dans le commerce sous le nom de soufre brut, contenant 3 à 10 pour 100 de corps étrangers. Ces différences dans les proportions des impuretés permettent d'établir quatre sortes commerciales, que l'on désigne sous les noms de deuxième, troisième, quatrième ordinaire et belle quatrième. On constate les proportions des matières minérales par une incinération dont on pèse le résidu; il vaut mieux déterminer la quantité de soufre pur qui peut être extraite par distillation, en chauffant une quantité pesée, dans un tube de verre.

Le soufre qui résulte de ces opérations préliminaires est désigné sous le nom de *soufre brut*, on le divise en trois qualités, suivant qu'il est plus ou moins dégagé de matières étrangères : c'est dans cet état qu'il arrive à Marseille, et qu'il est vendu au commerce.

Celui de première qualité peut être considéré comme ayant 1 pour 100 de matières étrangères ; celui de deuxième qualité, de 2 à 3 pour 100; et celui de troisième qualité, de 3,50 à 4,50 pour 100.

Pour reconnaître le degré de pur du soufre brut, on en prend un échantillon de 100 grammes, on l'expose sur le feu dans un creuset, et on l'y laisse jusqu'à ce que toutes les parties combustibles contenues dans ces 100 grammes soient brûlées ou volatilisées. En pesant le résidu sortant, on a la quantité de matières étrangères qui se trouvaient dans les 100 grammes de soufre, d'où l'on conclut de celles qui se trouvent dans la masse entière. On peut encore arriver au même résultat en pulvérisant une quantité quelconque de soufre brut, et le mêlant dans le sulfure de carbone ou l'essence de térébenthine, qui ont la propriété de s'emparer de toutes les parties sulfureuses et de laisser à nu les corps étrangers.

Mais ces deux épreuves ne peuvent être considérées que comme approximatives, parce qu'il est impossible de reconnaître l'état de pureté d'une masse de soufre aussi considérable que celle qu'on achète ordinairement, en n'opérant que sur des échantillons aussi faibles.

Le degré d'humidité se reconnaît en prenant des échantillons de 500 grammes qu'on fait sécher parfaitement, et qu'on pèse avant et après la dessiccation.

RAFFINAGE DU SOUFRE. — La quantité de matières étrangères que contient encore le soufre brut, même de première qualité, le mettant dans l'impossibilité d'être employé dans la plupart des arts, et surtout dans la fabrication de la poudre, il est de toute nécessité de lui faire subir une nouvelle opération, pour le dégager de toutes les matières étrangères qu'il peut encore contenir et le ramener à l'état de pur le plus parfait; c'est cette opération qui est désignée sous le nom de *raffinage*.

Le raffinage du soufre a subi, depuis une trentaine d'années, d'importantes améliorations. Anciennement, pour le purifier, on le faisait fondre, à un feu très-doux, dans une chaudière de fonte placée sur un fourneau ayant peu de tirage; on mettait successivement le soufre dans la chaudière, que l'on retirait du feu un peu avant qu'il fût tout fondu. Les corps légers s'élevaient à la surface sous la forme d'une écume noire, qu'on enlevait, et les corps plus lourds se précipitaient au fond; lorsqu'il ne se formait plus d'écume et que la surface de la fonte était nette, on décantait le soufre avec des puisoirs et on le coulait dans des barils.

Mais, quels que fussent les soins qu'on pouvait prendre,

il était difficile par cette opération de ramener le soufre à l'état de pureté nécessaire, surtout si l'on procédait sur celui des qualités inférieures.

Le résultat peu avantageux de ce mode de travail fut cause qu'on imagina, il y a environ trente ans, un nouveau mode de raffinage connu sous le nom de raffinage par distillation, et qui est fondé sur le principe que le soufre, à une haute température, se volatilise, tandis que les matières terreuses et métalliques avec lesquelles il est joint restent toujours solides. Ainsi, en condensant dans un local particulier ces vapeurs sulfureuses, elles se précipiteront ou en poussière ou en liquide, suivant la température, et les corps étrangers resteront au fond de la chaudière.

L'appareil nécessaire pour cette opération se compose ordinairement de deux fourneaux, espacés d'environ un mètre l'un de l'autre, communiquant à la même chambre, et reliés par des liens en fer pour qu'ils résistent mieux à l'action du feu. Ils sont circulaires et construits de manière à ce que toute la surface de la chaudière soit en contact avec la flamme du foyer; plusieurs épreuves ayant prouvé que, sous le rapport de la combustion et de la chaleur produites, cette forme était bien supérieure à celle où l'on pratique un canal en spirale autour du fourneau, la partie inférieure de la cheminée est séparée par une murette en briques, afin que le tirage de l'un des fourneaux ne soit pas gêné par celui de l'autre. Ils sont élevés de 0^m,90 au-dessus du sol. La distance du fond de la chaudière à la grille est de 0^m,90, et la partie supérieure est garnie d'un cercle en fonte sur lequel s'appuie la chaudière; les ouvertures sont placées sur les côtés latéraux, pour ne pas gêner les ouvriers lorsqu'ils introduisent la charge. L'espace vide entre les deux fourneaux, couvert par une voûte légère, et fermé à l'extérieur par une cloison dans laquelle on pratique une petite ouverture, est destiné à recevoir les crasses qu'on retire des chaudières, ce qui lui a fait donner le nom de *crassoire*.

Les chaudières employées dans le raffinage du soufre sont en fonte; les dimensions, l'épaisseur du métal, et même la forme de ces chaudières, ont souvent varié. Celles qui sont le plus généralement adoptées et reconnues les meilleures, d'après beaucoup d'expériences, ont $0^m,86$ de largeur à l'extérieur et $0^m,56$ de profondeur; le métal a $0^m,12$ d'épaisseur au fond et une moyenne de $0^m,025$ sur les côtés; leur poids moyen est d'environ 700 kilogrammes, et elles contiennent de 380 à 400 kilogrammes de soufre brut. Anciennement les chaudières étaient hors de service après avoir raffiné à peu près 60,000 kilogrammes; maintenant elles en raffinent plus de 100,000, lorsqu'on a soin de les retourner à la moitié du travail, l'expérience ayant prouvé que la détérioration n'a lieu que sur la partie qui est immédiatement en contact avec la flamme.

Le dessus de la chaudière était primitivement formé par une voûte en briques, qui s'étendait jusqu'à l'embrasure de la chambre; l'inconvénient et la dépense qu'entraînait la démolition de cette voûte, toutes les fois qu'on voulait changer ou retourner les chaudières, l'a fait remplacer par une cucurbite et son chapiteau en fonte (*fig. 5*), qui s'adaptent d'un côté sur l'ouverture de la chaudière, et de l'autre s'appliquent sur les parois de l'embrasure de la chambre.

On entoure la cucurbite par une cloison en briques de champ retenue par des liens en fer, et on garnit d'un lit de sable, pour empêcher le refroidissement, l'intervalle et le dessus de la cucurbite jusqu'au mur de séparation de la chambre.

Le devant de la cucurbite est percé d'une ouverture par où l'on introduit le soufre brut dans la chaudière lorsqu'on la charge; cette ouverture est fermée par une plaque en fonte, retenue par un barreau de fer fixé par des tenons.

La partie de la cucurbite qui s'adapte sur le côté postérieur de la chaudière s'élève de 0ᵐ,40 au-dessus de cette

Fig. 5.

chaudière, afin que le soufre, en se boursouflant, ne puisse
pas passer dans la chambre à l'état liquide.

La chambre dans laquelle se condense le soufre en vapeurs a 6ᵐ,05 de longueur sur 3ᵐ,80 de largeur et 4 mètres
de hauteur; elle est formée par des murs et une voûte en
briques de 0ᵐ,80 d'épaisseur environ; le sol est formé par
des dalles en pierre de taille.

Le plan de fond des embrasures pratiquées dans le mur
qui sépare la chambre des fourneaux, et par où passe le
soufre en vapeurs, est formé par une plaque en fonte, pour
qu'il ne le détériore pas; les côtés latéraux sont formés par
les briques mêmes du mur.

Aux deux extrémités de la chambre on pratique une ouverture de 0ᵐ,25, carrée, où l'on place des ventouses, aux-

quelles est attachée une corde qui descend dans l'atelier à côté des fourneaux. Au-dessus de ces ouvertures, on construit des tuyaux de cheminée pour conduire les vapeurs au-dessus de la toiture.

On pratique également, dans un des murs latéraux de la chambre, une ouverture de $0^m,95$, carrée, fermée par une forte plaque en fonte retenue par une barre de fer, par où l'on s'introduit dans l'intérieur de la chambre lorsque l'opération est finie.

Le mur opposé à celui des embrasures est percé, à deux centimètres et demi du sol, par deux petites ouvertures auxquelles on adapte un tuyau, et par où se fait le coulage.

La charge s'introduit dans les chaudières par l'ouverture placée au-devant de la cucurbite; elle est, comme on l'a déjà dit, pour les chaudières le plus généralement employées, de 380 kilogrammes environ; elle s'élève à peu près au bord supérieur de la chaudière.

Lorsque le chargement est fait, l'ouvrier referme avec soin l'ouverture avec la plaque de fonte, qu'il fixe avec les barreaux de fer, et dont il enduit le contour avec un lut fait avec les crasses qu'on retire des chaudières, délayées dans l'eau pour que les vapeurs sulfureuses ne puissent pas s'échapper. La même chose s'effectue à l'ouverture de la chambre, et on s'assure généralement que les tuyaux de coulage sont exactement fermés.

Ces précautions prises, l'ouvrier allume l'un des fourneaux pour commencer son opération; ce ne sera qu'environ trois heures après qu'il allumera l'autre; il ne fait d'abord qu'un feu modéré et soutenu, pour mettre le soufre en ébullition; trop vif, il pourrait, en soulevant le liquide, produire le gonflement des écumes au-dessus de la marche et précipiter une partie du soufre dans la chambre. Le liquide ne tarde pas à prendre la consistance sirupeuse, et bientôt le soufre commence à passer à l'état de gaz ou vapeurs. C'est alors que l'ouvrier doit donner au feu de ses fourneaux la plus grande intensité, parce qu'il n'a plus à craindre de soulèvement dans le liquide, et le diminuer ensuite successivement, jusqu'à ce que la totalité du soufre soit passée en vapeurs et qu'il ne reste dans la chaudière que les matières fixes dont on a voulu le séparer.

C'est environ une heure après que le feu a été mis au fourneau que la volatilisation commence. On le reconnaît à la forte chaleur que renvoient les plaques de fonte, qui enflamment un morceau de soufre aussitôt qu'on le met en contact; on reconnaît de même que tout le soufre est volatilisé lorsque la chaleur des plaques diminue, et qu'elles n'enflamment plus le soufre. Il faut environ six heures pour terminer toute l'opération, avec la charge indiquée ci-dessus.

Lorsque cette opération se fait pour la première fois, ou qu'il y a eu interruption dans le travail, elle demande beaucoup de soins et la plus grande surveillance pour éviter les accidents que le dégagement de divers gaz peut produire. Aussitôt que le soufre a acquis une chaleur considérable, il s'enflamme et brûle lentement à sa surface, à la faveur de l'air atmosphérique que renferme l'appareil, et cette combustion lente continue jusqu'à ce que l'air ambiant ne lui fournisse plus d'aliment. L'atmosphère de la chambre se trouve alors composée de vapeurs aqueuses que le soufre a dégagées, et le gaz acide sulfureux, résultat de la combustion. Mais il reste néanmoins, surtout dans le voisinage de la seconde chaudière, une certaine quantité d'air atmosphérique qui n'est pas encore vicié, et qui donnera lieu à une nouvelle combustion lorsque le soufre de cette chaudière s'enflammera. Cette seconde combustion amenant un nouveau dégagement de gaz acide sulfureux et de vapeurs aqueuses, et tous ces gaz étant dilatés par la chaleur qui se développe dans la chambre, il en pourrait résulter les plus graves accidents, si l'ouvrier n'avait le soin d'en faciliter le dégagement en ouvrant souvent les soupapes.

Cette partie du raffinage du soufre est celle qui demande le plus de précautions de la part de l'ouvrier pour éviter ces soufflements qui ont quelquefois renversé les murs et la voûte de la chambre; pour s'en garantir autant que possible, il aura soin de n'allumer la seconde chaudière que lorsqu'il jugera que tout l'air de l'appareil est à peu près vicié par le dégagement du gaz acide sulfureux qui a déjà eu lieu, c'est-à-dire environ trois heures après que la première a commencé son opération, d'ouvrir toutes les dix minutes les soupapes lorsqu'il n'y a encore qu'une chaudière en activité, et de continuer ainsi jusqu'il ne se dégage plus ni gaz ni vapeurs.

Lorsqu'on a fait une charge à chaque chaudière, tout l'air que renfermait l'appareil étant vicié, et celui qui s'introduit au moment où l'on charge les chaudières étant peu de chose, ces accidents ne sont plus à craindre, et l'on doit tenir les soupapes bien fermées, pour empêcher l'introduction de l'air atmosphérique dans la chambre.

Lorsque le soufre contenu dans la chaudière est entièrement volatilisé, pour la recharger, on ôte la plaque de fonte, et, au moyen d'une curette en fer, on enlève avec soin les crasses qui sont restées au fond de la chaudière; en les pesant, on a un moyen de reconnaître le dégré de pureté du soufre brut. Cette opération finie, on charge la chaudière comme la première fois, on replace et on lute la plaque de fonte, et on recommence le raffinage de cette charge de soufre comme on a fait pour la première.

Un des grands inconvénients de cette opération était causé par le dégagement des vapeurs de gaz acide sulfureux, au moment de l'ouverture de la cucurbite, aussitôt que les plaques de fonte étaient ôtées, et qui était tel, qu'il était très-difficile à l'ouvrier d'y résister, et de nettoyer et charger la chaudière. Plusieurs moyens ont été employés pour remédier à cet inconvénient. Celui qui présente le plus d'avantages consiste à implanter, dans le chapiteau de la cucurbite, un cylindre en tôle de $0^m,20$ de diamètre, qui s'élève de 1 mètre de hauteur, et regagne par un plan incliné la cheminée adossée à celle des fourneaux servant au dégagement des vapeurs. On ménage dans ce cylindre une porte à charnières, et la partie intérieure est de forme conique pour recevoir un tampon rempli de plâtre et garni d'un anneau à la partie supérieure, qui sert à fermer l'appareil quand la distillation a commencé. Lorsqu'on veut charger la chaudière, avant d'ôter les plaques, on enlève le tampon, et le dégagement de la plus grande partie des vapeurs qui a lieu par cette ouverture fait que maintenant l'ouvrier peut fixer l'intérieur de la chaudière, la nettoyer et la charger sans inconvénient.

Quelque avantageux que soit ce moyen, néanmoins il se répand toujours une certaine quantité de vapeurs dans l'atelier, soit par l'ouverture de la cucurbite, soit par celle de la crassoire ; pour en faciliter le dégagement et n'en être incommodé que le moins possible, on pratique dans la toiture une ouverture immédiatement au-dessus des fourneaux, qui remplit cet objet d'une manière assez satisfaisante.

L'opération du raffinage du soufre continue ainsi pendant six jours environ, en faisant quatre charges dans vingt-quatre heures ; ce n'est qu'après le troisième jour que la chaleur de la chambre est assez élevée pour tenir le soufre à l'état liquide ; au sixième, elle est de 140 à 145 degrés. A ce dégré d'élévation de température, le soufre, étant à la consistance sirupeuse, serait d'une couleur terne si on le décantait. C'est pour cela qu'on suspend le travail pendant vingt-quatre ou trente-six heures pour refroidir la chambre et laisser reposer le soufre ; ce qui précipite au fond toutes les matières étrangères que les vapeurs sulfureuses avaient pu entraîner, et la partie du gaz acide sulfureux qui s'est combinée avec les vapeurs aqueuses est précipitée sur le sol de la chambre.

Le degré de chaleur convenable pour obtenir du soufre de belle qualité est de 115 à 125 degrés; le liquide est alors très-clair et d'une couleur rouge foncée; à 100 degrés, le soufre se fige dans le conduit, et le coulage ne peut avoir lieu.

Avant de commencer à couler le soufre, on en met dans chaque futaille une petite quantité qu'on agite dans tous les sens, pour former ce qu'on appelle la chemise, afin que le soufre liquide ne brûle pas le bois des futailles; on les remplit ensuite, et on les laisse refroidir. Il faut environ quatre jours pour que la masse soit devenue totalement compacte dans des futailles qui en renferment environ 500 kilogrammes.

Lorsque le raffinage par distillation fut adopté, ne croyant pas que la température de la chambre pût devenir assez élevée pour tenir le soufre à l'état liquide, après quatre ou cinq charges, on ouvrait l'appareil pour laisser refroidir la chambre, et lorsque cela avait eu lieu, on entrait dans l'intérieur et on brisait avec des masses le soufre figé sur le sol.

Lorsque le coulage est près de finir, on remet le feu aux fourneaux, et on recommence l'opération, en ayant soin d'avoir à peu près les mêmes précautions que la première fois.

La qualité du soufre raffiné ne se reconnaît qu'à la vue, il doit être d'un beau jaune et pas trop luisant; si l'on en fait brûler, il doit se consumer entièrement.

Le procédé de raffinage que l'on vient de décrire a, sur celui anciennement employé, l'avantage de diminuer considérablement les déchets, et de donner du soufre de plus

2

belle qualité, quel que soit le soufre brut qu'on emploie ; ce qui fait qu'il est plus avantageux de se servir de celui de première qualité, parce que la différence qui existe dans le prix est loin d'être compensée par celle du degré de pur.

Mais le grave inconvénient de ce mode d'opération est l'obligation où l'on est de nettoyer et recharger chaque jour les chaudières, ce qui, occasionnant nécessairement un passage subit du chaud au froid, amène une plus prompte détérioration des chaudières, une plus grande consommation de combustible et un déchet plus considérable, à cause des nouvelles combustions de soufre que produit l'air qui s'introduit dans l'appareil à chaque nouveau rechargement.

Pour y remédier, on a fait un grand nombre d'essais pour appliquer un système de distillation continue, c'est-à-dire de faire liquéfier le soufre dans un bassin particulier et de le faire parvenir en cet état dans les chaudières, ce qui faisait espérer qu'on ne serait plus obligé de suspendre la volatilisation pour curer et recharger les chaudières; mais les résultats ont été loin d'être d'accord avec la théorie. Le travail a été retardé d'une manière très-sensible, et par suite la consommation du combustible fortement augmentée ; ce qui dépend des crasses que le soufre liquide tient encore en dissolution, et qui, s'appliquant aux parois de la chaudière, empêchent l'action de la chaleur, si l'on ne cure pas après chaque charge, comme on le fait dans le procédé ordinaire. Il fallait, de plus, un ouvrier constamment occupé à empêcher le soufre de se figer dans les tuyaux de communication du bassin de fusion aux chaudières, et malgré tous ces soins on y parvenait difficilement.

Ces diverses épreuves variées de toutes manières, et donnant toujours à peu près le même résultat, ont fait remonter à la distillation continue ; on en est revenu au premier mode d'opération, on a seulement tâché, par une longue suite d'observations, de perfectionner le plus possible le travail pour diminuer les déchets et la consommation du combustible, et, à cet égard, les résultats obtenus depuis quelques années, comparés aux anciens, sont très-satisfaisants.

Le procédé pour obtenir le soufre en poussière fine, appelé dans le commerce *fleur de soufre*, est fondé sur le même principe que celui que l'on vient de décrire ; il y a souvent quelques légères différences dans l'appareil et dans la conduite du travail.

La fleur de soufre est formée par des molécules qui se volatilisent et qui passent dans la chambre où, trouvant une température moins élevée, elles se figent en aiguilles très-fines, se fixent, soit contre ses parois qu'elles rencontrent, soit sur le sol où elles se précipitent : il est par conséquent nécessaire que la température ne soit jamais élevée, parce que le soufre, dans ce cas, passerait à l'état de liquide. D'après cela, on ne met qu'un fourneau pour une chambre, et, dans le cours de l'opération, on doit avoir le soin d'ouvrir souvent les soupapes pour faire entrer de l'air extérieur, et diminuer l'élévation de la température que les vapeurs sulfureuses ne tarderaient pas à produire dans la chambre ; on met également un intervalle plus ou moins long après quelques charges.

De plus, les molécules qui se volatilisent devant être dans un état de ténuité extrême, pour que la poussière soit fine et douce au toucher, il est nécessaire de ne faire qu'un feu doux et modéré ; car, pour peu qu'il soit violent, la vapeur devient jaune et épaisse, et le résultat de la sublimation donne une poussière rude au toucher et sablonneuse. En outre, l'intervalle entre la chaudière et la chambre, au lieu d'être formé par un plan incliné, allant en baissant de la marche au-dessus de la chaudière à la chambre, comme dans le raffinage par distillation, est dans une inclinaison opposée, c'est-à-dire en s'élevant du bord de la chaudière à la chambre, afin que les molécules grossières et épaisses qui se soulèveraient soient retenues et reversées dans la chaudière, au lieu de se volatiliser.

On voit d'après cela que, dans la fabrication de la fleur de soufre, la consommation du combustible est beaucoup plus considérable, à cause du feu modéré qu'on est obligé de faire, et que ses déchets doivent suivre la même proportion par suite de fréquentes combustions qu'occasionne l'air qu'on est obligé d'introduire dans la chambre pour tenir la température au même degré.

Le raffinage du soufre se fait à Marseille. Cette ville, qui compte 18 raffineries particulières, pratique très en grand cette industrie, ainsi que Rouen et Paris. C'est à M. Michel, manufacturier de Marseille, qu'on doit le nouveau procédé de raffinage, qui, en 1815, est venu remplacer l'ancien mode. Cet appareil sert à préparer à volonté le soufre, soit raffiné en canons, soit à l'état pulvérulent, c'est-à-dire de fleurs de soufre.

La fig. 6, représente cet appareil. Il se compose de deux cylindres en fonte B, ayant $1^m,05$ de longueur, et $0^m,05$ de diamètre, fermés d'un bout par un obturateur amovible ; chacun des deux cylindres est adapté à un deuxième cylindre B', de même diamètre, courbé en col de cygne. L'ensemble des deux cylindres, l'un droit, l'autre à double courbure, représente une cornue à large col, et se trouve engagé dans une épaisse maçonnerie de briques. La portion antérieure B est chauffée par un foyer A où l'on brûle de la houille, du bois ou de la tourbe. La flamme et les gaz de la combustion, après avoir enveloppé tout le cylindre droit, et avant de se rendre dans la grande cheminée commune E, passent dans une cheminée rampante pour s'introduire et circuler dans des carneaux autour d'une chaudière D où la fusion se prépare, et le soufre commence à s'épurer. Cette chaudière, qui a 1 mètre de diamètre et 1 mètre de profondeur, est munie d'un couvercle en tôle et d'un robinet droit.

L'extrémité de chaque cylindre en col de cygne vient affleurer la paroi interne d'une chambre voûtée G, reposant sur des fondations solides, et construite en briques compactes cimentées à joints minces avec un mélange de chaux et

Fig. 6.

de sable très-fin. Un registre tenu par une tige articulée permet de fermer et d'ouvrir l'embouchure du cylindre. La chambre, ayant 7 mètres de longueur, 5 de largeur, et $2^m,03$

de hauteur, présente une capacité d'environ 80 mètres cubes. Vers l'un des bouts, une baie de porte est ménagée pour l'entrée d'un homme. Le seuil est en maçonnerie solide ; le surplus est fermé à volonté par une porte en tôle plombée et une maçonnerie provisoire. A la partie inférieure de l'une des parois de la chambre, une petite embrasure est close par une plaque en fonte percée d'un trou rond d'un centimètre ; une tige conique K, s'engage à volonté dans ce trou, de façon à le fermer ou à l'ouvrir plus ou moins. Ce mouvement est facilité par la vis filetée sur la tige, et passant dans un trou qui tient à une traverse fixée des deux bouts dans l'épaisseur des murs.

Une plaque ou bavette en fonte reçoit le soufre liquide sortant du trou, et le conduit dans une petite chaudière L, posée sur un foyer. Auprès de cette chaudière se place un baquet tournant divisé par des cloisons en 6 ou 8 cases.

Soufre en canon. — Voici comment on prépare cette variété de soufre raffiné, dans l'appareil que nous venons de décrire. Pour une première opération, on charge chacun des deux cylindres B, de 300 kilogrammes de soufre brut, le plus sec et le moins impur possible ; on ferme et on lute les obturateurs avec de l'argile ; on allume le feu sous l'un des cylindres, et, lorsque la distillation du soufre y est à demi opérée, on chauffe l'autre cylindre. Les produits de la combustion des deux foyers élèvent la température de la chaudière D où l'on a mis 750 à 800 kilogrammes de soufre ; celui-ci se fond et s'épure par le dépôt des matières lourdes (sable, sulfure de fer, carbonate de chaux, etc.), par la volatilisation de l'eau, enfin par la séparation des corps légers (débris ligneux, etc.), qui surnagent.

Dès que la distillation est finie dans le premier cylindre, on le charge de nouveau : mais cette fois en décantant par le robinet le soufre liquide qui passe de la chaudière dans le cylindre au moyen du tuyau F, qu'on vient d'adapter d'un bout au robinet, et d'introduire, par l'autre bout, dans le trou de l'obturateur. Lorsque l'abaissement du niveau dans la chaudière, montre que 150 litres environ se sont écoulés, on ferme le robinet, puis on ôte le tube et on bouche le trou de l'obturateur par un tampon de poterie garni d'argile.

Pendant les opérations, une soupape H, formée d'une plaque de tôle tenue presque en équilibre par un contrepoids, permet à l'air, brusquement dilaté, de sortir sans un grand effort et sans compromettre, par conséquent, la solidité des parois de la chambre.

Chaque distillation dure huit heures; on charge ainsi alternativement un des cylindres, de quatre en quatre heures, et les six opérations en vingt-quatre heures, représentent 1800 kilogrammes de soufre distillé. Cette quantité suffisant pour maintenir dans la chambre la température au-dessus de 110°, le soufre y reste liquide; lorsque le niveau s'élève à 12 ou 18 centimètres, on commence à soutirer dans la petite chaudière, et on règle l'écoulement de façon qu'un ouvrier puisse le suivre en remplissant, avec une cuiller, les moules en bois qui donnent au soufre solidifié la forme du soufre en canons.

Le soufre en canons s'expédie en tonneaux de bois blanc, revêtus de papier à l'intérieur.

Fleurs du soufre. — Le même appareil peut servir à la préparation du soufre en fleurs; mais, dans ce cas, il faut éviter que la température ne s'élève dans la chambre jusqu'à 110°, température qui liquéfierait l'espèce de neige de soufre qu'on veut obtenir. Pour arriver à ce résultat, on réduit le nombre des distillations à deux dans chacune desquelles on distille 150 kilogrammes, ce qui donne 300 kilogrammes en vingt-quatre heures.

Lorsque la fleur de soufre est amoncelée à une hauteur de 50 à 66 centimètres dans la chambre, on l'enlève à la pelle en s'introduisant par l'ouverture ou porte Q, que l'on démaçonne.

La fleur de soufre sèche est emballée soit dans des tonneaux doublés de papier, soit dans des sacs en toile serrée.

On comprend que la fleur de soufre doive se vendre plus cher que le soufre en canons, puisqu'on en obtient six fois moins dans le même temps avec les mêmes appareils, et que, par conséquent, il y a une grande perte de chaleur, d'intérêts de fonds, etc.; sous cette forme, le soufre s'allume plus vite et se prête aisément à tous les mélanges avec des solides ou des liquides; mais il est moins pur que le soufre en canons, car il retient toujours quelques matières interposées, des traces d'humidité, d'acide sulfureux, etc. (PAYEN.)

SALPÊTRE

Le nitrate de potasse, appelé aussi *nitre* ou *salpêtre*, est un sel d'une saveur fraîche, salée et un peu amère, qui suffit ordinairement pour le faire reconnaître dans les matériaux salpêtrés. Sa densité est égale à 2,09 ou à peu près le double de celle de l'eau. Il ne s'altère point à l'air, à moins que celui-ci ne soit extrêmement humide ; dans ce cas il attire l'humidité et tombe en déliquescence ; il importe donc que les magasins dans lesquels on conserve des quantités considérables de salpêtre soient construits de manière à être à l'abri de toute humidité, en permettant la circulation des courants d'air extérieur : si le salpêtre n'est pas enfermé dans des barils, il faut par la même raison éviter de le déposer sur un sol perméable.

Le salpêtre se dissout bien dans l'eau et cristallise facilement. Ses cristaux sont des prismes à six pans terminés par des pyramides à six faces, mais le plus ordinairement ce sont des prismes ou aiguilles profondément cannelés ; ils ne contiennent pas d'eau de cristallisation. A la surface du sol ou des murs des habitations, il se présente sous la forme d'efflorescences composées de petits cristaux très-déliés : on le désigne par le nom de salpêtre de *houssage*. Il ne faudrait pas croire cependant que ces efflorescences sont toujours composées de salpêtre, elles sont souvent aussi composées de sulfate et de carbonate de soude ; la saveur d'ailleurs les fera distinguer facilement.

Le salpêtre fond à la température d'environ 350 degrés centigrades, et coule comme de l'eau claire et limpide ; refroidi, il devient opaque, blanc et cassant ; il est cependant un peu flexible ou filamenteux et se laisse difficilement pulvériser par le pilon, sous lequel il s'écrase en s'étendant. Chauffé au degré de la chaleur rouge, il se décompose et abandonne une partie de son oxygène ; par l'action prolongée d'une haute chaleur, l'acide est entièrement décomposé et on obtient pour résidu de la potasse pure.

Le salpêtre a pour caractère distinctif de produire des scintillations très-vives, ou de fuser quand on le projette sur des charbons ardents, dont il augmente beaucoup la combustion. C'est de tous les nitrates celui dont la détonation avec les corps combustibles est la plus violente : un mélange de 2 parties de salpêtre et 1 partie de fleur de soufre projeté dans un creuset chauffé au rouge, brûle avec un éclat si vif que l'œil peut à peine le supporter. Un mélange de salpêtre et de charbon en poudre brûle et détone violemment dans de semblables circonstances : une poudre composée uniquement de salpêtre et de charbon le cède peu en force à la poudre ordinaire.

Le salpêtre est insoluble dans l'alcool ; il se dissout très-facilement dans l'eau, et sa solubilité augmente beaucoup avec la température, comme on le voit dans le tableau suivant :

TEMPÉRATURE en degrés centigrades.	QUANTITÉ DE SALPÊTRE dissous dans 100 parties d'eau.	TEMPÉRATURE en degrés centigrades.	QUANTITÉ DE SALPÊTRE dissous dans 100 parties d'eau.
0°	13,32	55°	97,70
5	16,60	60	110,70
10	20,55	65	124,51
15	25,49	70	137,60
20	31,75	75	154,10
25	39,85	80	170,80
30	45,90	85	187,95
35	54,35	90	205,00
40	63,80	95	225,60
45	73,95	100	246,15
50	85,00		

Composition. — Le salpêtre est ainsi composé :

Potasse..	46,55
Acide nitrique	53,45
	100,00

Le salpêtre, et les nitrates en général, sont un produit naturel (1) que l'homme n'a pas su encore fabriquer de toutes pièces ; cette découverte serait une magnifique conquête pour l'industrie ; jusqu'à présent la nature tient secrets ses procédés de fabrication et les chimistes les plus habiles ont émis des opinions diverses sur les causes de la formation du salpêtre. Les uns veulent que l'oxygène et l'azote de l'air se combinent, dans certaines conditions et sous certaines influences de chaleur, de lumière et d'électricité, pour former l'acide nitrique. Il est certain que la pluie des orages contient de notables quantités d'acide nitrique, et que sous l'étincelle électrique l'azote et l'oxygène de l'air se combinent

(1) Consulter un travail remarquable de M. Boussingault sur la *nitrière naturelle de Tacungo* (Équateur) *et les nitrières de l'Algérie*, publié dans les *Annales du Conservatoire impérial des arts et métiers*, Vᵉ vol., nᵒ 18.

à nos yeux ; mais est-ce là l'unique origine de l'acide nitrique ou des nitrates ? D'autres chimistes prétendent que l'azote doit être fourni par la décomposition des matières animales en putréfaction, qu'il se combine alors, soit à l'état pur, soit à l'état d'ammoniaque, avec l'oxygène de l'air, et forme ainsi de l'acide nitrique, le tout encore dans certaines conditions de chaleur et d'humidité ; en effet, le salpêtre et les nitrates se rencontrent dans les lieux bas et humides, habités par les animaux, tels que les caves, étables, bergeries, celliers, etc. C'est d'après cette hypothèse qu'on a construit des nitrières artificielles, comme nous le dirons plus tard. Mais d'un autre côté on a trouvé le salpêtre dans des endroits où il est bien difficile d'admettre l'existence de matières animales, dans des grottes profondes, dans des cavités isolées ; enfin comment attribuer uniquement à des décompositions animales la masse énorme de nitrate de soude récemment découverte au Pérou, et qui fait le sujet d'une si importante exploitation ?

Sans discuter ici la valeur de l'une ou de l'autre hypothèse, nous admettrons avec raison sans doute que la nature, si variée, si riche, si féconde dans ses ressources, emploie divers procédés, et que, suivant les circonstances, elle forme le salpêtre, soit uniquement avec les éléments de l'air, soit avec les gaz émanés des matières animales en décomposition.

EXTRACTION. — Nous allons exposer en détail les divers procédés employés pour l'extraction du salpêtre.

Le salpêtre se forme sous le sol des étables, des bergeries, caves, celliers, écuries, maisons d'habitation et généralement dans les lieux bas, humides, et habités par les hommes ou les animaux. Il se rencontre aussi dans la partie inférieure des murs soit de terre, soit de maçonnerie, des maisons d'habitation, à un, deux ou trois mètres au-dessus du sol. On le voit même souvent couvrir les murs de ses efflorescences, blanches, légères et salines. Il existe encore dans certaines cavités naturelles ou grottes, dans les calcaires de la Touraine où il a fait l'objet d'une exploitation importante, dans les craies rendues poreuses et un peu argileuses de la Roche-Guyon, dans les marnes, les mortiers, les plâtres, enfin dans les terres qui renferment de la potasse. C'est ainsi qu'on rencontre le salpêtre dans nos climats.

Dans les pays chauds comme les Indes, l'Espagne, l'Égypte, le salpêtre se produit plus abondamment que dans nos contrées; il vient s'effleurir sur le sol, et son extraction est à la fois plus simple et plus facile; il suffit d'enlever la surface des terres, de les lessiver, d'ajouter un peu de potasse et d'évaporer les eaux, pour obtenir ce salpêtre exotique, qui alimente presque exclusivement maintenant les marchés de l'Europe.

DES NITRIÈRES ARTIFICIELLES. — En étudiant avec soin les circonstances dans lesquelles se formait le salpêtre naturel, on a songé à les réunir, de manière à déterminer la formation de ce produit précieux. On a créé des nitrières artificielles, c'est-à-dire qu'on a disposé des terres, dont le traitement était tel, qu'elles se trouvaient chargées, au bout de quelques années, d'une certaine quantité de salpêtre. Les nitrières ont été créées d'après les principes suivants :

1° L'acide nitrique qui entre dans la composition du salpêtre ne se forme qu'avec l'azote des matières animales en décomposition.

2° L'air est indispensable dans la nitrification, puisque c'est lui qui fournit à l'azote des matières animales la totalité, ou à peu près, de l'oxygène dont il a besoin pour le changer en acide nitrique.

3° Sans une base calcaire, la chaux ou la potasse, la nitrification ne peut avoir lieu; cette base est nécessaire non-seulement pour absorber l'acide nitrique à mesure qu'il se forme, mais encore pour en déterminer la formation ;

4° Les substances végétales remplissent plusieurs objets ; elles fournissent de la potasse, un peu de matières animales, quelquefois du nitre (betterave, tabac, grand soleil, pariétaire, etc.), et en divisant les mélanges soumis à la nitrification, elles favorisent le contact de toutes leurs parties avec l'air.

NITRIÈRES. — C'est d'après ces principes qu'on a construit deux genres de nitrières, les unes couvertes, les autres à l'air libre.

Sous un hangar laissant circuler l'air, mais pas assez ouvert cependant pour que les terres se dessèchent promptement, on amoncelle une couche d'un mètre de hauteur environ de terre légère, friable, et de nature calcaire. Cette terre est mélangée par couches successives de fumier d'étable ou d'écurie s'il est possible, de plâtras, cendres de bois, cendres de tourbe, cendres de houille, chaux des tanneries, de toutes matières, enfin, contenant des sels calcaires ou alcalins, potasse, soude. On a grand soin d'y entretenir l'humidité constante d'une bonne terre à jardin, à l'aide d'arrosages d'eaux de fumier, d'urines d'étables, et d'eaux de lessive ou d'eaux de savon : les premières eaux fournissent les matières animales nécessaires, et les secondes, les sels de potasse indispensables. Pour faciliter l'introduction et l'accès de l'air, ces terres sont sillonnées tous les quinze jours avec des ringards à trois pointes de fer, et retournées complétement le plus souvent possible, tous les deux mois, par exemple, en les rejetant à droite, puis à gauche et alternativement. Après dix mois de ce travail, on n'arrose plus qu'avec de l'eau ordinaire ou des eaux de lessive, mais sans urines, et on retourne les terres périodiquement pendant seize mois encore. Enfin, au bout de trois ans de culture environ, la nitrification est terminée et les terres sont proprès à être lessivées. Une nitrière semblabl · peut donner par mètre cube 1 kil. ou $1^k,20$ de salpêtre. Ces nitrières sont en usage en Sicile.

Les terres, convenablement préparées et mélangées avec des fumiers et des matières animales, sont élevées en murs d'un mètre de largeur environ sur deux de hauteur, recouverts d'un petit toit ou chapiteau en paille. Ces murs sont placés parallèlement et assez près les uns des autres, pour qu'en se protégeant mutuellement ils ne reçoivent pas trop les atteintes des vents et de la pluie. Ils sont arrosés avec des eaux de fumiers ou des urines et avec des eaux de lessive des cendres. Ce salpêtre se forme de la manière que nous avons déjà exposée, et vient s'effleurir à la surface des murs qu'il suffit de gratter, pour enlever des terres assez riches en salpêtre. Ces murs ne sont détruits qu'à la longue; ils sont reconstruits avec les mêmes terres convenablement amendées. Ces nitrières ont, sur les précédentes, l'avantage de ne pas exiger un abri toujours dispendieux, mais elles semblent aussi offrir l'inconvénient de subir les pluies ou les vents qui les lavent ou les sèchent au préjudice de l'opération. Elles sont employées en Prusse.

On a généralement renoncé aux nitrières, parce que le rendement en salpêtre n'est pas très-avantageux, parce que la nitrification est bien loin d'être certaine, parce qu'enfin le bas prix du salpêtre exotique ne permet plus d'avoir recours à des procédés semblables de fabrication. En songeant que les salpêtriers exploitant par privilége les terres de fouille et les matériaux de démolition bien plus riches que ceux des nitrières, n'ont pu résister à la concurrence que leur faisait le salpêtre exotique, on comprendra facilement que les nitrières artificielles ne pouvaient être conservées.

FABRICATION DU SALPÊTRE AVEC LES MATÉRIAUX SALPÊTRÉS. — Après avoir fait connaître l'origine du salpêtre, les matériaux où on le trouve, les divers procédés employés pour en faciliter ou en déterminer la formation, nous allons décrire les procédés d'extraction. Mais, avant d'exposer en détail les travaux de l'atelier, nous allons en quelques mots dire la théorie de l'extraction du salpêtre, pour faciliter l'intelligence des procédés employés par le fabricant.

Les matériaux salpêtrés ne contiennent pas uniquement du nitre, ils contiennent en proportions variables les substances solubles suivantes :

Nitrate de potasse,
Nitrate de chaux,
Nitrate de magnésie,
Chlorure de calcium,
Chorure de magnésium,
Chlorure de sodium,
Chlorure de potassium,

En lessivant ces terres ou matériaux, les sels précédents seront entraînés en dissolution et séparés ainsi des matières insolubles.

En versant dans ces eaux de lavage une dissolution de carbonate de potasse, l'acide carbonique s'unira à la chaux et à la magnésie et précipitera ces deux bases à l'état de carbonate de chaux insoluble, tandis que la potasse s'unira aux acides qui étaient combinés avec elle : les eaux de lavage ne contiendront plus alors que du

Nitrate de potasse,
Chlorure de potassium,
Chlorure de sodium,

En évaporant ces dernières eaux, les chlorures de potassium et de sodium, qui sont bien moins solubles que le salpêtre, se précipiteront peu à peu au fur et à mesure de l'évaporation, seront enlevés successivement et il ne restera plus enfin, dans les eaux concentrées, de tous les sels précieux, que le nitrate de potasse qu'on retirera par cristallisation, mélangé cependant d'un peu de sel marin ou de chlorure de sodium : telle est la théorie de l'extraction du salpêtre, et tel est le travail du salpêtre que nous allons exposer plus en détail.

On voit, d'après ce qui précède, que les chlorures sont les sels inutiles et gênants, et que les sels utiles sont les nitrates. Les riches matériaux de démolition de Paris contiennent à peu près 33 parties de nitrate de chaux et 5 parties de nitrate de magnésie pour 25 parties de nitrate de potasse.

Avant de traiter des matériaux de démolition ou des terres de fouille, il faut s'assurer qu'ils sont assez riches en nitrates pour être exploités avantageusement. Ordinairement le salpêtrier en met une pincée en poudre sur la langue, et l'usage lui permet de juger assez bien de sa richesse à la saveur plus ou moins piquante et amère qui caractérise les nitrates de potasse et de chaux. Mais il peut employer le procédé suivant, qui est plus rationnel. Il faut prendre un poids quelconque de la matière salpêtrée et broyée, la lessiver à différentes reprises jusqu'à ce que les dernières eaux n'aient plus de saveur, saturer toutes les eaux réunies avec une dissolution de potasse, les faire évaporer dans une bassine jusqu'au point où elles puissent cristalliser, et la quantité de salpêtre obtenue par cristallisation fera connaître si les matériaux sont assez riches pour être exploités.

On pourrait encore se contenter de plonger l'aréomètre dans les premières eaux de lavage qui ont séjourné quelques heures sur les matériaux salpêtrés, et juger de la richesse saline par les degrés de l'instrument. Les bons matériaux donnent de 10 à 14 degrés ; il ne faudrait pas exploiter ceux qui accuseraient moins de 3 à 4 degrés.

Les matériaux étant reconnus d'une exploitation avantageuse, il s'agit de les lessiver, afin d'entraîner ou de séparer tous les sels solubles qu'ils contiennent.

Les matériaux de démolition étant de dimensions variables, doivent être broyés et réduits en morceaux de la grosseur d'une noisette, pour que l'eau les pénètre facilement et les traverse de même, sans empâtement nuisible. Ce cassage se fait, soit à l'aide d'une batte en bois avec laquelle l'ouvrier brise les matériaux sur un sol préparé, soit sous des meules tournantes assez semblables à celles des poudreries ou des moulins à huile, soit entre des cylindres cannelés agissant à la manière des laminoirs.

La terre de fouille ou les matériaux concassés sont placés dans des cuviers en bois dont le fond est garni d'une couche de paille, et percé d'une ouverture fermée avec un tampon de bois. Le cuvier étant garni de terre jusqu'à la partie supérieure, l'ouvrier verse de l'eau (moitié du volume de la terre) jusqu'à ce que celle-ci recouvre légèrement les matériaux. On laisse toujours l'eau séjourner pendant dix à douze heures. Au bout de ce temps, l'ouvrier retire la cheville de bois, et l'eau s'écoule en petit filet clair et limpide, si le lit de paille a été convenablement disposé. Quand l'écoulement a cessé (l'eau coulée est environ moitié de celle qui a été versée), l'ouvrier verse de nouveau de l'eau qu'il laisse séjourner pendant le même temps, qu'il fait écouler ensuite et qu'il remplace par de nouvelles eaux, et ainsi de suite, jusqu'à ce que la dernière eau de lavage ne marque plus que 1 à 2 degrés à l'aréomètre, point auquel il convient de l'arrêter et de rejeter la terre.

Le mode de lessivage est loin d'être indifférent. Ordinairement le salpêtrier a trois rangées de tonneaux, où il se garde bien de faire tous les lavages avec de l'eau pure.

Dans un atelier en cours de travail une première bande de cuviers contient des terres neuves, c'est-à-dire qui sont à lessiver pour la première fois ; une seconde bande contient des terres qui ont déjà été lessivées une fois et qui le seront pour la seconde ; enfin, une troisième contient des terres ayant déjà été lessivées deux fois et qui le seront pour la troisième. En général, on se borne à ce troisième lessivage d'une même terre ; cependant, le nombre de lavages qu'il convient de faire subir à la matière salpêtrée doit se régler sur le titre des lessives. Les eaux qui s'écoulent des cuviers composant la troisième bande, c'est-à-dire celles dont les terres ont déjà été lessivées deux fois, s'appellent *eaux de lavage*. On fait passer ces eaux sur les cuviers de la deuxième bande ou de ceux dont les terres n'ont été lessivées qu'une fois, et elles en sortent à l'état de *petites eaux* ; enfin, ces petites eaux deviennent *eaux fortes*, lorsqu'elles ont passé sur les cuviers de la première bande chargés de terres neuves. Pendant que les eaux fortes s'écoulent, on décharge les cuviers de la troisième bande pour les remplir de terres neuves, et on y fait passer les eaux fortes. Elles s'y chargent encore de salpêtre ; alors elles sont réputées bonnes à évaporer et appelées *eaux de cuite*. Celles-ci doivent avoir, à l'aréomètre, le degré de concentration correspondant à la température extérieure, degré qu'il est facile de reconnaître à l'aide du tableau de solubilité du nitre.

L'aréomètre ou pèse-liqueur est un petit instrument ordinairement construit en verre, consistant en une boule surmontée d'une tige cylindrique : cette tige renferme une bande de papier, sur laquelle sont tracés les degrés de l'instrument, indiquant la densité des liquides dans lesquels on le plonge.

Il existe un aréomètre, dont chaque degré correspond à un centième de salpêtre en dissolution dans l'eau, c'est-à-dire qu'une eau marquant 30 degrés, contient 30 parties de salpêtre dans 100 parties de liqueur : à défaut de cet instrument, l'aréomètre ou pèse-liqueur de Baumé peut servir, et ses degrés indiqueront suffisamment la richesse de la dissolution.

Nous avons vu qu'il faut décomposer par la potasse les sels de chaux et de magnésie qui existent dans les eaux de lessivage : cette opération prend le nom de *saturation* des eaux.

Le salpêtrier emploie ordinairement la potasse du commerce qui n'est, comme nous l'avons dit, que du carbonate de potasse plus ou moins riche, c'est-à-dire contenant quelquefois jusqu'à 30 pour 100 de sels étrangers. Il dissout cette potasse dans le double de son poids d'eau et verse cette solution dans le grand bassin ou cuvier contenant toutes les eaux de lessivage, jusqu'à ce qu'il ne se manifeste plus de précipité : dès que la chaux ne se précipite plus, il cesse d'ajouter la liqueur alcaline, mais il devra essayer d'en ajouter de nouveau quelques heures après, parce que la précipitation complète de la chaux ne se fait pas brusquement, mais avec le temps.

Le salpêtrier opère quelquefois la saturation avec du sulfate de potasse, mais comme ce sel est peu soluble, l'opération doit être faite à chaud, et le sulfate de chaux offre l'inconvénient de se séparer lentement et de donner d'abondantes écumes : dans l'emploi de ce sel, il est indispensable de précipiter dans les eaux de lavage la magnésie à l'aide d'un lait de chaux; il faut aussi neutraliser, par de la craie ou de la potasse, l'acide que contient en excès le sulfate du commerce.

On peut opérer la dissolution du sel par le procédé suivant : on tient le corps à dissoudre suspendu dans un panier à la surface de l'eau, de manière qu'il soit immergé de $0^m,5$ à $0^m,6$. A mesure que l'eau en contact avec le corps est saturée, elle acquiert une plus grande densité en vertu de laquelle elle se précipite, et fait place à une autre portion de liquide qui va se saturer et se précipiter à son tour. Il s'établit ainsi dans tout le liquide, pendant que la dissolution s'opère, un mouvement continuel qui remplit le même objet qu'une agitation artificielle. Ce procédé de dissolution s'applique avec avantage au sulfate de potasse, et même à la potasse, qui est infiniment plus soluble, mais qui est quelquefois en masses très-dures que l'eau a de la peine à pénétrer.

Le muriate de potasse ou chlorure de potassium peut aussi être employé dans la saturation des eaux salpêtrées pour convertir le nitrate de chaux en nitrate de potasse. Mais si l'on se bornait à ajouter le muriate de potasse seul aux eaux salpêtrées, la décomposition du nitrate de chaux resterait très-incomplète. Cependant, il faut nécessairement précipiter toute la chaux, de même que lorsqu'on fait la saturation avec du carbonate de potasse, et l'on y parvient facilement et d'une manière économique par le procédé suivant.

On commencera par mêler le muriate de potasse avec du sulfate de soude sec, dans le rapport de 93 à 89, nombres équivalents des deux sels : après avoir dissous le mélange dans une quantité convenable d'eau, on le versera par parties dans les eaux salpêtrées, tant qu'il se formera un précipité, comme si c'était une dissolution de sulfate de potasse pur. Un mélange de muriate de potasse et de sulfate de soude, dans les proportions indiquées, équivaut, en effet, à 109 de sulfate de potasse, et à 73 de muriate de soude ; et c'est absolument la même chose que si, au lieu des deux premiers sels, on n'employait que les derniers. La saturation se fera par conséquent de la même manière qu'avec le sulfate de potasse, et ne présentera aucune difficulté. Lorsqu'on emploiera le muriate de potasse pour la saturation, il faudra aussi commencer, comme cela a été indiqué pour le sulfate de potasse, par convertir les sels magnésiens en sels calcaires, en ajoûtant aux eaux salpêtrées une certaine quantité de chaux. Quelquefois on a fait à la fois les lessivages des matériaux salpêtrés et la saturation des eaux : à cet effet, après avoir étendu de la paille sur le fond de chaque cuvier, on mettra par-dessus des cendres passées au tamis et humectées, et on les comprimera avec un pilon aplati en dessous ; leur épaisseur doit égaler environ le quart de la profondeur des cuviers. Sur cette couche de cendres on fera un nouveau lit de paille, et on achèvera de remplir les cuviers avec des terres salpêtrées ; la lixiviation se fera, d'ailleurs, de la manière indiquée précédemment. Les sels terreux se décomposeront à mesure qu'ils traverseront les cendres, et si la proportion de ces dernières aux terres salpêtrées était convenable, la saturation serait complète. Mais cette proportion dépend de trop d'éléments pour être indiquée d'avance ; c'est à l'expérience à la fixer. Néanmoins, il n'y aurait aucun inconvénient à s'en écarter, parce qu'après avoir reconnu, au moyen de la potasse, si l'on a n'a pas atteint ou si l'on a dépassé le terme de la saturation, il sera toujours facile d'y remédier en ajoutant aux eaux imparfaitement saturées, soit de la potasse, soit de nouvelles eaux salpêtrées à celles trop chargées d'alcali.

Toute espèce de cendres, provenant de la combustion des plantes ligneuses ou herbacées, peut être employée pour la saturation. Dans les pays vignobles, on recherchera avec empressement les lies de vin et les tartres de rebut, car leurs cendres sont très-riches en potasse. Nous avons donné plus haut le moyen d'essayer les cendres.

Cuites des eaux du lessivage. — Quand on a réussi une quantité suffisante d'eaux saturées (sept à huit fois le volume de la chaudière, si les eaux ne marquent que 10 degrés), on les verse dans une grande chaudière montée sur un fourneau et on procède à leur évaporation, en poussant activement le feu. Quand l'eau entre en ébullition, on voit monter d'épaisses écumes qu'on enlève avec l'écumoire ; peu après la liqueur se trouble et dépose des boues blanchâtres qui

sont des portions de carbonate de chaux ou bien des matières terreuses en dissolution ; ces boues tombent au fond de
la chaudière, dans un petit bassin suspendu dans le centre
à l'aide d'une corde glissant sur une poulie, et qu'on a le
soin de vider quand il est plein. Bientôt ces boues disparaissent et le sel marin commence à se déposer, lorsque
l'eau a atteint un degré de concentration qui ne lui permet
plus de rester en dissolution. A cette époque, on enlève le
bassin, et l'ouvrier a le soin de retirer avec une écumoire
le sel marin à mesure qu'il se dépose, et de le jeter dans
un panier d'osier placé au-dessus de la chaudière et où il
s'égoutte. Par une évaporation prolongée, la cuite abandonne la plus grande partie du sel marin, et conserve tout
le salpêtre qui a la propriété d'être beaucoup plus soluble
dans l'eau bouillante que dans l'eau froide.

Quand la cuite marque 80 degrés à l'aréomètre de Baumé, l'évaporation doit être arrêtée. L'ouvrier ordinairement recouvre le feu, ferme le foyer, et attend quelques
heures pendant lesquelles le sel marin et les matières étrangères se séparent et gagnent le fond de la chaudière. Puis
avec de larges puisoirs, il verse avec précaution les eaux de
cuite dans des bassins en cuivre, ou en fer, ou des baquets
en bois et les laisse refroidir lentement. Le salpêtre cristallise et au bout de quelques jours le refroidissement est complet et la cristallisation terminée : l'ouvrier décante l'eau
mère ou surnageante, fait égoutter les cristaux et détache
un pain de salpêtre cristallisé, qui prend le nom de *salpêtre
brut*.

Les eaux surnageantes ou *eaux mères*, contiennent du
salpêtre et diverses espèces de sels à base alcaline ; il convient donc de les ajouter à la cuite suivante.

Néanmoins quand ces eaux mères ont passé dans un grand
nombre de cuites, elles deviennent assez épaisses pour gêner la cristallisation du salpêtre ; il faut alors s'en débarras-

ser, soit en les abandonnant pendant plusieurs mois, dans des cuviers où elles déposent encore des cristaux de salpêtre, soit en les rejetant sur les terres des nitrières artificielles.

Le sel marin obtenu par l'opération précédente contient 15 à 20 pour 100 de salpêtre, et de plus une certaine quantité de chlorure de potassium. Il convient de séparer ces divers sels.

On obtient le salpêtre par l'un des deux procédés suivants :

1° On remplit d'eau une chaudière jusqu'aux deux tiers de sa hauteur, on la chauffe jusqu'à l'ébullition, et on y fait dissoudre du sel marin pur, jusqu'à ce que l'eau en soit saturée. Cela fait, on suspend à l'aide d'une poulie un panier d'osier au-dessus du liquide de manière à ce qu'il plonge complétement, après l'avoir rempli de sel à laver. L'eau de la chaudière ne peut plus dissoudre de sel et dissout uniquement le salpêtre, qu'elle enlève ainsi au sel marin ; au bout de quelque temps, on retire le panier, on vide le sel lavé, on le remplit de sel à laver, on le plonge de nouveau et on continue de cette manière jusqu'à ce que le lavage soit terminé ; l'eau de la chaudière est considérée et traitée ensuite comme *eau de cuite*, tandis que le sel lavé est vendu aux glaciers ou aux agriculteurs.

2° On met dans une chaudière le sel marin avec le quart de son poids d'eau et on chauffe jusqu'à 40 ou 50 degrés. On brasse bien, on retire le résidu et on l'égoutte. L'eau aura dissous presque tout le nitre et se sera saturée de sel marin ; mais elle n'aura dissous que la dixième partie du sel marin employé. On le fera passer de même dans les eaux de cuite.

Le sel provenant des opérations précédentes contient une certaine quantité de chlorure de potassium qu'on peut retirer par le procédé suivant : Le sel marin n'est pas sensiblement plus soluble à chaud qu'à froid et 100 kilogrammes d'eau à 109 degrés en dissolvent 40 kilogrammes, tandis que le chlorure de potassium est plus soluble à chaud qu'à froid, et 100 kilogrammes d'eau à 109 degrés en dissolvent 60 kilogrammes. Cette différence de solubilité permettra de séparer les deux sels, par les mêmes raisons et les mêmes procédés que nous avons décrits pour la séparation du salpêtre et du sel dans le lavage de cette dernière substance.

On commencera par déterminer la richesse en chlorure de potassium et sel marin à l'aide du procédé par refroidissement conseillé par M. Gay-Lussac, et déjà décrit précédemment : connaissant la quantité de chlorure de potassium contenue dans la masse à laver, on versera dans une chaudière un poids égal ou un peu plus grand de cette quantité, on fera bouillir de manière à dissoudre le tout, et on lavera ce sel dans cette liqueur comme à l'ordinaire, en l'immergeant, brassant, et retirant au bout de quelque temps. A la fin du lavage l'eau sera chargée de quantités à peu près égales de sel marin et de chlorure de potassium, dont on pourra se servir à l'état de solution pour saturer les eaux salpêtrées comme nous l'avons précédemment expliqué.

Le sel marin produit par les salpêtriers, même lavé, n'est jamais assez pur pour être livré à la consommation ; il contient nécessairement une petite quantité de sels étrangers, nitre, chlorure de potassium, un peu de cuivre et de l'iode. Il n'est pas douteux que son usage alimentaire ne soit nuisible. On peut néanmoins le raffiner facilement, en le faisant dissoudre complétement, laissant cristalliser par refroidissement, reprenant les cristaux pour les faire dissoudre de nouveau et en obtenir enfin une nouvelle cristallisation qui donne du sel blanc et pur.

FABRICATION DU SALPÊTRE A L'AIDE DU NITRATE DE SOUDE DU COMMERCE.

Nous avons précédemment décrit l'extraction du salpêtre du commerce des matériaux salpêtrés ou des terres de fouille. Cette source de salpêtre n'est pas la seule, et la découverte d'une mine puissante de nitrate de soude dans le Chili a donné naissance à un procédé de fabrication qui, depuis bientôt vingt ans, a complétement remplacé l'ancien procédé. Nous allons indiquer en quelques mots la théorie de cette fabrication et les différentes phases qu'elle a subies en entrant dans le domaine de l'industrie.

En dissolvant ensemble 100 kilogrammes de nitrate de soude et $87^k,3$ de chlorure de potassium, on obtient par la cristallisation $118^k,60$ de nitrate de potasse et $68^k,70$ de chlorure de sodium ou sel marin. On voit que les acides ont échangé leurs bases, en vertu des lois de solubilité de chaque sel.

La réaction est simple, et le travail de l'atelier facile, sans aucun embarras de lessivage de terres, de transport, cassage de matériaux, etc. Le commerce donne le nitrate de soude presque pur, c'est-à dire à 15 p. 0/0 de déchet environ.

Quant au chlorure de potassium, on le retire soit des cendres de varech, soit des résidus de la distillation des mélasses de betteraves.

Le varech est une plante marine qui, incinérée, donne la soude qui porte son nom. Cette soude renferme, entre autres substances, le tiers de son poids en chlore de potassium, le cinquième de son poids en sulfate de potasse, et le reste en carbonate de soude. Le sulfate étant plus difficilement décomposé que le chlorure de potassium par le nitrate de soude, il convient de transformer le sulfate en chlorure par l'addition d'une petite quantité de chlorure de calcium.

$$\left. \begin{array}{l} 1072 \text{ k. nitrate de soude du commerce} \\ 2000 \text{ k. soude de varech.............} \\ 13 \text{ k. chlorure de calcium.........} \end{array} \right\} \text{donnent} \left\{ \begin{array}{l} 1200 \text{ k. salpêtre pur.} \\ \\ 1600 \text{ k. sel marin.} \end{array} \right.$$

On remplace maintenant la potasse de varech par celle de betterave. Les fabricants de sucre produisent de la mélasse qu'ils vendent aux distillateurs; ceux-ci convertissent, par la fermentation, les mélasses en alcool ou *trois-six;* les vinasses provenant de cette distillation sont ensuite évaporées et converties en un salin qui contient en moyenne la moitié de son poids en sels de potasse.

Les salpêtriers font une dissolution de nitrate de soude et y ajoutent soit le salin, en procédant à une série d'opérations pour se débarrasser des sels de soude, soit le chlorure de potassium, que des raffineurs spéciaux extraient de ce même salin.

Enfin, tout récemment, on a découvert en Prusse des mines importantes de sulfate et de muriate de potasse, recouvrant le sel gemme, et cette découverte a imprimé une nouvelle direction à la fabrication du salpêtre.

Il est facile de fabriquer le nitrate de soude, au lieu de le demander au commerce extérieur. En effet, le sulfate de soude obtenu en abondance dans nos fabriques, mis en présence du nitrate de chaux contenu dans les eaux de lessivage de nos matériaux de démolition, se décompose pour donner lieu à du nitrate de soude d'une part, et à du sulfate de chaux ou plâtre de l'autre. La conversion de ce nitrate de soude en nitrate de potasse par le chlorure de potassium s'opère comme nous l'avons dit, et l'on peut fabriquer ainsi du salpêtre, sans aucun appel à l'industrie étrangère, sans lui demander même le carbonate de potasse, que le prix élevé de nos bois ne nous permet pas de produire. Il faut dire cependant que cette fabrication n'existe pas de manière à offrir d'importantes ressources. Néanmoins, comme en cas de guerre, de blocus continental, elle peut offrir un intérêt national, nous allons la décrire en détail.

Nous supposons que nous avons à traiter les eaux provenant du lavage des matériaux de démolition ou des terres de fouille.

Quand les eaux sont suffisamment concentrées, on les réunit dans une grande cuve placée au-dessus de la chaudière de cuite ou dans son voisinage. On ajoute alors de la chaux éteinte en quantité suffisante pour neutraliser l'excès d'acide de sulfate de soude qu'on ajoutera peu après, en ayant soin de le briser avant de le porter dans la liqueur. On brasse avec soin la chaux, puis, quand sa dissolution est suffisamment opérée, on introduit le sulfate de soude broyé. Il y aurait de l'inconvénient à ajouter le sulfate de soude dans la liqueur froide, à cause de sa faible solubilité, si la réaction qui s'opère à l'instant même du mélange ne diminuait pas la quantité de sulfate de soude, et ne permettait à une nouvelle quantité de se dissoudre. Il faut avoir le soin, toutefois, de brasser pendant longtemps, afin de découvrir le sulfate de soude avec lequel s'opère le dépôt.

Quand la dissolution est complète et que la liqueur est éclaircie, on fait rendre la partie claire dans la chaudière de cuite, et l'on commence le feu. Les boues qui restent sont lessivées avec les matériaux de démolition, et leurs eaux sont confondues. A mesure que la chaleur se développe, la liqueur se trouble, des écumes se forment, et il faut, pour éviter des boursouflements, les enlever à chaque instant. Au bout d'un temps plus ou moins long, la cuite prend des degrés, la liqueur s'éclaircit un peu, les écumes ne sont plus aussi épaisses, et l'on peut ajouter le chlorure de potassium. Comme cette substance produit un grand abaissement de température, il ne faut la verser qu'à plusieurs reprises, brasser pour la faire dissoudre, et faire en sorte surtout que la liqueur soit à 2 centimètres des bords de la chaudière. Bientôt l'ébullition recommence, la liqueur se concentre et le sel marin se précipite; on l'enlève à mesure qu'il tombe pour le mettre à égoutter dans des paniers disposés au-dessus de la chaudière, afin d'éviter qu'il ne s'attache aux parois et au fond.

Quand la liqueur a atteint son degré, ce qu'on détermine suivant les lieux et suivant la nature des matériaux salpêtrés qu'on rencontre, on la laisse reposer pendant quelques heures pour faire tomber tout ce qu'elle tient en suspension à la faveur de son ébullition, puis on décante dans un grand cristallisoir ou dans de petites bassines. On la soumet à un refroidissement lent. La cristallisation s'opère, et au bout de quelques jours on sépare l'eau même qui, versée après le muriate de potasse dans la chaudière de cuite, sert à donner des degrés et à tenir les eaux hautes. On fait égoutter les pains de salpêtre, on les brise, on les arrose avec de l'eau pure à plusieurs reprises, jusqu'à ce qu'on soit assuré qu'il ne reste plus que très-peu de sels étrangers, et l'on fait sécher le salpêtre avant de le livrer aux raffineries.

Toutes les eaux qui ont lavé le salpêtre en contiennent une grande quantité, de même que du muriate de potasse et des nitrates à bases diverses, et pour les utiliser on les passe avec les eaux-mères dans la cuite.

En versant constamment les eaux dans la cuite, on ne chargerait pas le degré de ces eaux-mères, si elles ne contenaient que des sels utiles et dont la réaction produit du salpêtre; si elles ne contenaient que du sulfate de soude, des nitrates et du muriate de potasse, parce qu'avec un peu d'habitude on reconnaîtrait facilement le sel qui est en excès, et qu'on pourrait, en modifiant les dosages, rétablir l'équilibre. Mais il est une autre substance qui tend à l'augmenter constamment, c'est le sulfate de magnésie provenant de l'action du sulfate de soude sur le nitrate de magnésie. Pour s'en débarrasser, il est bon d'ajouter du carbonate de potasse dans la cuite quand on s'est aperçu que le degré des eaux-mères est trop élevé. Il convient mieux encore de verser à chaque opération de la potasse dans la chaudière, et de ne pas attendre que le sulfate de magnésie soit devenu abondant pour s'en débarrasser, parce que cela donnerait lieu à des écumes trop fortes et que la cuite serait difficile à guider.

Telle est la marche générale qu'il faut suivre dans les ateliers, tels sont les principes de cette fabrication. Il nous reste à dire que le sulfate de soude et le muriate de potasse entrent en quantités à peu près égales, si d'ailleurs les eaux ne contiennent déjà une partie de l'un de ces corps. La quantité de chacun d'eux que l'on doit employer est variable suivant la nature des terres, et ne saurait être fixée d'une manière générale.

RAFFINAGE DU SALPÊTRE BRUT

Le salpêtre brut contient 8 à 10 pour 0/0 d'eau, de sel marin et de quelques autres sels étrangers dont il importe de le débarrasser, pour assurer la conservation des poudres. Ce raffinage s'opère dans des établissements spéciaux, dits *raffineries de salpêtre*. Nous allons décrire cette opération :

On commence par analyser le salpêtre brut, afin de savoir ce qu'il contient de salpêtre pur, et par suite sa valeur réelle.

Le mode d'épreuve repose sur ce principe que l'eau saturée de salpêtre pur ne dissout plus de salpêtre, mais conserve la propriété de dissoudre les autres sels. Par conséquent, en lavant un poids déterminé de salpêtre brut avec une suffisante quantité d'eau bien saturée de salpêtre, celle-ci entraînera en dissolution tous les sels étrangers, le sel marin et autres, sans dissoudre en rien le salpêtre de l'échantillon. Celui-ci, réuni sur un filtre, égoutté et bien séché, représentera le salpêtre pur de l'échantillon, et par suite la richesse de l'échantillon. On comprend que toute l'exactitude de l'épreuve réside dans la parfaite saturation de l'eau salpêtrée, et qu'on ne saurait apporter trop de soins à la préparation de la liqueur d'épreuve. Il est indispensable qu'au moment de l'épreuve cette liqueur tienne en dissolution la quantité de salpêtre afférente à la température

de l'eau; il est facile de s'en assurer à l'aide du thermomètre et de l'aréomètre de Baumé et de la table de dissolution du salpêtre dans l'eau à diverses températures. Mais il
existe pour la saturation du nitre un aréomètre spécial dont
les degrés doivent s'accorder avec ceux du thermomètre
pour que la saturation soit complète. Nous allons du reste
exposer la pratique de cette opération.

Quelques jours avant la réception du salpêtre, on met
dans une marmite en cuivre de la capacité de 18 à 20 litres,
5 ou 6 kilogrammes de salpêtre raffiné, on verse sur ce
salpêtre, et plein la marmite, de l'eau de fontaine, on brasse
avec une écumoire en cuivre plusieurs fois par jour, afin
d'avoir une eau parfaitement saturée, on ajoute du salpêtre
s'il est nécessaire afin d'en avoir toujours une couche d'au
moins un centimètre au fond de la marmite. Dans la soirée
du jour qui précède l'épreuve, on s'assure que l'eau est
assez saturée, au moyen d'un thermomètre et d'un aréomètre
faits pour la saturation du nitre. Cet aréomètre, construit
uniquement pour la saturation de l'eau pour les épreuves
du salpêtre brut, doit toujours s'accorder avec le thermomètre plongé dans la même eau. Cette eau est abandonnée
au repos jusqu'au moment de l'épreuve. On pile tous les
échantillons dans un mortier en marbre avec un pilon en
bois à long manche, on a soin de remettre chaque échantillon dans un vase ainsi que l'étiquette portant le nom du
salpêtrier. On pèse 400 grammes de chaque échantillon que
l'on verse successivement dans un bocal en cuivre de forme
cylindrique, ayant $0^m,15$ de hauteur et $0^m,14$ de diamètre,
marqué du numéro correspondant à celui écrit à la suite
du nom du salpêtrier sur le cahier des épreuves. Les pesées
terminées, on verse dans chaque bocal, sur l'échantillon,
un demi-litre d'eau saturée; on agite continuellement pendant un quart d'heure. Après ce temps, on laisse reposer la
liqueur, et on la décante sur un filtre de papier gris placé

dans un entonnoir en fer-blanc et portant le numéro du bocal, en ayant le soin de ne pas verser de salpêtre. Après avoir décanté lentement tous les bocaux sur un filtre, on verse sur chaque échantillon une nouvelle quantité d'eau saturée égale à un quart de litre, on agite encore pendant un quart d'heure, après quoi on verse le contenu du bocal, salpêtre et eau, sur le filtre qui a reçu le premier lavage. Pendant la filtration, et de temps en temps, on frappe doucement du plat de la main sur chaque entonnoir, afin de faire écouler une partie de l'eau que le salpêtre retient. Deux heures après environ, on enlève de l'entonnoir avec précaution le filtre avec le salpêtre qu'il contient, on le développe sur un lit de cendre recouvert de papier gris, et avec une cuillère on étend le salpêtre sur toute la superficie du filtre; on ne doit pas oublier de poser sur le filtre l'étiquette portant le numéro de l'entonnoir, qui est le même que celui du bocal. Les échantillons doivent passer la nuit sur le lit de cendre. Le lendemain, on les remet dans les bocaux qui ont servi à l'épreuve, toujours avec la précaution de mettre chaque échantillon dans son bocal. Pour opérer la dessiccation du salpêtre, on place les bocaux sur un bain de sable; ce dernier est un bassin plat en cuivre rempli de sable, il a $0^m,84$ de longueur, $0^m,73$ de largeur et $0^m,17$ de hauteur, et est monté sur un fourneau en maçonnerie chauffé au bois. Les bocaux placés les uns auprès des autres sont à moitié enterrés dans le sable chaud; on a eu la précaution d'allumer le feu une demi-heure avant cette opération, afin que le sable soit déjà faiblement chaud quand on y dépose le bocal; on remue continuellement et l'un après l'autre le salpêtre des bocaux avec une spatule en cuivre ou en bois jusqu'à parfaite dessiccation; chaque échantillon est ensuite pesé, et son poids donne la quantité de salpêtre pur contenu dans les 400 grammes mis en épreuve.

Passons maintenant au *raffinage* proprement dit.

Le salpêtre brut subit d'abord un lavage à froid à l'eau saturée de salpêtre. Cette opération, assez semblable à celle de l'épreuve, a pour but de dissoudre une grande partie du sel marin et d'offrir ainsi aux opérations subséquentes du salpêtre déjà largement purifié. Le lavage du salpêtre brut se fait dans un grand bassin en cuivre, dont le fond est incliné de manière à ramener le liquide à l'une des extrémités ; ce bassin sert aussi de cristallisoir pour les raffinages ; il est monté sur charpente, et est percé à son extrémité d'un trou circulaire auquel est fixé un tuyau en cuivre de 0^m,35 de longueur pour porter les eaux au dehors et qui se ferme avec un tampon de bois garni de linge. Les dimensions de ce bassin sont celles-ci : longueur 4^m,25, largeur 3 mètres, hauteur près de la bonde 0^m,60, hauteur à l'extrémité opposée 0^m,40, les angles et les arêtes sont arrondis. Ces dimensions sont souvent plus considérables.

On lave généralement 3,700 à 3,800 kilogrammes de salpêtre brut. Deux ouvriers sont ordinairement employés à ce travail. Le premier transporte au moyen d'une hotte en sapin appelée *tandelin*, le salpêtre brut déposé sur le plancher du magasin ; le tandelin contient à peu près 65 kilogrammes de salpêtre, l'ouvrier en porte 57 ou 58 et les verse successivement dans des bassins ou cristallisoirs. Le deuxième ouvrier est employé à verser, au moyen d'un puisoir aussi en cuivre à long manche en bois, dans le même bassin, les eaux surnageantes et celles d'arrosages du raffinage précédent ; celles-ci avaient été déposées encore chaudes dans la chaudière des raffinages. Nous verrons plus loin ce que sont ces eaux d'arrosage. Cette quantité d'eau salpêtrée qui est à peu près de 16 hectolitres, marquant 12 à 15 degrés à l'aréomètre Baumé et jusqu'à 18 en été, suffit pour immerger et couvrir tout le salpêtre contenu dans le bassin.

Après cette opération, les deux ouvriers placent en travers sur les bouts du bassin un madrier en chêne sur lequel ils se placent pour remuer le salpêtre avec des pelles en fer. Ils prennent une pelletée de salpêtre et la rejettent à gauche en la renversant, et continuer ainsi de manière à renouveler et agiter toute la masse, en opérant toujours de la même manière. Cette agitation a pour but de favoriser la dissolution du sel marin. Ils commencent à une extrémité du bassin, et font glisser la planche jusqu'à l'autre bout à mesure qu'ils remuent; ils répètent cette opération trois fois dans le jour.

Le salpêtre reste ainsi dans le bassin de lavage et immergé pendant un jour. Il s'agit ensuite de le relever. A cet effet, les ouvriers se placent d'abord sur la planche et relèvent avec des pelles une partie du salpêtre dans le sens des grands côtés du bassin, de manière à tracer une sorte de sillon, ensuite ils enlèvent la planche, se placent à terre de chaque côté du bassin, munis chacun d'un instrument en bois appelé rabot, et tirent le salpêtre vers les bords en l'accumulant en masses hautes et compactes qui s'égouttent facilement; ensuite l'un des ouvriers ouvre un peu le tampon en le repoussant au dedans au moyen d'un marteau. L'eau de lavage s'écoule lentement dans un petit bassin placé au-dessous de l'ouverture; les deux ouvriers la transportent avec un portoir en cuivre à fond plat garni de deux anses, et la versent soit dans la chaudière des cuites, soit dans des cuves; cette eau marque à l'aréomètre Baumé 15 à 20 degrés, et la quantité se trouve augmentée de 1 et quelquefois de 2 hectolitres. Cette différence est due d'une part à la dissolution du sel marin qui occupe un certain volume et d'autre part à l'eau qui mouillait le salpêtre brut. Le salpêtre lavé reste en égout dans le bassin pendant un ou deux jours, il retient encore 3 à 4 p. 0/0 d'eau.

L'opération suivante, qui prend dans l'atelier le nom de *raffinage*, n'est autre que la dissolution à chaud du salpêtre lavé dans une quantité d'eau convenable pour tenir en dissolution tout le sel marin restant encore dans le salpêtre. Le raffinage du salpêtre se fait dans une chaudière destinée spécialement à cette opération. Sa capacité est de 37 hectolitres, c'est un tronc de cône renversé terminé par une calotte sphérique qui en forme le fond ; son diamètre supérieur est de $2^m,04$ et celui inférieur au-dessus du fond est de $1^m,25$, la calotte du fond a $0^m,25$ de flèche.

La quantité de salpêtre mise en raffinage est de 3,800 à 4,000 kilogrammes. La chaudière se charge de la manière suivante : les eaux du raffinage précédent, qui ont séjourné pendant la nuit dans cette chaudière, y ont déposé environ 100 kilogrammes de salpêtre ; on y ajoute environ 250 kilogrammes de salpêtre cristallisé provenant des eaux d'arrosage du raffinage précédent dans les caisses de lavage. Un ouvrier porte dans la chaudière, par charges successives, 3,600 kilogrammes de salpêtre lavé (54 à 55 tandelins), tandis que l'autre y verse en même temps 12 hectolitres d'eau de fontaine (27 tandelins) ; toutes ces manipulations se font dans la matinée ; à midi, on met le feu sous la chaudière ; quatre ou cinq heures après, lorsque la dissolution du salpêtre est avancée, on y ajoute 65 à 130 kilogrammes de salpêtre lavé (2 tandelins), dans le cas où la chaudière ne serait pas assez pleine, le niveau du liquide devant être à 6 ou 7 centimètres au-dessous du bord ; elle contient alors environ 4,000 kilogrammes de salpêtre. Après midi, on fait dissoudre dans une petite chaudière 1 kilogramme de colle forte ordinaire dans 60 à 80 litres d'eau de fontaine chauffée à 60 ou 70 degrés. Vers 6 ou 7 heures du soir, tout le salpêtre est dissous, et la liqueur entre bientôt en ébullition ; alors l'ouvrier qui doit surveiller le raffinage et passer la nuit à cet effet, ne s'occupe plus d'autre travail. Il enlève les écumes à mesure qu'elles se forment et entretient le feu ; il apporte la dissolution de colle près de la chaudière ; dès que le plus gros des écumes est enlevé, ce qui

a lieu ordinairement une demi-heure après le commencement de l'ébullition, l'ouvrier brasse la liqueur avec une
écumoire à long manche, tandis qu'un autre y verse la
moitié de la dissolution de colle; l'ébullition s'arrête alors,
mais on donne un coup de feu, et elle reprend bientôt, en
donnant de nouvelles écumes qui sont successivement enlevées par l'ouvrier. Le second collage se fait une heure
environ après le premier, en versant le reste de la dissolution, et l'ouvrier continue d'enlever les écumes. Dès que
celles-ci ne se montrent plus en abondance, le feu est en-
tretenu moins activement, et l'ouvrier ne maintient pendant toute la nuit qu'une faible ébullition jusqu'au moment
de tirer le raffinage. On comprend la nécessité de ne pas
laisser refroidir une liqueur aussi saturée de salpêtre, qui
déposerait des cristaux volumineux difficiles à enlever de
la chaudière.

On se dispose à tirer le raffinage à 5 heures du matin.
A ce moment, la liqueur marque 54 degrés à l'aréomètre de
Baumé et 116 degrés au thermomètre centigrade. La consommation en bois a été d'un stère. Il faut trois ouvriers
pour tirer le raffinage. Le grand bassin ou cristallisoir a
été, dès la veille, nettoyé et lavé avec des eaux de lavage,
ensuite avec un arrosoir plein d'eau de fontaine, et la bonde
bien fermée avec le tampon de bois. Deux ouvriers, à l'aide
de puisoirs à longs manches et d'un chenal ou conduit en
cuivre, font passer la liqueur de la chaudière dans le bassin
qui en est voisin, tandis qu'un troisième ouvrier, muni d'un
rabot, la remue continuellement dans le bassin pour la refroidir et empêcher qu'il ne se forme de gros cristaux.

A 7 heures, la chaudière se trouve entièrement vidée;
on la nettoie avec de l'eau de lavage et un balai, et l'on
termine avec un peu d'eau de fontaine; ces eaux sont déposées dans un bassin, et donnent par refroidissement des
cristaux de salpêtre qui sont ajoutés au salpêtre qui fait

partie du raffinage suivant. Dès que ce nettoyage est terminé, l'un des ouvriers se met à remuer la liqueur dans le bassin pour en hâter le refroidissement, comme le fait le troisième ouvrier depuis le commencement du travail. D'abondantes vapeurs d'eau se dégagent, le refroidissement s'opère activement; la liqueur primitivement claire, limpide et un peu verdâtre, se trouble par le dépôt de la poussière cristalline salpêtrée qui se précipite en abondance. Il faut bien se garder de laisser se former des cristaux volumineux; il faut, au contraire, troubler assez vivement la cristallisation pour que celle-ci soit confuse et que le salpêtre se précipite sous forme de neige pulvérulente.

A 9 heures, les deux ouvriers qui remuent commencent à tirer avec le rabot, vers les bords du bassin, le salpêtre précipité, comme ils ont fait dans le lavage du salpêtre, et dès que le monceau de salpêtre atteint une suffisante hauteur hors de l'eau, les mêmes ouvriers, avec des pelles et un portoir qu'ils posent sur un trépied en fer, l'enlèvent à mesure qu'il s'égoutte et le transportent dans les caisses de lavage.

Le salpêtre obtenu de la précédente opération est parfaitement pur, mais il est mouillé par des eaux qui ne le sont pas, et qui au contraire contiennent en dissolution tout le sel marin. Il importe de le débarrasser de ces eaux, et on y parvient facilement et par un procédé purement mécanique, en arrosant le salpêtre déposé dans de grandes caisses avec des eaux ordinaires ou chargées de salpêtre; celles-ci entraînent les eaux impures en les chassant devant elles et prennent leur place. Il faut donc regarder le lavage non comme un moyen de raffiner de nouveau le salpêtre, mais seulement d'enlever par un simple procédé mécanique, à la manière d'un piston, les eaux impures qui mouillent le salpêtre. Nous allons exposer les détails de cette opération.

Les caisses de lavage sont en chêne et posées sur des

dalles en pierre, à la portée du bassin; elles ont la forme de trémie allongée. Voici leurs dimensions :

Longueur...	{	à la partie supérieure.......	2^m,20
		à la partie inférieure........	1^m,75
Largeur. ...	{	à la partie supérieure.	0^m,96
		à la partie inférieure........	0^m,57

l'épaisseur des planches est de 0^m,035.

Ces caisses sont garnies de faux fonds en planches de chêne de 0^m,03 d'épaisseur, criblés de trous de 0^m,009 de diamètre; la paroi d'un des grands côtés est percée en bas et sur la même ligne horizontale de huit trous de 0^m,03 de diamètre destinés à l'écoulement des eaux; les dalles sur lesquelles elles reposent sont en pierres de taille inclinées en avant.

Le troisième ouvrier est toujours occupé à tirer et à amonceler le salpêtre vers les bords du bassin. Lorsque les deux premières caisses sont pleines (il en faut quatre pour contenir un raffinage), un ouvrier en égalise la surface avec la main et verse sur chaque caisse quatre arrosoirs d'eau de fontaine; ces arrosoirs sont garnis de leur fraise et contiennent 14 litres. Le deuxième arrosage, qui est également de quatre arrosoirs pour chaque caisse, se fait dans le courant de l'après-midi; de temps en temps on débouche les trous des caisses qui s'obstruent de salpêtre cristallisé, et l'on vide aussi le récipient inférieur. Ces eaux sont portées au fur et à mesure de l'écoulement dans la chaudière des raffinages. Vers 4 ou 5 heures, les eaux surnageantes au raffinage qui sont dans le grand bassin ne déposent plus que peu de salpêtre, leur température étant descendue à 25 degrés; elles marquent alors 24 degrés à l'aréomètre. On les décante dans la chaudière des raffinages : on obtient d'une part 6 hectolitres d'eaux surnageantes et d'autre part 10 hectolitres d'eaux provenant des arrosages.

Le lendemain matin on fait le troisième arrosage, après avoir débouché les trous des caisses et avoir enlevé le salpêtre cristallisé sur les dalles. Le lavage est terminé ; il s'est composé de 672 litres d'eau répartis également sur chaque caisse.

Le salpêtre, après son raffinage, doit être parfaitement desséché ; cette opération ne commence jamais qu'après l'avoir laissé séjourner au moins deux jours dans les caisses et souvent plus ; elle se fait dans un bassin plat de $3^m,24$ de longueur, $1^m,66$ de largeur sur $0^m,25$ de hauteur, et dont tous les angles et les arêtes sont arrondis ; il est placé à côté de la chaudière des cuites et monté sur maçonnerie ; il est chauffé par l'air chaud qui s'échappe des fourneaux de la chaudière.

Lorsque le bassin n'est pas chauffé par le foyer de la chaudière des cuites, il l'est directement par un petit fourneau particulier. Chaque charge est de quatre portoirs (200 kilogrammes environ) de salpêtre que deux ouvriers transportent dans le bassin, en se servant pour l'arracher des caisses, de houes en cuivre à manche en bois très-court. Ce salpêtre contient moyennement 4 p. 0/0 d'humidité. Deux ouvriers, armés de pelles en bois, en brisent les mottes et le remuent continuellement ; avant qu'il soit parfaitement sec, on le ramasse en un tas au bout du bassin, et on le tamise avec un crible en toile métallique de laiton de $0^m,58$ de diamètre et $0^m,21$ de hauteur mesurée entre la toile et la partie supérieure, cette toile a vingt-cinq mailles par centimètre carré. Le crible a une large poignée et est garni d'un tourteau en bois ; un ouvrier lui imprime un mouvement de va-et-vient en le maintenant sur deux barres en bois posées en travers sur les bords du bassin ; le deuxième ouvrier le charge de deux pelletées de salpêtre à la fois. Dès que tout le tas est criblé, on l'étend de nouveau dans le bassin et on le remue jusqu'à parfaite dessiccation, ensuite on le remet en tas et on l'enlève avec des seaux en bois à manche pour le déposer dans de grandes caisses placées près du séchoir. Cette opération du séchage dure quatre heures en été et jusqu'à cinq heures en hiver; on en fait habituellement trois par jour; le poids d'une séchée est de 170 à 180 kilogrammes. Un raffinage rend 2,800 à 3,000 kilogrammes de salpêtre sec.

Pour sécher un raffinage au feu d'un petit fourneau, on consomme un stère de bois.

Lorsque tout le salpêtre d'un raffinage est sec, on l'embarille dans des barils.

Les eaux qui ont servi à laver le salpêtre brut sont évaporées dans une chaudière placée près du séchoir et montée sur un bon fourneau; elles marquent ordinairement de 12 à 18 degrés. Cette chaudière, dite *des cuites*, contient 26 hectolitres environ; elle est moins grande que celle dite *des raffinages*, mais sa forme est la même; auprès est un bassin en cuivre monté sur maçonnerie. Ce bassin d'alimentation a 3^m,25 de long, 1^m,05 de large et 0^m,40 de haut; il contient 13 hectolitres d'eau; son fond est placé au-dessus du niveau du bord de la chaudière, dans laquelle il verse ses eaux, au fur et à mesure de l'évaporation, par un tuyau à l'extrémité duquel se trouve un robinet.

On parvient rarement à mettre la chaudière en ébullition dans le premier jour; chaque matin, l'ouvrier qui arrive le premier allume le feu; on l'entretient toute la journée jusqu'au moment où l'on quitte le travail (les cuites ne sont pas chauffées pendant la nuit). On enlève les écumes à mesure qu'elles se forment et on les dépose dans un baquet placé sur le bord de la chaudière; ce baquet est percé à son fond d'un trou dans lequel on passe quelques brins de balai et par lequel s'écoule l'eau qui se sépare des écumes. Le huitième ou le neuvième jour, la cuite commence à donner du sel qui se forme pendant la nuit et forme une croûte à la surface du liquide et sur les parois de la chaudière : on le détache avec une bêche à long manche en bois, on le retire avec une écumoire et on le met dans un panier placé près de la chaudière au-dessus d'un petit bassin, on l'emporte dès qu'il est égoutté et on le dépose dans une cuve ou une grande maie ; tous les matins on enlève le sel déposé pendant la nuit, et à mesure que la cuite se concentre, il se montre en plus grande abondance.

Quand la *cuite* ou liqueur marque 45° ou 46°, on y verse une dissolution de 1 kilogramme de colle et l'on brasse avec une écumoire, les écumes se montrent en abondance, et sont enlevées avec soin. Le lendemain matin on enlève la croûte de sel qui ordinairement s'est formée à sa surface et à l'aide de puisoirs et d'un portoir, on décante la liqueur dans 15 ou 16 petits bassins en cuivre de forme sphérique contenant un hectolitre un quart, rangés dès la veille dans un endroit de l'atelier ; deux ouvriers mettent trois heures pour vider la chaudière et retirer le sel qui se trouve au fond. Il faut ordinairement douze à quinze jours pour faire une cuite, on en retire 200 à 400 kilogrammes de sel, et l'on consomme 9 à 10 stères de bois.

La liqueur est abandonnée au repos dans les bassins pendant huit ou dix jours, temps nécessaire pour la cristallisation, après quoi deux ouvriers décantent les eaux mères avec les puisoirs et le portoir, et les déposent dans des cuves ; on en retire 11 hectolitres à 35° ; chaque bassin contient alors un pain de salpêtre brut et des aiguilles ; ces dernières sont enlevées et mises dans un panier placé au-dessus d'une cuve où elles achèvent de s'égoutter ; on place les bassins contenant les pains, deux à deux, inclinés sur des baquets en bois nommés recettes, on les laisse dans cet état pendant quatre ou cinq jours ; après ce temps, deux ouvriers, à l'aide de longues barres en bois, les transportent un à un sur la balance. le maître raffineur les pèse et défalque la terre des bassins qu'il connaît d'avance; le poids du salpêtre brut d'une cuite y compris les aiguilles est de 1200 à 1400 kilogrammes ; ce salpêtre contient 20 à 22 p. 0/0 de sel. Une cuite rend donc 900 à 1000 kilogrammes de salpêtre pur; le salpêtre brut des cuites est ensuite mêlé au salpêtre brut ordinaire.

Les eaux mères surnageantes aux cuites d'eaux de lavages, dites *eaux de rebouillage*, peuvent encore donner une certaine quantité de salpêtre; on les concentre dans la chaudière des cuites en procédant comme pour les eaux de lavages et en faisant aussi un collage; ces eaux marquent 34 ou 35°, on les évapore jusqu'à 48°. Le sel que l'on retire dans le cours de la cuite peut servir aux usages domestiques ; c'est du sel marin presque exempt de muriate de potasse, on le lave avec l'eau de fontaine et on le laisse égoutter dans des paniers. Une semblable cuite dure sept ou huit jours; on y évapore 35 hectolitres d'eau, en brûlant 5 ou 6 stères de bois, et on retire en tout 200 à 300 kilogrammes de sel, 350 à 400 kilogrammes de salpêtre brut perdant 20 ou 25 p. 100, représentant 250 à 300 kilogrammes de salpêtre pur. Les eaux mères qui en proviennent sont conservées dans des cuves où elles abandonnent encore dans l'année quelques cristaux de salpêtre : jadis on les rejetait sur les nitrières en les mélangeant avec la moitié d'eau de fontaine, ainsi que les écumes provenant de ces cuites.

Les écumes que l'on obtient des cuites d'eau de lavages et des raffinages faits dans le courant de l'année sont conservées dans une cuve; chaque année on en retire le salpêtre par le procédé suivant qu'on appelle *fonte d'écumes*. Toutes les écumes de l'année, 7 hectolitres par exemple (quand on raffine 50 000 kilogrammes de salpêtre), sont mises dans la chaudière des cuites avec 12 hectolitres d'eau de fontaine; on chauffe et on brasse avec une écumoire pour favoriser la dissolution. Un ouvrier monté sur un trépied et muni de sa recette est placé à côté de la chaudière pour recevoir les écumes qui surnagent la liqueur et qu'on enlève continuellement pour empêcher le boursouflement. Dès que tout est dissous, on cesse le feu, on laisse reposer jusqu'au lendemain matin et l'on décante avec précaution dans des bassins avant que la liqueur commence à cristalliser dans la chaudière ; le dépôt qui se trouve au fond de celle-ci est mis dans des cuviers, où il est lessivé avec quelques seaux d'eau chaude. On retire de cette opération 150 à 200 kilogrammes de salpêtre brut perdant 20 à 25 p. 0/0 ; les eaux surnageantes marquent 18 à 19°, on les considère comme eaux de lavage. On en obtient 12 à 13 hectolitres. Cette opération consomme un stère de bois.

Le sel retiré des cuites d'eaux de lavages et celui fourni en nature par les salpêtriers, contient une petite quantité de salpêtre que l'on retire au moyen du lavage. On met dans une chaudière de la capacité de 13 hectolitres, 10 à 11 hectolitres d'eau de fontaine ; près de la chaudière on place 7 ou 8 bassins sur chacun desquels on pose deux barres pour recevoir un panier. L'eau de la chaudière étant chauffée à 60 ou 70°, deux ouvriers posent sur le bord un panier plat à deux anses contenant 25 à 30 kilogrammes de sel ; une corde passant sur une poulie et ayant à l'un de ses bouts deux crochets, sert à suspendre et à immerger le panier dans la chaudière un peu au-dessous du niveau du liquide ; le troisième ouvrier remue le sel dans le panier immergé avec une large spatule en bois, l'immersion dure 5 ou 6 minutes, après lesquelles on retire le panier et on le place sur l'un des bassins, où il s'égoutte ; un second panier succède aussitôt au premier et est immergé de même. Lorsque tous les bassins sont garnis de paniers lessivés, un ouvrier commence à les enlever successivement avec une brouette et les remplace par des paniers remplis de sel à laver, et il continue de même jusqu'à la fin du lavage ; dès qu'il est terminé, on retire le feu du fourneau et on laisse reposer pendant deux ou trois jours; ensuite on décante le liquide; chargé de salpêtre, on le considère comme des eaux de lavage et on l'ajoute aux cuites. Cette opération consomme près d'un stère de bois.

Anciens procédés de raffinage. — Les procédés de raffinage que nous venons de décrire n'ont pas toujours été suivis; ils ont remplacé un procédé plus long, qui consistait à faire subir au salpêtre brut deux cristallisations successives. On conçoit en effet qu'en calculant d'une part la quantité de sel contenu dans le salpêtre raffiné, et d'autre part la quantité d'eau nécessaire pour tenir ce sel en dissolution à la température ordinaire, le salpêtre qu'on faisait cristalliser dans cette dernière quantité d'eau devait être complétement purifié de sel. Voici du reste quel est le travail de l'atelier : On met dans une chaudière 6 parties d'eau et 30 de salpêtre qu'on y introduit successivement, on entretient l'ébullition ; les matières grasses extractives et terreuses forment des écumes que l'on enlève. Lorsqu'elles commencent à devenir moins abondantes, on procède à l'opération du collage. Pour cela on fait fondre dans une bassine de cuivre une petite quantité de colle forte dans de l'eau. On verse ce mélange en deux fois dans la chaudière, puis on brasse bien ; cette colle entraîne avec elle à la surface tous les corps légers suspendus dans la liqueur, ce qui donne lieu à une grande quantité d'écume qu'on enlève promptement. Lorsque ces écumes deviennent plus rares, on ajoute de l'eau froide dans la chaudière, on brasse, on écume de nouveau ; on fait ensuite une seconde, une troisième, une quatrième addition d'eau froide, on ramène alors la liqueur à l'état d'ébullition, et aussitôt on retire le feu du fourneau. Après quelques heures de repos on décante la liqueur dans des bassins de cuivre qu'on recouvre de morceaux de bois pour rendre le refroidissement plus lent à s'opérer. On les met ensuite s'égoutter sur des baquets, comme pour la cristallisation du salpêtre brut.

Le salpêtre, après ce premier raffinage, est en pains solides; dans cet état, il est déjà plus pur; mais comme il a cristallisé dans des eaux chargées de sels marin et autres, il a dû en entraîner dans sa cristallisation. Il s'agit de l'en débarrasser. On le fait fondre une seconde fois en portant la mise d'eau au tiers de la quantité de salpêtre; on exécute les collages et lavages ainsi que toutes les autres opérations, de la même manière, puis on fait cristalliser.

Le salpêtre en pains ainsi préparés est porté sur un théâtre ou glacis. Sur le théâtre sont pratiqués dans le sens de la pente, des chéneaux doublés en plomb, le long desquels on dispose les pains deux à deux pour s'y égoutter. Ces chéneaux aboutissent à un conduit qui communique avec une recette. Le local de ce séchoir doit être très-aéré, pour faciliter la dessiccation des pains; il faut plusieurs mois pour qu'elle ait complétement lieu.

Les produits des raffinages sont, comme on l'a vu, les écumes, les dépôts terreux et les eaux surnageantes à la cristallisation du salpêtre des deuxième et troisième cuites.

Les écumes de la seconde cuite sont traitées comme celles de la première; quant à celles que produit le troisième raffinage, elles diffèrent des autres, en ce qu'elles sont plus pures et qu'elles contiennent beaucoup plus de salpêtre. On les fait fondre dans une très-petite proportion d'eau, et lorsque la dissolution est complète, on la passe sur un tamis très-fin; la liqueur mise à cristalliser donne du salpêtre de deux cuites très-beau; on mêle ensuite le résidu avec les premières écumes. Les dépôts terreux des raffinages doivent être réunis à ceux dont nous avons parlé à la première opération, pour être traités comme eux; les eaux surnageantes à la cristallisation des deuxième et troisième cuites sont traitées comme celles de la première.

Ce procédé était bien long puisqu'il fallait un temps considérable pour sécher le salpêtre : on l'a fort avantageusement remplacé par le nouveau qui donne facilement dans une petite raffinerie ordinaire, comptant trois ouvriers, 1000 kilogrammes de salpêtre raffiné par jour.

Un ingénieur français, M. Violette, vient de construire dans la ville de Lille, située dans le nord de la France, une grande raffinerie dans laquelle il a réuni toutes les dispositions qui en font un établissement de premier ordre. Nous avons sous les yeux la notice avec dessins qu'il a publiée à cet effet, et nous ne pouvons mieux faire que de l'analyser. Cet établissement peut raffiner par an deux millions de kilogrammes de salpêtre. Il est sillonné de chemins de fer intérieurs et extérieurs sur lesquels (*fig.* 7) les wagons (*a*) font circuler toutes les matières : des pompes distribuent partout non-seulement les eaux pures, recueillies dans de vastes citernes, mais encore les eaux salpêtrées. Une seule cheminée de 30 mètres de haut et de 1^m,20 de diamètre, réunit les feux de tous les foyers, qui sont au

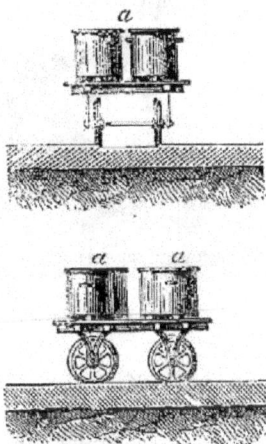

Fig. 7.

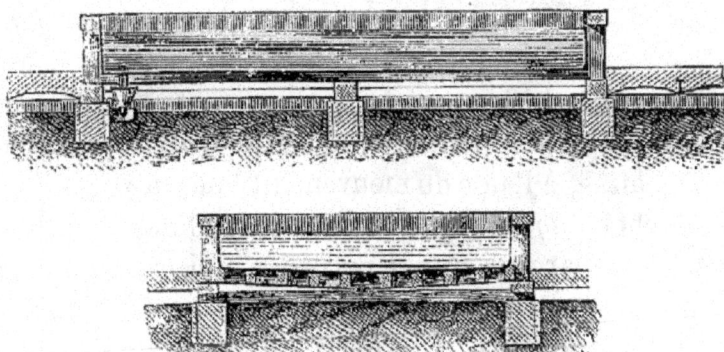

Fig. 8.

nombre de dix. Les cristallisoirs (*fig.* 8) sont très-grands ;

ils ont $3^m,50$ de largeur et 8 mètres de longueur. Les chaudières de raffinage (*fig.* 9, *b*) sont très-grandes ; elles ont
une capacité de 63 hécto-
litres et reçoivent 6 500 kilogrammes de salpêtre par
raffinage. Une pompe (*a*)
permet de vider les eaux,
et remplace avantageuse-
ment la pelle ou poche à
main. Elles sont montées
chacune sur un fourneau,
dont l'air chaud, en s'é-
chappant, passe sous un
long bassin rempli d'eau
salpêtrée, qui sert à l'alimentation de la chaudière.

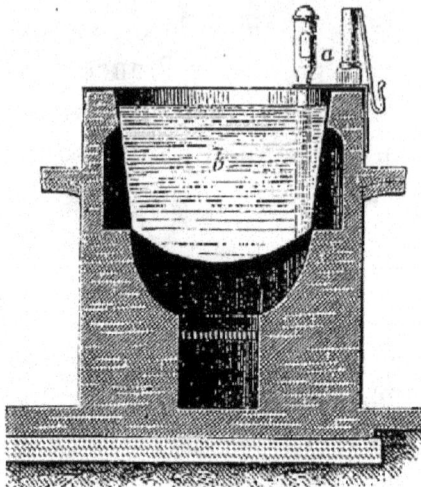

Fig. 9.

Les caisses de lavage
(*fig.* 10, *a*) sont très-grandes ; elles ont 4 à 5 mètres de
long et 1 mètre de large.
L'arrosage n'est pas fait
avec des arrosoirs à main,
ce qui est une opération
pénible, mais à l'aide d'un
récipient gradué (*fig.* 11,
b, page suivante), monté

Fig. 10.

sur wagons, qui laisse échapper en filets l'eau salpêtrée
par un tube percé de trous, et la déverse régulièrement
sur la caisse, à l'aide du mouvement lent du wagon.

Le séchoir (*fig.* 12, *c*) est un bassin de 20 mètres de long et
2 mètres de large : ce qui permet d'utiliser toute la chaleur produite par le foyer plus au-dessous du séchoir. De
plus, le broiement, l'écrasement du salpêtre n'est plus fait
par le choc des pelles, mais par un grand rouleau *b*, pesant
400 kilogrammes, qui promené sur la surface du salpêtre,

l'écrase et l'émiette, à l'instar du rouleau du cultivateur, ou
de celui du cantonier sur les routes.

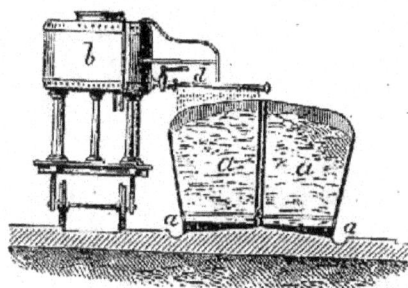 

Fig. 11.   Fig. 12.

Analyse du salpêtre raffiné. — Le salpêtre raffiné est très-
pur; il ne contient guère que $\frac{1}{10000}$ de sels étrangers, sulfates
et chlorures. On l'analyse par le procédé suivant :

Les matières étrangères, comme nous l'avons dit, qui restent mêlées avec le nitre après son raffinage, sont ordinairement du chlorure de sodium (muriate de soude) et du
chlorure de potassium (muriate de potasse). Les sulfates,
très-souvent accidentels, sont en trop petite quantité, et leur
influence sur la qualité de la poudre est trop bornée, pour
qu'il soit nécessaire d'y avoir égard. Il n'en est pas de
même du chlorure de sodium et du chlorure de potassium ;
ces deux substances, portées par le nitre dans la poudre,
en altèrent promptement la qualité, non comme matières
étrangères inertes, mais comme substances déliquescentes,
c'est-à-dire qui absorbent avidement l'eau contenue dans
l'air, et deviennent liquides, dès que l'hygromètre de
Saussure marque 86 ou 88 degrés.

L'humidité absorbée se communique à tous les éléments
de la poudre et diminue très-vite leur inflammabilité.

Le but qu'on devrait se proposer dans l'essai des salpêtres

5

raffinés, ce serait de déterminer la quantité de chacun des deux chlorures : il serait très-difficile de résoudre cette question; mais, heureusement, on peut la simplifier. A la température moyenne de l'atmosphère, le chlorure de sodium et le chlorure de potassium sont à peu près également déliquescents et également nuisibles; il sera par conséquent permis de les confondre sous ce rapport, après avoir déterminé par quelle quantité du premier on doit remplacer celle du second.

Ce qu'on appelle le nombre proportionnel d'un corps, ou son poids atomistique, n'est pas le même pour les deux chlorures; le nombre proportionnel du chlorure de sodium est représenté par 73,2, et celui du chlorure de potassium par 93,2. Ces nombres sont tels que, s'il fallait 73,2, de l'un pour produire un certain effet chimique, il faudrait précisément 93,2 de l'autre pour produire le même effet, ou bien enfin, que si une quantité déterminée de poudre contenait 73,2 de chlorure de sodium, elle attirerait autant d'humidité de l'air, et aussi facilement, que si elle contenait 93,2 de chlorure de potassium.

On ne connaît point, par hypothèse, le rapport des deux chlorures dans le salpêtre raffiné; mais cette connaissance n'est point nécessaire pour le but qu'on se propose. Les deux quantités 73,2 de chlorure de sodium, et 93,2 de chlorure de potassium, renferment chacune la même quantité de chloresavoir : 44,1, et comme on peut prendre l'une d'elles pour l'autre, il est évident que si on les change, au moyen du nitrate d'argent, en chlorure d'argent, le poids de celui-ci pourra être converti indifféremment ou en chlorure de sodium ou en chlorure de potassium, et qu'il sera conséquemment permis d'évaluer entièrement l'impureté du salpêtre raffiné, soit en parties du premier, soit en parties du second.

Ainsi, la détermination du titre du salpêtre raffiné se réduit, en dernière analyse, à supposer que tout le chlore des deux chlorures est combiné avec du sodium et à rechercher la quantité de ce composé.

Quoiqu'il soit important de connaître exactement le degré de pureté du salpêtre raffiné dans chaque établissement, la nécessité d'un système uniforme d'opérations exige qu'on fixe une limite commune à tous.

L'expérience a appris que, dans les raffineries bien dirigées, le salpêtre contient ordinairement moins de $\frac{1}{5000}$ de sel marin ; mais comme, malgré les soins de la fabrication la mieux entendue, les localités peuvent avoir de l'influence sur la pureté du salpêtre, soit par la qualité des eaux, soit parce que le salpêtre soumis au raffinage serait très-impur, on fixera, en attendant que l'on ait des données plus précises sur cet objet, la limite de la quantité du chlorure de sodium tolérée dans le salpêtre raffiné à $\frac{1}{3000}$ du poids de ce dernier.

La détermination d'une aussi petite quantité de sel marin serait impraticable par tout autre moyen que par l'emploi du nitrate d'argent. Ces deux substances, mêlées ensemble à l'état de dissolution, produisent du chlorure d'argent si peu soluble dans l'eau, qu'il en exige près d'un million de fois son poids pour s'y dissoudre, ou plutôt pour qu'il cesse de troubler sa transparence d'une manière appréciable à l'œil. Le chlore et l'argent se combinant toujours dans le même rapport, il est évident qu'on pourra évaluer la quantité du sel marin contenu dans le salpêtre raffiné par celle du nitrate d'argent nécessaire pour la décomposer. Il ne s'agit plus que d'indiquer un procédé d'un usage sûr et facile pour exécuter cette opération.

L'essai du salpêtre sera fait sur 10 grammes de matière, et comme la limite du sel marin qu'il peut contenir est fixée à $\frac{1}{3000}$ de son poids ou à 0^{gr},0033, il faudra, d'après les proportions connues, 0^{gr},0096784 de nitrate d'argent fondu

pour décomposer cette quantité de sel marin. Ces données
établies, il est nécessaire d'avoir un moyen commode de
mesurer la dissolution de nitrate d'argent qui doit servir aux
épreuves des salpêtres.

On pourrait prendre une petite mesure d'eau arbitraire
et y dissoudre le nitrate d'argent nécessaire à la décomposition de $0^{gr},0033$ de sel marin; mais il est préférable de se
servir d'une mesure déterminée, contenant, par exemple,
1 gramme d'eau. Une pareille mesure ne présente aucune
difficulté dans son exécution, et on trouve dans son emploi
le double avantage de n'être point obligé de changer de
dissolution de nitrate d'argent, si on cassait la mesure arbitraire, et d'avoir dans toutes les poudreries une liqueur
d'épreuve constante.

La mesure proposée est une petite pipette droite, effilée
à son extrémité inférieure; sa capacité est fixée par un trait
circulaire gravé sur le tube supérieur par lequel on la tient.

Cette pipette se remplit sans aspiration, en la plongeant
dans la liqueur d'épreuve; on l'en retire après avoir fermé
son ouverture supérieure avec l'index qui doit être sec. Si
la pression du doigt est convenablement graduée, la liqueur
tombera en gouttes toujours égales entre elles pour le
même orifice et la même épaisseur de tube. On pourra donc
diviser la mesure de nitrate d'argent en autant de parties
égales qu'elle donnera de gouttes, et par ce moyen parvenir
à une précision qu'on n'obtiendrait qu'avec peine avec des
mesures sur lesquelles on aurait tracé des divisions.

La manière de mesurer la liqueur d'épreuve étant déterminée, il est très-aisé de lui donner le degré convenable
pour qu'une mesure décompose $0^{gr},0033$ de sel marin. On
prendra une quantité quelconque de nitrate d'argent fondu
exprimée en grammes; on la divisera par $0^{gr},0096784$, et
le quotient sera le nombre de grammes d'eau dans lequel
il faudra dissoudre ce sel. Le nitrate d'argent augmentant

un peu le volume de l'eau dans laquelle on le dissout, il y aurait une petite correction à faire pour qu'une mesure ne contînt exactement que $0^{gr},0096784$ de nitrate d'argent; mais, en la négligeant, on ne commet pas une erreur sensible.

Veut-on maintenant faire l'essai du salpêtre? On en pèsera 10 grammes qu'on dissoudra dans le moins d'eau froide possible, et mieux dans de l'eau tiède; on versera dans la dissolution une mesure de la liqueur d'épreuve, et on filtrera aussitôt. Tout le liquide filtré, qui doit être très-limpide, ou seulement une portion, sera divisé en deux parties: on versera dans l'une quelques gouttes de la liqueur d'épreuve, et si elle ne se trouble point, on sera assuré que le salpêtre contient au plus $\frac{1}{3000}$ de sel marin, et qu'il est, par conséquent, admissible; si, au contraire, le liquide filtré se troublait, le salpêtre contiendrait plus de $\frac{1}{3000}$ de sel marin et serait rejeté. On fera une contre-épreuve en ajoutant à l'autre partie du liquide un peu de dissolution de sel marin; car si elle se trouble, on sera assuré que la mesure de la dissolution d'argent n'avait pas été entièrement décomposée par le sel marin du salpêtre, dont la quantité était, par conséquent, au-dessous de $\frac{1}{3000}$. Ce procédé est suffisant pour déterminer avec exactitude si un salpêtre est admissible ou non; mais, si l'on voulait connaître son titre d'une manière beaucoup plus approchée, on le pourrait sans aucune difficulté.

Il suffirait de verser la mesure de nitrate d'argent dans la dissolution du salpêtre par portions successives évaluées en gouttes: par exemple, si la mesure contient 30 gouttes, et qu'on la verse par portions de 15 gouttes, ou de 10, on aura le titre du salpêtre à $\frac{1}{6000}$ ou à $\frac{1}{9000}$ près.

Dans le cas où l'on aurait versé trop de nitrate d'argent dans la dissolution de salpêtre raffiné, l'épreuve ne sera point manquée et pourrait être aisément corrigée. On ferait une dissolution de sel marin, dans la proportion, par exemple, de $\frac{1}{6000}$ de sel pour 1 gramme d'eau, et on en verserait une mesure dans la dissolution du nitre. A la fin de l'épreuve, on retrancherait le sel marin ajouté de la totalité de celui qu'aurait indiqué le nitrate d'argent, et l'on aurait ainsi le titre du salpêtre avec le même degré de précision que si l'on n'eût point ajouté le sel marin. On a recommandé de filtrer la dissolution de nitre à laquelle on a ajouté du nitrate d'argent, parce qu'elle reste trouble pendant longtemps, et qu'il serait très-difficile de juger à l'œil si l'addition d'une nouvelle portion de nitrate augmenterait son opacité. Cependant cette opération ne peut se faire avec du papier à filtrer ordinaire, connu sous le nom de papier Joseph ; la liqueur passe ordinairement trouble ; mais, en se servant d'un papier plus épais, connu sous le nom de *papier fluent*, la liqueur filtre très-limpide. Il est à remarquer que lorsque l'eau ne contient point de salpêtre, mais seulement une très-petite quantité de sel marin, on ne peut l'éclaircir entièrement après l'avoir précipitée par le nitrate d'argent, même en la filtrant avec le papier fluent, à moins qu'il ne soit très-épais, tandis que la même eau s'éclaircit très-bien par le filtre, si elle est saturée de nitre. Ce fait s'explique par la précipitation mutuelle des sels de leurs dissolutions salines. On peut éviter de filtrer, si l'on n'est point pressé par le temps ; la dissolution du nitre troublée par le nitrate d'argent finit par s'éclaircir, surtout si on l'expose à la lumière, et on l'obtient très-claire en la décantant avec une pipette.

BOIS

——

Le bois se compose de parties solides : charbon et cendres; de parties liquides : séve et eau, et de parties gazeuses, telles que l'air et les autres gaz qui circulent dans l'intérieur. La quantité de séve ou de substances liquides varie avec l'âge, l'espèce et la partie du bois; on trouve ainsi que le corps de l'arbre en contient plus que les racines. On admet généralement que les bois verts renferment 37 à 48 p. 100 en poids de liquide, selon qu'ils sont plus ou moins compactes, et qu'après un an de coupe et d'exposition à l'air ils en retiennent 20 à 25 p. 100. Les bois parfaitement desséchés et conservés dans une chambre sans feu, absorbent en un an un dixième de leur poids d'humidité. En remarquant que la quantité d'eau dont peuvent être imprégnés les bois peut s'élever jusqu'à la moitié de leur poids, on comprend tout le soin et toutes les précautions qu'il faut apporter dans la réception des bois destinés à la fabrication du charbon. Il ne faut pas croire que la parfaite dessiccation du bois soit une opération facile, parce que le bois retient l'eau avec une grande ténacité, et ne la cède d'une manière absolue qu'à la température de 130 à 160 degrés centigrades, lorsqu'on a de plus le soin de l'exposer à cette chaleur en petites bûchettes ou copeaux minces.

On évalue à la simple vue, avec une approximation qu'une longue expérience rend suffisante, la quotité du déchet dont les bois présentés à la réception sont susceptibles pour cause d'humidité ; on opère ainsi : le fournisseur fait écorcer, fendre, couper et ranger à ses frais le bois blanc ; les branches fendues sont coupées à $0^m,50$ de longueur et rangées en parallélipipèdes, dont la hauteur est de 1 mètre et la profondeur de $0^m,50$; le mètre cube de ce bois est pris pour 190 kilogrammes de bois sec.

D'après ce que nous avons dit plus haut, on ne s'écarte pas beaucoup de la vérité, en évaluant l'humidité à 20 ou 25 p. 100 du poids du bois livré, celui-ci ayant été exposé à l'air sous un hangar pendant un an. Mais le mode de dessiccation généralement usité et recommandé a lieu par l'exposition du bois dans un four. Ce procédé, bien préférable à des évaluations arbitraires et incertaines, est ainsi pratiqué :

Sur chaque pesée partielle de bois, qui se compose d'une douzaine de bottes environ, l'ouvrier prélève un brin de bois. Toutes les pesées terminées, il forme avec les brins choisis de petites bottes, liées avec soin, pesant exactement 5 kilogrammes l'une ; il les met ensuite dans un four chauffé modérément. Au bout de vingt-quatre heures environ, les bottes sont retirées, pesées et remises immédiatement au four, pour être pesées de nouveau après un temps convenable, et on ne cesse de remettre ces bottes au four et de les enlever pour les peser que lorsque leur poids ne varie plus sensiblement dans les dernières pesées. Le bois est alors supposé sec, puisque son exposition dans le four ne diminue pas notablement son poids. La différence entre la dernière pesée de chaque botte et le poids primitif de 5 kilogrammes donne l'humidité contenue dans 5 kilogrammes de bois, et, par un calcul simple, celle que renferment 100 kilogrammes du bois livré. (On admet que les deux liens de la botte pèsent 400 grammes.) En déduisant du poids total des bottes composant toute la fourniture celui des liens, on a le poids réel du bois humide, dont on trouve le poids à l'état sec en soustrayant le poids connu de l'humidité.

La dessiccation du bois dans les fours, pour déterminer l'eau naturellement contenue, peut convenir à la pratique par sa simplicité et sa promptitude ; mais elle est loin de donner un résultat certain. Pour qu'il en fût autrement, il faudrait que le four fût chauffé à une température constante et déterminée, ce qui est loin d'avoir lieu. Dessécher le bois, c'est le priver de l'eau interposée ; mais le départ de l'eau dépend essentiellement de la température à laquelle on expose le bois, comme l'indiquent les expériences suivantes consignées dans un mémoire de M. l'ingénieur Violette. Je laisse parler l'auteur :

« J'ai choisi quatre rondins de chêne, frêne, orme et noyer, conservés en magasin depuis deux ans, et j'en ai enlevé avec la scie des échantillons ayant la forme d'un parallélipipède allongé, de $0^m,20$ de long sur $0^m,01$ d'équarrissage. Ces échantillons, exposés pendant deux heures dans l'appareil de carbonisation à un courant de vapeur d'eau surchauffée aux températures croissantes de 125 à 225°, commencement de la décomposition, ont perdu les quantités d'eau suivantes :

QUANTITÉS D'EAU PERDUES PAR DES BOIS EXPOSÉS A DES TEMPÉRATURES CROISSANTES.

TEMPÉRATURE de la DESSICCATION.	QUANTITÉS D'EAU PERDUES PAR 100 PARTIES DE BOIS DIFFÉRENTS SOUMIS A LA DESSICCATION.			
	Chêne.	Frêne.	Orme.	Noyer.
125°	15,26	14,78	15,32	15,55
150	17,93	16,19	17,02	17,43
175	32,13	21,22	36,94	21,00
200	35,80	27,51	33,38	41,77
225	44,31	33,38	40,56	36,56

« On voit que la quantité d'eau enlevée, dans le même bois, ou le degré de dessiccation, varie considérablement avec la température. Il est bien vrai que, entre 200 et 225 degrés, l'eau seule ne s'échappe pas, et qu'il y a un léger commencement de décomposition à 225 degrés; mais, de 125 à 200 degrés, la variation dans la quantité d'eau dégagée est évidente. On lit dans les traités de chimie que le bois contient *tant* d'eau; cette énonciation ne peut être exacte qu'en indiquant le degré de la dessiccation, qui influe si considérablement sur les résultats obtenus. Il conviendrait d'adopter une température déterminée de dessiccation, facile à maintenir, celle produite par exemple par la vapeur d'eau; car le chauffage du four varie dans des limites plus grandes que celles comprises entre 125 et 200 degrés. Nous reviendrons au reste sur ce sujet en parlant de la composition du bois. »

PESANTEUR SPÉCIFIQUE DU BOIS. — La plupart des bois sont plus légers que l'eau, mais leur densité varie extrêmement selon leur essence et leur dessiccation. L'*Annuaire du bureau des longitudes* adopte pour pesanteur spécifique les nombres suivants, en appelant 1000 la densité de l'eau prise pour unité :

Hêtre	852	Tilleul	604
Frêne	845	Cyprès	598
If	807	Cèdre	561
Orme	800	Peuplier blanc	529
Pommier	733	Acacia	482
Oranger	705	Peuplier ordinaire	383
Sapin jaune	657	Liége	240

Le stère de bois contient environ moitié de son volume en vide et l'autre moitié en plein. On peut compter sur les moyennes suivantes pour le poids du stère de différents bois;

Chêne, hêtre, bouleau (en grosses bûches)... 450 k. le stère.
Sapin.................   —   ... 360   —
Orme, peuplier, charme   —   ... 325   —
Chêne menu ou tremble de charbonnage.... 225   —

M. l'ingénieur Violette a fait sur la véritable densité du bois des expériences qui sont consignées dans un mémoire imprimé dans les *Annales de physique et de chimie*, 3ᵉ série, page 39. Nous reproduisons sa rédaction :

« J'ai cherché à déterminer la densité de tous les bois qui ont servi à préparer les charbons dont je me suis occupé. J'avais d'abord opéré sur des bois en gros fragments; mais la diversité des résultats très-disparates m'a engagé à en réduire considérablement le volume. A cet effet les bois ont été coupés en très-petits fragments de 0ᵐ,02 de longueur et 0ᵐ,001 d'équarrissage au plus, et introduits dans des tubes pleins d'eau et placés sous une cloche dans le vide de la machine pneumatique. A peine fait-on agir la pompe aspirante, qu'on voit presque tous ces bois, enveloppés d'une multitude de bulles d'air adhérentes, gagner la surface de l'eau; mais l'air interposé dans les fibres continuant à s'échapper, on les voit bientôt tomber au fond de l'eau et s'y maintenir, en laissant continuellement dégager des bulles d'air nombreuses. Ce dégagement diminue avec le temps, et, après cinq jours d'immersion dans le vide, il a complétement cessé. On procède alors aux pesées servant à déterminer les densités. On plaçait dans le vide et à la fois vingt tubes de verre contenant chacun l'eau et 1 gramme de bois, qu'on transvasait ensuite avec soin et après cessation de tout dégagement gazeux, dans le petit flacon à densité. Ce dernier, bien rempli d'eau et parfaitement essuyé, était pesé immédiatement.

« J'ai déterminé ainsi les densités de soixante-douze espèces de bois; mais comme elles présentent peu de différence entre elles, je me contenterai d'en indiquer un certain nombre dans le tableau suivant :

DENSITÉ DE DIFFÉRENTS BOIS PRÉALABLEMENT SÉCHÉS A 100°, L'EAU
ÉTANT PRISE POUR UNITÉ ET REPRÉSENTÉE PAR 1000

NATURE DU BOIS.	DENSITÉ.	NATURE DU BOIS.	DENSITÉ.
Agaric..............	1422	Faux ébénier.........	1464
Aylanthe	1410	Frêne................	1490
Ajonc................	1430	Fusain....	1429
Alizier.............	1470	Gaïac...............	1490
Aubépine............	1464	Genévrier...........	1412
Baguenaudier........	1424	Houx................	1443
Bois de fer.........	1481	If..................	1416
Bois de lettres.....	1432	Jonc................	1440
Bourdaine...........	1438	Lilas.	1443
Buis...............	1458	Mélèze..............	1432
Cerisier...........	1430	Merisier......	1443
Châtaignier........ ..	1445	Néflier.............	1432
Chêne.	1462	Orme...............	1424
Chènevotte..........	1445	Palmier............	1490
Chèvrefeuille..	1458	Peuplier...........	1418
Clématite.	1445	Pin maritime........	1461
Cocotier.......	1470	Pommier..... ?	1432
Cognassier..	1438	Satinay.............	1442
Cornouiller...	1451	Saule...............	1449
Coudrier....	1488	Saule pourri.........	1412
Eglantier...........	1456	Tuya.	1485
Epine-vinette........	1468	Tremble.	1449

« On voit que la densité de tous ces bois a varié entre 1410 et 1490. Ces différences me semblaient d'autant moins réelles, que le même bois, l'if, dont la densité était de 1416, ayant été abandonné à lui-même, dans l'eau, pendant deux mois, a pris une densité de 1492. Ces variations étaient donc dues à une différence d'imbibition, provenant uniquement de celle de leurs vides ou pores moléculaires, et il était permis d'espérer qu'en faisant disparaître cette inégalité de porosité, on trouverait une densité semblable et uniforme pour tous les bois. A cet effet j'ai opéré comme je l'ai fait pour les charbons, et j'ai réduit les bois suivants, de nature très-différente, en poudre impalpable, à l'aide de la lime. Ces bois ainsi pulvérisés, séchés ensuite à 100 degrés, ont été abandonnés dans le vide pendant dix jours, et ont donné les densités suivantes :

DENSITÉ DE QUELQUES BOIS PRÉALABLEMENT PULVÉRISÉS.

NATURE DU BOIS.	DENSITÉ.
Bois de fer..	1515
Chêne..	1510
Bourdaine..	1520
Peuplier.	1512
Liége..	1300

« Mes prévisions étaient justes et les bois ont tous la même densité, qui est de 1500 environ, c'est-à-dire égale à une fois et demie celle de l'eau.

« On ne remarque pas sans étonnement que le liége est plus pesant que l'eau ; on voit, en effet, sa poussière tomber rapidement au fond de ce liquide et se comporter comme les autres bois. Il est même plus que probable que si le liége eût séjourné dans l'eau et dans le vide pendant deux mois au lieu de dix jours, il eût atteint la densité générale de 1500. Si le liége surnage l'eau ordinairement, c'est non point en raison de sa densité plus légère, mais à cause de sa grande porosité, qui est préservée de l'imbibition de l'eau par une substance gommo-résineuse enduisant et fermant ses cavités intérieures. Les densités des bois consignées dans les livres paraissent n'être que l'expression de leur porosité moléculaire.

« Puisque les bois ont, comme nous l'avons vu, une composition et une densité semblables, il n'est pas surprenant que la chaleur les affecte tous de la même manière, et produise des charbons semblables à la même température et variables seulement avec la température de leur carbonisation. Les résultats simples sont généralement vrais, car la variation dans les phénomènes analogues n'est souvent qu'apparente et disparaît avec les circonstances extérieures ou contraires, en laissant place à l'unité, qui semble être la loi universelle.

« En résumé, la densité de tous les bois est plus grande que celle de l'eau; elle est de 1500, celle-ci étant représentée par 1000. »

Le bois est essentiellement composé d'une matière solide, qui en forme comme la charpente, comme l'ossature, à laquelle on a donné le nom de *ligneux;* il renferme encore diverses substances : gomme, résine, matière colorante, sels, que la séve tient en dissolution. Le ligneux, parfaitement sec et pur, comme nous le représente le coton ou le fil blanc, est lui-même composé de parties à peu près égales de carbone et d'eau combinés, ou plutôt d'hydrogène et d'oxygène dans le rapport rigoureusement propre à constituer de l'eau.

100 parties de bois ordinaire, simplement séché à l'air pendant au moins un an, contiennent :

Cendres....................	2	à	3
Eau libre...................	20	à	25
Ligneux ou matière combustible..................	78	à	72
	100		100

ou bien, en convertissant le ligneux en ses éléments constitutifs :

Carbone...................	38,48
Eau combinée............	35,52
Eau libre.................	25,00
Cendres..................	1,00
	100,00

Comme nous l'avons déjà dit, la quantité d'eau qui abandonne le bois par l'action de la chaleur varie beaucoup avec la température. Nous ajouterons que cette quantité varie considérablement aussi, à une même température, pour des bois différents. M. l'ingénieur Violette l'a constaté dans son mémoire précité. Il s'exprime ainsi :

« J'ai recueilli soixante-douze espèces de bois différents, tant indigènes qu'exotiques ; ils ont été débités en petites bottes semblables entre elles, et séchés, pendant deux heures, à la température de 150 degrés. J'ai obtenu les résultats suivants :

Acajou	a perdu	8,80 p. 100 d'eau.
Agaric	—	21,32 —
Ajonc	—	22,86 —
Alizier	—	51,91 —
Aubépine	—	27,88 —
Aulne	—	14,90 —
Aylanthe	—	29,91 —
Baguenaudier	—	17,12 —
Bois de cocotier	—	15,12 —
Bois de fer	—	13,76 —
Bois de lettres	—	15,00 —
Bouleau	—	37,20 —
Boule de neige	—	19,27 —
Bourdaine	—	13,69 —
Buis	—	12,56 —
Catalpa	—	24,67 —
Cerisier	—	35,85 —
Charme	—	16,54 —
Châtaignier	—	34,61 —
Chêne	—	15,40 —
Chènevotte	—	14,23 —
Chèvrefeuille	—	40,93 —
Clématite	—	51,50 —
Cognassier	—	33,04 —
Cornouiller	—	43,80 —
Coudrier	—	29,20 —
Coton cardé	—	9,44 —

Cytise	a perdu	29,33 p. 100 d'eau.	
Ébène	—	8,39	—
Églantier	—	26,38	—
Épine	—	28,57	—
Érable	—	22,72	—
Frêne	—	17,39	—
Fusain	—	35,55	—
Gaïac	—	10,03	—
Genêt	—	14,85	—
Genévrier	—	39,00	—
Groseillier	—	24,36	—
Houx	—	37,69	—
If	—	9,75	—
Jonc	—	11,39	—
Liége	—	5,75	—
Lierre	—	25,67	—
Lilas	—	35,82	—
Marronnier	—	46,45	—
Mélèze	—	27,83	—
Merisier	—	18,75	—
Néflier	—	16,16	—
Orme	—	9,13	—
Paille de blé	—	13,13	—
Palmier	—	13,63	—
Peuplier (tronc)	—	45,45	—
Peuplier (racines)	—	37,00	—
Peuplier (feuilles)	—	56,61	—
Pin maritime	—	47,47	—
Pin sauvage	—	46,10	—
Platane	—	13,82	—
Poirier	—	22,47	—
Pommier	—	13,99	—
Prunier	—	27,34	—
Robinier	—	32,31	—
Satiney	—	10,93	—
Saule	—	15,03	—
Saule pourri	—	0,00	—
Sureau	—	28,02	—
Sycomore	—	37,50	—
Tilleul	—	45,31	—
Tremble	—	12,94	—

Troène	a perdu	31,22	p. 100 d'eau.
Tuya	—	29,11	—
Vigne	—	15,15	—
Bois d'Herculanum	—	13,33	—

Cette variation n'est pas seulement relative à l'eau naturelle ; elle existe aussi dans la composition élémentaire de chaque partie du même arbre, comme le relate ainsi l'ingénieur Violette :

Analyse du bois pris sur diverses parties d'un même arbre.

« Les bois qui ont fait l'objet des expériences précédentes ont des âges différents ; de plus, ils ont été prélevés sur des rameaux plus ou moins gros, à une partie quelconque de l'arbre. Or, en réfléchissant aux variations précédemment exposées, j'ai pensé qu'elles pouvaient peut-être avoir pour origine la distribution inégale du carbone dans les diverses parties du même arbre. J'ai donc recherché si, dans l'arbre tout entier, le carbone était également réparti dans la feuille aussi bien que dans le chevelu de la racine ; c'était là un sujet de recherches fort délicates, mais que le procédé si précis que j'ai employé dans mes analyses permettait de tenter. En conséquence, j'ai choisi dans mon jardin un grand cerisier, âgé de trente ans environ, plein de force et de séve, chargé de feuilles, et je l'ai fait déraciner au mois d'octobre, au moyen d'une large excavation du sol, afin de protéger et de conserver les racines les plus ténues, les plus délicates, véritables fils auxquels on donne le nom de chevelu. L'arbre abattu, on a prélevé sur le tronc, sur les branches et sur les racines, des échantillons de la manière suivante : le tronc, qui avait 2^m,50 de longueur et 0^m,30 de diamètre, a été scié au milieu de sa hauteur perpendiculairement à l'axe, et l'on a détaché à l'endroit *a* un disque de 0^m,04 d'épaisseur. On a détaché des échantillons semblables aux endroits *b*, *c*, *d* d'une même branche et aux places *e*, *f*, *g* de la même racine.

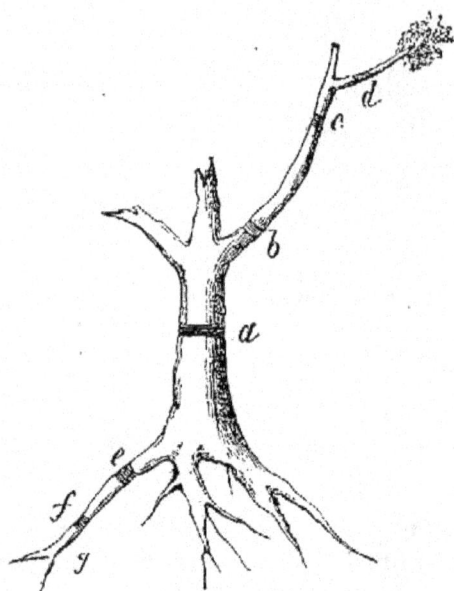

« L'échantillon *d*, prélevé sur l'extrémité du rameau le plus ténu, a environ $0^m,002$ de diamètre, et le chevelu *g* a la finesse d'un fil délié : on a enlevé des portions d'écorce, et enfin on a détaché des feuilles. Tous ces échantillons ont été façonnés, soit en menus copeaux, soit en petites bûchettes de $0^m,002$ à $0^m,003$ de diamètre, déposés dans de petites capsules en papier, et placés pendant cinq jours sur un récipient en fonte, dans lequel circulait un courant de vapeur d'eau provenant d'une chaudière à vapeur. Ainsi exposés à l'air et à une température de 88 degrés environ, ils ont tous acquis un degré de dessiccation semblable et comparable ; ils ont été ensuite enfermés dans des flacons bien secs, et soumis successivement à l'analyse. Je rappelle que les analyses du même échantillon ont été multiples, et acceptées seulement lorsque les résultats ne différaient pas d'une unité dans le calcul en centièmes.

Fig. 12 *bis*.

TABLEAU.

COMPOSITION DU BOIS PRIS SUR DIVERSES PARTIES DU MÊME ARBRE.

NATURE DU BOIS.		SUBSTANCES ÉLÉMENTAIRES TROUVÉES DANS 100 PARTIES DE BOIS			
		Carbone.	Hydrogène	Oxygène et azote	Cendres
Feuilles..		45,015	6,971	40,910	7,118
Petite branche (d).. .	Écorce.	52,496	7,312	36,737	3,454
	Bois...	48,359	6,605	44,730	0,304
Moyenne branche (c) .	Écorce.	48,855	6,342	41,121	3,682
	Bois...	49,902	6,607	43,356	0,134
Grosse branche (b)....	Écorce.	46,871	5,570	44,656	2,903
	Bois...	48,003	6,472	45,170	0,354
Tronc (a)...........	Écorce.	46,267	5,930	44,755	2,657
	Bois...	48,925	6,460	44,319	0,296
Grosse racine (e)......	Écorce.	49,085	6,024	48,761	1,129
	Bois...	49,324	6,286	44,108	0,231
Moyenne racine (f) ...	Écorce.	50,367	6,069	41,920	1,643
	Bois...	47,390	6,259	46,126	0,223
Racine chevelue avec écorce (g).		45,063	5,036	43,503	5,007

« Désirant également constater si l'eau était également disséminée dans l'arbre, j'ai fait sécher à 100 degrés des feuilles et des branches fraîches, et j'ai reconnu 60 p. 100 dans la feuille, et 45 p. 100 d'eau dans la branche. S'il faut ajouter foi à ce tableau, les éléments constitutifs du bois ne sont pas uniformément répandus dans le même arbre; mais, je dois le dire, cette assertion est trop importante, pour que je ne sollicite pas de nouvelles expériences à ce sujet. J'ai mis tous mes soins à la dessiccation et à l'analyse des échantillons; mais l'erreur est toujours possible, et je sais que les faits d'une vérité absolue sont aussi rares que difficiles à constater. Néanmoins, nous allons tirer de l'examen du tableau, tel que nous l'ont donné les analyses, les conséquences suivantes : 1° Les éléments constitutifs du bois, c'est-à-dire le carbone, l'hydrogène, etc., ainsi que l'eau et les substances minérales, sont inégalement répandus dans les diverses parties d'un même arbre; 2° les feuilles et les racines chevelues, c'est-à-dire les deux parties extrêmes de l'arbre, ont une composition semblable entre elles, mais différente des autres parties de l'arbre; 3° les écorces des parties extrêmes du même arbre ont entre elles une composition presque semblable et différente des écorces des autres parties de l'arbre; 4° le bois a la même composition dans toutes les parties du même arbre; 5° les feuilles et les racines extrêmes sont moins carbonées que l'écorce et le bois, elles contiennent 5 p. 100 en moins de carbone; 6° les écorces des parties extrêmes, petites branches et racines, sont plus carbonées que l'écorce du tronc; elles contiennent environ 5 p. 100 de carbone en plus; 7° les feuilles renferment environ $\frac{1}{3}$ plus d'eau que les branches; 8° les feuilles et les racines contiennent beaucoup plus de substances minérales que les autres parties de l'arbre; les feuilles en contiennent plus que l'écorce. Les feuilles fournissent vingt-cinq fois plus de cendres que le bois du tronc, et les écorces dix fois plus.

Le fait le plus saillant est l'inégale distribution des substances minérales dans le même arbre; il avait été déjà reconnu par d'autres chimistes. Il est, du reste, incontestable, car il résulte ici, non plus d'une analyse délicate, mais d'une simple pesée. On voit que les feuilles sont de véritables magasins dans lesquels sont mis en réserve les minéraux; de plus, si l'on se rappelle qu'indépendamment de la grande quantité d'eau qu'elles contiennent, elles échangent avec l'air l'oxygène, l'acide carbonique et peut-être l'azote, on peut à bon droit les considérer comme le véritable laboratoire dans lequel se constituent les principes végétaux qui ne sont plus que charriés et mis en place, pour ainsi dire, par la séve. Les racines, qui ont une consti-

tution analogue à celle des feuilles, remplissent-elles la même
fonction? sont-elles des organes actifs, ou bien ne sont-
elles que des appendices aspirateurs et indifférents, appor-
tant dans le laboratoire supérieur les éléments absorbés?
La première hypothèse n'est possible qu'en admettant, avec
quelques expérimentateurs, que la racine choisit les éléments qui lui sont convenables, en laissant de côté ceux
qui lui sont inutiles ou nuisibles. Une analyse chimique du
même végétal, incontestable par la rigueur des résultats,
jetterait sans doute une vive lumière dans ces mystères de
la vie végétale, qui ne pourront être dévoilés que par des
faits bien observés, et il serait à désirer que de jeunes chimistes voulussent bien entreprendre cette tâche. »

On peut considérer le bois sec comme un composé de
charbon et d'eau, plus des cendres. Cette manière de voir
nous rendra facile l'intelligence de la carbonisation, dont le
but est l'élimination par la chaleur tant de l'eau libre que
de l'eau combinée. Examinons, en effet, l'action de la chaleur sur le bois.

Si nous chauffons du bois à l'air libre, nous le verrons
émettre d'abord des vapeurs, de la fumée, puis s'enflammer,
brûler avec lumière et s'éteindre enfin, en laissant un petit
résidu de cendres : dans cette combustion tous les éléments
du bois, le charbon et l'eau, etc., se sont combinés, soit entre
eux, soit avec l'oxygène de l'air, et se sont convertis en produits volatils, qui brûlent avec flamme.

Si maintenant nous chauffons le bois, sans le contact de
l'air, les phénomènes seront bien différents : sous l'influence
de la chaleur, l'eau se volatilise et s'échappe en vapeur; le
bois noircit sans brûler, et finit par se transformer complétement en charbon, quand les matières volatiles ont disparu.

Telle est la théorie de la carbonisation et de la combustion du bois, qu'on peut rendre sensible par une expérience

bien simple. Enflammez une allumette, et laissez-la brûler dans l'air tranquille ; quand la flamme aura disparu, l'allumette brûlée sera remplacée par une petite masse de cendre blanche conservant la forme du bois ; il y a eu combustion complète : si maintenant, au lieu de laisser brûler l'allumette dans l'air, vous la plongez peu à peu dans un tube de verre fermé à un bout, à mesure que la flamme se produit, la combustion est arrêtée, n'atteint pas le charbon, les matières volatiles continuent seules à brûler, et bientôt l'allumette, immergée peu à peu dans le tube, est transformée tout entière en une tige de charbon de même forme, mais de moindre volume.

CENDRES. — Les bois laissent en brûlant une matière solide, pulvérulente, plus ou moins colorée, qu'on appelle cendres. Voici les quantités de cendres non calcinées, que laissent 100 parties de divers bois après leur combustion :

Sapin	0,83	Sureau à grappes	1,64
Bouleau	1,00	Arbre de Judée	1,76
Faux-ébénier	1,25	Chêne (branches)	2,50
Noisetier	1,57	Chêne (écorce)	6,00
Mûrier blanc	1,60	Tilleul	5,00

Les cendres laissées par la combustion, étant reprises et calcinées à une forte chaleur blanche, perdent la moitié de leur poids. Comme on le voit, les différentes portions d'un même arbre ne fournissent pas les mêmes proportions de cendres, l'écorce et les feuilles en donnent plus que les branches, les branches plus que le tronc, l'aubier moins que le bois. C'est pour cette raison que le bois destiné à la fabrication de la poudre devra être dépouillé de son écorce, qui donne toujours beaucoup de cendres.

La composition des cendres de bois varie avec les diverses essences d'arbres ; elle importe beaucoup à certains arts, et notamment à la fabrication des potasses, comme nous le verrons plus tard. Il nous suffit de savoir dès à pré-

sent que les cendres se composent de matières insolubles
et de sels alcalins solubles, tels que potasse ou soude. Les
cendres de charme, d'aulne, de vigne, de hêtre, de bourdaine contiennent environ 20 pour 100 de sels alcalins,
dont le carbonate de potasse représente à peu près la moitié. Si la combustion est très-vive dans les foyers, les cendres sont calcinées, blanches, et quelquefois comme fondues. Les cendres de houille ne contiennent presque pas de
matières solubles ou alcalines; aussi sont-elles tout à fait
impropres aux usages ordinaires des cendres de bois, c'est-
à-dire à la fabrication des potasses et des lessives.

CHARBONS DE BOIS.

On conçoit toute l'importance que nous devons attacher
à l'étude du charbon de bois, dont la qualité est liée si intimement à celle de la poudre.

Le charbon est noir ou roux, opaque, brillant, poreux,
fragile. Ses propriétés varient avec le degré de chaleur ou
de calcination auquel il a été exposé. Le charbon fortement
calciné conduit bien la chaleur et l'électricité : c'est ainsi
qu'on tient difficilement, sans se brûler, l'extrémité non
allumée d'un charbon très-calciné qui brûle à l'autre bout ;
c'est ainsi qu'on devra remplir de charbon fortement calciné les augets et puits sans eaux, dans lesquels circulent la
chaîne ou les extrémités de la chaîne des paratonnerres. Le
charbon fortement calciné est peu combustible, c'est-à-dire
qu'il s'enflamme et brûle difficilement. Le charbon peu calciné a des propriétés toutes contraires, et conduit mal la
chaleur et l'électricité, il est plus léger, moins hygrométrique et surtout très-combustible. Aussi, dans la fabrication
de la poudre de chasse, a-t-on soin de n'employer que du
charbon roux, c'est-à-dire du charbon imparfait, peu cuit et
par suite fort combustible. La qualité de la poudre réside
presque tout entière dans celle du charbon, et la combus-

tion de la poudre sera d'autant plus facile que la combustibilité du charbon sera plus grande.

Le charbon condense les gaz, les vapeurs, et entre autres
la vapeur d'eau, avec une facilité remarquable. Le charbon
récemment fait, exposé dans l'air humide, absorbe en
vingt-quatre heures 10 pour 100 et même jusqu'à 20 pour 100
de son poids de vapeur d'eau. En conséquence, il faut se
garder de fabriquer, à l'avance, de grandes quantités de
charbon, ou du moins faut-il avoir le soin de les enfermer
dans des magasins voûtés et bien clos. Il sera toujours préférable de faire le charbon au fur et à mesure des besoins
de la fabrication.

La singulière propriété du charbon d'absorber et de con-
denser les gaz est mise à profit pour purifier, désinfecter, et
même pour arrêter, pendant quelque temps, la putréfaction ; des viandes enveloppées de charbon en poudre se
conservent pendant longtemps ; on arrête l'acidité du bouil-
lon en y plongeant un charbon allumé. L'eau se conserve
saine et longtemps dans des tonneaux en bois, dont on a
eu le soin de charbonner l'intérieur. La poussière de charbon convient très-bien pour nettoyer les dents, pour purifier
les ulcères. Dans certains pays, on jette des tisons enflammés dans les puits et les citernes pour en purifier l'eau.
M. Thenard raconte que, consulté sur les moyens de purifier l'eau d'un puits, qui avait été corrompue par le séjour
prolongé du cadavre d'un cochon, il rendit à cette eau sa
salubrité et sa saveur premières, en y faisant jeter des
tisons charbonnés. Cette propriété désinfectante est tellement active, qu'elle fait disparaître les odeurs les plus tenaces. La matière fécale mêlée intimement à un dixième de
son poids de charbon en poudre perd toute odeur, et M. Dar-
cet a fait circuler dans un salon cette poudre inodore qui
n'a pas été reconnue. Les vidanges n'offrent plus le danger
des miasmes fétides, quand on a eu le soin de brasser la

matière avec du charbon, et les matières fécales, mêlées de charbon, deviennent, sous le nom de *poudrette*, un engrais des plus énergiques.

Le charbon en poudre peut absorber l'air avec tant d'activité, que, par des phénomènes non encore bien appréciés, il s'échauffe au point de prendre feu, si le charbon est amoncelé en masses au delà de $0^m,80$. Un accident semblable arrivé dans une poudrerie a éveillé l'attention sur ce sujet, des expériences ont constaté l'inflammation spontanée du charbon en poudre. Il faut donc bien se garder d'amasser des quantités de charbon pulvérisé ; il paraît que l'addition du soufre s'oppose à l'inflammation.

Densité. — On admet généralement que le mètre cube de charbon de bois dur, tel qu'il se trouve dans le commerce, pèse 200 à 240 kilogrammes. Le charbon de bois léger, aulne, noisetier, peuplier, bourdaine, ne pèse guère que 160 à 180 kilogrammes le mètre cube. La densité du charbon en poudre est environ double de celle de l'eau, c'est-à-dire qu'un litre de charbon en poudre bien tassé pèse environ 2 kilogrammes; il paraît que par une trituration prolongée sous des meules pesant 6,000 kilogrammes, le charbon pulvérisé peut acquérir une densité triple de celle de l'eau; ce résultat est assez remarquable en rappelant que la densité du diamant est environ 3,50.

Outre les matières volatiles, telles que l'eau, l'hydrogène et autres gaz, qui restent encore après la carbonisation, le charbon renferme, comme le bois, des matières salines et terreuses qui restent à l'état de cendres après la combustion. On comprend combien il importe d'employer dans la fabrication des poudres des charbons peu chargés de cendres, qui ne sont que des matières inertes, nuisibles, engendrant partie de la crasse. Les charbons ordinaires donnent en cendres 3 à 4 pour 100 de leur poids, mais cette proportion est très-variable pour certaines espèces. Ainsi, dans le charbon de bourdaine, il n'y a pas 1 pour 100 de cendres, environ 0,8 pour 100 seulement ; tandis que, dans le charbon d'acajou, par exemple, il y en a 8 pour 100 ; dans le charbon de tilleul 20 pour 100, et dans le charbon d'écorce de chêne près de 25 pour 100 ou le quart du poids. On reconnaît ainsi l'importance de dépouiller de son écorce le bois à carboniser. On a reconnu que la poussière ou le fraisil de charbon contient deux fois plus de cendres que le charbon en morceaux ; aussi a-t-on le soin de ne pas employer cette poussière dans la fabrication des bonnes poudres.

La combustion du charbon développe une grande chaleur et une vive lumière : du charbon allumé sur lequel on souffle avec force, c'est-à-dire sur lequel on injecte beaucoup d'oxygène, prend une couleur blanche extrêmement vive. La combustion du charbon dans l'oxygène pur se fait avec une lumière éblouissante ; l'œil supporte difficilement l'éclat du foyer alimenté par un soufflet de forge. Enfin, la flamme de nos lampes n'est éclairante que parce qu'elle tient en suspension des particules de charbon auxquelles la chaleur de la combustion donne une couleur blanche. La poudre en brûlant produit une vive lumière, qu'elle doit à la combustion du charbon, qui trouve dans le salpêtre une source abondante d'oxygène.

La facilité de la combustion, ou autrement dit la combustibilité du charbon, varie singulièrement avec sa qualité ou sa nature : si le charbon est dense, serré, dur, compacte comme le diamant, le jais et l'anthracite, les houilles dures, il brûle très-difficilement et s'éteint vite : s'il est au contraire, léger, poreux, divisé, comme le charbon distillé, le charbon roux, le charbon en poudre, il s'enflamme facilement et continue à brûler dans l'air ; c'est ainsi que le linge carbonisé, qui n'est que du charbon très-divisé, s'enflamme assez facilement, pour tenir lieu d'amadou dans l'usage des briquets à pierre. Le charbon roux est éminemment combustible et convient parfaitement à la fabrication des poudres; c'est un charbon imparfaitement cuit, qui n'a pas abandonné toutes ses matières volatiles, parce que la distillation du bois n'a pas été complète. On peut dire que le charbon le mieux fait et le meilleur serait le brûlot lui-même, c'est-à-dire cette partie dure et compacte qui n'est plus bois et qui n'est pas encore charbon.

CARBONISATION.

On ne se sert dans les fabriques de poudres pour la confection du charbon, que de deux sortes de bois, la bourdaine et le bois blanc : on désigne sous le nom de bois blanc, l'aulne, le saule et le peuplier; l'aulne est rougeâtre, le saule est blanc et la moelle du peuplier est entourée d'une couche assez fortement colorée de ligneux.

La bourdaine est le bois réservé pour la confection du charbon de poudre de guerre et de poudres de chasse supérieures. Il faut savoir distinguer la bourdaine du noisetier, qu'y mettent souvent et à dessein les fournisseurs; l'intérieur de la bourdaine est légèrement jaune, tandis qu'il est blanc dans le noisetier.

Les divers modes de carbonisation employés sont les suivants :

1° Carbonisation en meules ou fauldes, par étouffement ;

2° Carbonisation dans des fosses ou des chaudières, par étouffement ;

3° Carbonisation dans des cylindres en fonte, par distillation ;

4° Carbonisation par la vapeur d'eau surchauffée, par distillation.

Carbonisation en meules. — Ce procédé pratiqué ordinairement dans les forêts pour alimenter les industries métallurgiques surtout, a l'avantage d'opérer sur de grandes

quantités de bois, sur 50 à 100 stères à la fois. Le rendement de charbon est d'autant plus grand qu'on opère sur
une plus grande masse de bois, et que la carbonisation est
plus lente. Il varie de 18 à 25 pour 100 en poids, suivant
aussi que l'opération est plus ou moins bien conduite : la
moyenne est de 20 à 22 pour 100. Ce procédé ne peut guère
être employé dans les poudreries, où il convient de préparer le charbon en petite quantité ; cependant dans des cas
extraordinaires et pour la poudre de mine, il pourrait être
mis en usage et voici la manière d'opérer.

On choisit un endroit bien nivelé, à l'abri du vent, on
plante un pieu verticalement au centre et on range horizontalement autour, comme autant de rayons convergeant vers
le centre ou le pieu, des rondins bien droits, entre lesquels
on a le soin de mettre du menu bois pour combler le trop
grand vide (*fig.* 13 et 14). Ce plancher constitue une véri-

Fig. 13.

Fig. 14.

table grille à travers laquelle l'air extérieur passera pour
alimenter la combustion. Sur ce plancher, on dispose non
pas verticalement, mais légèrement inclinées vers le pieu
central et appuyées sur lui les tiges de bois à carboniser, de
manière à former un tronc de cône ou cône coupé, ayant
pour base le plancher préparé : sur ce tas on dresse un
second tas de la même manière en ayant soin de ménager
une cheminée, et quelquefois sur ce deuxième tas, on super-
pose un troisième, de manière à former un cône. Cela fait,

on recouvre toute la masse, à l'extérieur, de terre ou mottes de gazon tassées, pour empêcher l'accès de l'air extérieur. Il ne reste plus qu'à mettre le feu. Un ouvrier monte sur la meule, enlève le poteau central de l'étage supérieur, et projette dans la cheminée une poignée de copeaux enflammés ; bientôt la combustion se déclare et des torrents de fumée sortent par la bouche de la cheminée ; on a le soin, à ce moment, de pratiquer à la base de la meule et à des distances égales des ouvertures destinées à introduire l'air froid ; quand la flamme sort par la cheminée, on la ferme à moitié par une motte de gazon pour ralentir la combustion. C'est alors qu'il faut redoubler de surveillance et tout le succès de l'opération réside dans les soins et l'habileté de l'ouvrier, qui doit ouvrir ou fermer les soupiraux ou évents, aux endroits où la combustion est trop lente ou trop vive. Dans le courant de l'opération, on ferme les évents inférieurs, où la carbonisation est faite, pour en ouvrir successivement à la jonction des deux assises supérieures. Une combustion trop vive donnera des cendres, et une combustion incomplète et mal dirigée donnera des *fumerons*. Au bout de deux ou trois jours, ou même huit jours, suivant la grandeur de la meule, l'ouvrier reconnaît à des signes extérieurs que toute la masse est en incandescence et que la carbonisation est terminée ; alors, il couvre toute la masse d'une couche épaisse de terre, pour intercepter toute communication avec l'air extérieur, et on laisse éteindre et refroidir.

Ce procédé a été perfectionné, de manière à élever jusqu'à 25 pour 100 le rendement en charbon, qui n'est d'ordinaire que de 18 à 20 pour 100.

Carbonisation dans les chaudières ou dans les fosses. — La carbonisation du bois dans les chaudières est (*fig.* 15) pratiquée de la manière suivante :

Les chaudières sont en fonte, elles ont 1^m,20 de diamètre

6.

extérieur et 0m,86 de hauteur ; leur forme est presque hémi-
sphérique ; elles sont enfoncées en terre, et consolidées par
une maçonnnerie, de ma-
nière que leur ouverture
est au niveau du sol. Elles
sont munies d'un couver-
cle en tôle mincé, de forme
convexe à l'extérieur,
garni d'une ou deux petites
ouvertures circulaires en
forme d'évents, destinées
à laisser passer la fumée ;
ce couvercle est surmonté
d'un fort anneau en fer,
dans lequel les ouvriers
engagent un levier en bois
pour le manœuvrer.

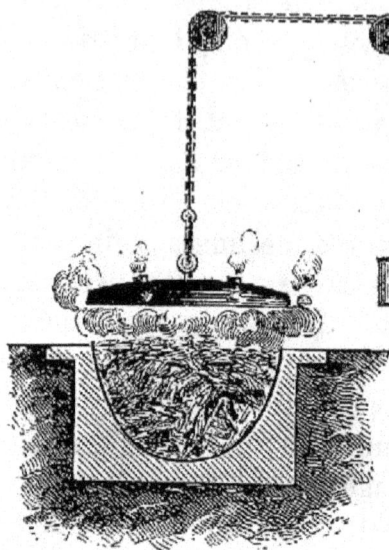

Fig. 15.

Le bois est coupé en
petits rondins de 0m,33 environ de longueur. L'ouvrier
commence par jeter dans le fond de la chaudière une
poignée de copeaux enflammés, qu'il recouvre d'une petite quantité de bois ; quand celui-ci s'enflamme, il le recouvre d'une nouvelle quantité de bois, et il continue à
projeter du bois là seulement où se manifeste la flamme
pour ne pas la laisser se produire avec activité. La flamme
n'est autre que la combustion des matières volatiles du bois;
il ne faut pas lui laisser le temps d'attaquer le charbon et
de s'alimenter à ses dépens. L'ouvrier a donc le soin de
projeter le bois avec ordre et intelligence ; il ne le jette pas
à la volée sans aucun soin, il a l'attention, au contraire, de
le placer avec régularité, dans le même sens, en serrant les
brins les uns contre les autres, et là où la flamme se montre.
Quand la chaudière est comblée, il laisse la flamme se produire quelque temps jusqu'à ce que la masse se couvre

d'une petite efflorescence blanche ; à ce moment il pose le couvercle, dont il laisse les évents ouverts. La communication avec l'air extérieur est interceptée par cette fermeture, et le charbon ne peut plus se consumer à l'air, mais des torrents de fumée continuent à se dégager par les évents ; ce sont les matières volatiles qui s'échappent, gazéifiées par la chaleur de la masse incandescente. Il faut avoir le soin de bien fermer le couvercle, de garnir le contour de terre ou de cendres, pour empêcher tout accès à l'air extérieur qui irait brûler le charbon. Ensuite, on ferme l'évent et on laisse refroidir pendant trois jours, au bout desquels le charbon complétement refroidi peut être enlevé. Nous recommandons de laisser refroidir le charbon, car le charbon enlevé encore chaud pourrait s'enflammer dans les ateliers où il serait imprudemment déposé.

Les chaudières en fonte sont quelquefois remplacées par des fosses (*fig.* 16) de 1^m,40 de profondeur, sur 1 mètre de largeur et 2 mètres de longueur, avec revêtement intérieur de maçonnerie en briques. La carbonisation s'y pratique de la même manière, mais les chaudières sont préférables, parce que l'opération est plus égale et plus facilement conduite.

Si le bois blanc a passé trois ou quatre ans en magasin, il est suffisamment sec et la carbonisation dans une chaudière

Fig. 16.

se fait en deux heures et demie : la flamme monte facilement, les gaz se dégagent promptement, l'opération marche bien et le charbon est de bonne qualité.

Si, au contraire, le bois n'a passé que six mois ou un an en magasin, la carbonisation dans la chaudière est plus lente, plus difficile, plus fumeuse; elle se fait en plus de temps, et le charbon est de qualité moindre.

On brûle dans une chaudière 350 à 375 kilogrammes de bois environ et on retire 70 à 75 kilogrammes de charbon. Le bois ordinaire donne donc 20 pour 100 de son poids en charbon, entre les limites 18 et 22 pour 100, suivant l'état de dessiccation où il se trouve au moment de la carbonisation.

Carbonisation par distillation. — Ce procédé est plus parfait, et doit être adopté surtout dans les poudreries. Nous répétons que la qualité de la poudre réside surtout dans celle du charbon, et que la préparation de cette dernière matière doit captiver toute l'attention des poudriers; dans les cylindres ou cornues à distillation on conduit la carbonisation à volonté, de manière à obtenir à peu près toute espèce, toute qualité, toute nuance de charbon, depuis le charbon noir très-calciné jusqu'au charbon roux à peine formé.

Avant d'entrer dans les détails de l'opération, rappelons quelques mots sur les phénomènes de la distillation du bois. Nous avons vu que le bois pouvait être considéré comme composé de charbon et d'eau, ou des principes (oxygène et hydrogène) pouvant représenter de l'eau. En exposant du bois à la chaleur, dans un vase fermé, et par conséquent à l'abri du contact de l'air, l'eau et les gaz élémentaires de l'eau s'échappent peu à peu, soit purs, soit combinés, et le charbon reste : ce dernier est complétement pur, si l'expulsion du gaz est complète, ou bien il renferme encore des principes hydrogénés carbonés, si, comme dans le *charbon roux,* l'expulsion desdits gaz a été incomplète.

La manière dont la distillation est conduite influe singulièrement d'une part sur la quantité du charbon, et d'autre part sur la nature des composés gazeux qui s'échappent. Si la distillation est rapide, brusque, c'est-à-dire si elle s'opère rapidement et à grand feu, on obtient un charbon dur, fendillé, et une quantité de charbon presque *moitié moindre* de celle que donnerait une distillation lente, faite à feu gradué, qui seule peut donner le charbon de qualité convenable. Dans le premier cas, les matières volatiles sont plus chargées de charbon ou plus goudronnées, ce qu'il faut éviter.

Dans la distillation du bois en grand, les produits sont à peu près dans le rapport suivant, pour 100 parties de bois.

Charbon....................................	28 à 30
Eau acide..................................	28 à 30
Goudron...................................	7 à 10
Acide carbonique, oxyde de carbon, hydrogène carboné et eau..........................	37 à 30

L'eau acide contient environ 12 pour 100 d'acide acétique ou de *vinaigre*, dont l'extraction constitue une industrie toute spéciale. Le *goudron*, tel qu'on le trouve dans le commerce, est le produit de la distillation des bois résineux. Quand on le distille avec de l'eau, il s'en dégage, entre autres produits, de l'huile de térébenthine, et le résidu, connu sous le nom de *poix*, se compose de colophane et de résine. En mélangeant le goudron avec du sable et de la chaux, on peut l'utiliser dans les poudreries pour couvrir les sols humides, à l'instar du bitume.

Nous terminons par cette remarque importante que tous les bois lavés et parfaitement séchés donnent à la distillation à poids égal la même quantité de charbon en poids.

Nous allons maintenant décrire successivement les procédés de distillation en usage dans les poudreries.

L'atelier de carbonisation est un hangar rectangulaire recouvert d'un comble portant des évents pour faciliter le renouvellement de l'air et le dégagement des vapeurs.

Le foyer *a* (*fig.* 17 et 18), surmonté d'une voûte *b* percée de trous, sert à chauffer deux cylindres *c*. Ceux-ci sont

placés horizontalement à 0ᵐ,70 au-dessus du sol, et écartés
l'un de l'autre de 0ᵐ,20. L'espace entre les deux cylindres
étant vide, la chaleur du combustible placé sur la grille qui

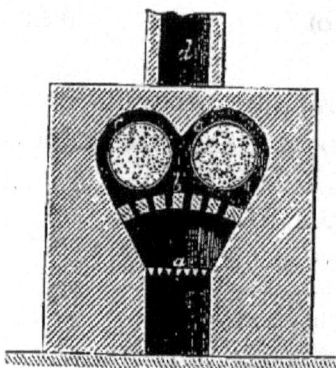

Fig. 17.

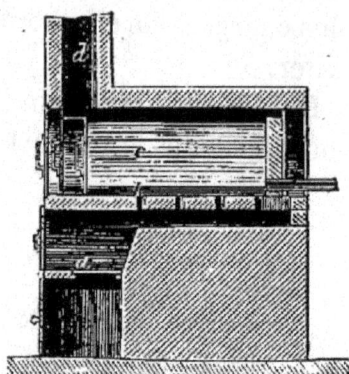

Fig. 18.

est au-dessous s'élève entre eux jusqu'à la partie supérieure ;
là elle se sépare, redescend à droite et à gauche dans un
carneau horizontal inférieur et va se perdre dans la cheminée d, embrassant ainsi toute leur surface.

La cornue c dans laquelle s'opère la distillation est un
cylindre en fonte de fer de 0ᵐ,025 d'épaisseur, dont la longueur totale est de 2 mètres et le diamètre de 0ᵐ,70. Les
parties antérieure et postérieure sont évasées, et c'est sur
elles que repose le cylindre dans le fourneau. La partie postérieure du cylindre est fermée par un disque de fonte dans
lequel passent quatre tubes ; deux servent à introduire des
baguettes, au moyen desquelles on juge de l'état de la carbonisation ; les deux autres servent au dégagement des gaz.
L'extrémité antérieure du cylindre, la bouche, est destinée
à l'introduction du bois ; on la ferme au moyen d'un couvercle en tôle, à double fond, et rempli de cendres, pour
éviter la perte de la chaleur ; enfin le couvercle est maintenu fortement par des oreilles en fer vissées sur des boulons scellés dans la maçonnerie.

Lorsqu'il s'agit de faire une carbonisation, on commence par couper à la serpe le bois de bourdaine écorcé en baguettes égales de 1^m,30 de longueur, et l'on en forme une botte de 0^m,50 de diamètre, que l'on attache avec un lien de paille. On introduit cette botte dans le cylindre, en ayant soin qu'il reste environ un décimètre de vide entre elle et le fond de la cornue, puis on défait le lien de paille et on le retire. La botte occupe environ les deux tiers de la capacité du cylindre; on achève de la remplir à la main, en ajoutant trois ou quatre baguettes à la fois, et continuant ainsi jusqu'à ce qu'on éprouve de la difficulté à en insérer de nouvelles; on s'arrête à ce point, parce qu'on doit éviter de comprimer le bois trop fortement et de faire perdre aux baguettes leur position horizontale. Lorsque le cylindre est ainsi chargé, on ferme l'ouverture avec le couvercle, et on lute exactement la jointure. L'opération du chargement dure environ une demi-heure pour chaque couple de cornues.

On commence alors à allumer dans le foyer un feu de tourbe modéré, que l'on a soin de ne faire d'abord que sur le devant du fourneau; la tourbe est un combustible précieux pour ce genre d'opération; une fois allumée, elle brûle sans avoir besoin d'être attisée comme la houille; elle ne donne que peu de flamme, et sa chaleur rayonnante est considérable.

Au bout d'une heure environ, quelques fumées blanchâtres, peu odorantes et formées principalement d'eau, se manifestent. On fait alors avancer une partie du combustible vers l'extrémité de la grille, et on maintient pendant toute la durée de l'opération le feu en ces deux points seuls, en laissant libre la partie intermédiaire, qui est toujours suffisamment chauffée. Toute la difficulté de l'opération consiste dans la manière de conduire le feu; il est important qu'il soit toujours entretenu à la même intensité. Dix à douze mottes de tourbe, à chacun des points que l'on a indiqués, suffisent pour produire une chaleur convenable; il faut avoir le soin d'y regarder continuellement, pour ajouter une à une de nouvelles mottes en remplacement de celles qui sont consumées, et aussi pour débarrasser la grille des cendres qui s'y accumulent. La flamme doit être évitée autant que possible, et dans tous les cas on ne la laissera jamais frapper la cornue.

Trois heures et demie après l'époque dont on a parlé, c'est-à-dire environ quatre heures et demie ou cinq heures après le premier instant où le feu a été allumé, la décomposition du bois commence. La couleur blanche de la fumée jaunit de plus en plus, elle épaissit, son odeur devient piquante et empyreumatique; à l'approche d'un corps enflammé, elle s'allume et brûle avec une flamme dans laquelle domine la couleur bleue produite par l'oxyde de carbone. Bientôt la distillation est en pleine activité; les acides, le goudron et les gaz se dégagent en abondance. Il faut alors redoubler d'attention pour maintenir la température du foyer à un degré uniforme et la ménager de manière que le dégagement s'opère avec continuité et sans trop d'abondance. Lorsqu'au bout de sept à huit heures, on présume que l'opération doit approcher de sa fin, on retire l'une des baguettes d'essai qui sont placées dans les tubes du fond du cylindre, et en la cassant en divers points de sa longueur, on reconnaît dans quelles portions de la cornue le bois n'est pas suffisamment cuit. On ramène en conséquence tout le feu vers ces parties, en le cessant entièrement dans les autres.

Lorsque l'opération vient près de son terme, les tubes de dégagement du gaz se refroidissent, et il ne s'en échappe presque plus de fumée, qui est incolore. A cette époque, on cesse d'ajouter de nouveaux combustibles, parce que la chaleur accumulée dans le fourneau suffit pour achever l'opération. On ferme les registres, et après avoir eu l'attention de mettre de nouveau du lut à la bouche de la cornue, afin d'éviter qu'il ne puisse rentrer de l'air dans l'appareil, on le laisse refroidir lentement jusqu'au lendemain matin.

La durée totale de l'opération varie un peu suivant l'espèce de charbon que l'on veut obtenir. Pour les poudres de chasse, comme pour les poudres de guerre, où ce produit doit être de la meilleure qualité, il ne faut pas moins de onze à douze heures. Pour les poudres de guerre ou de mine, dans lesquelles le charbon, devant être plus humecté, a besoin d'être plus cuit, on active davantage le feu dès que les phénomènes de la décomposition commencent à se montrer, et la distillation n'exige pas au delà de huit heures et demie à neuf heures.

Le lendemain dès le matin, on ouvre la cornue, en dévissant les oreilles et en ôtant avec soin la terre qui lutait le couvercle. Le charbon se présente alors, n'occupant que la moitié environ de la capacité du cylindre, non-seulement parce que les baguettes ont éprouvé une diminution de volume aussi considérable, mais parce qu'elles ont aussi un peu changé de position. Le charbon, au moment où on ouvre la cornue, est encore chaud, et quelquefois même assez pour pouvoir prendre feu à l'air. Il convient donc de tenir tout prêt un grand étouffoir en tôle, dans lequel on l'introduit aussitôt, tant pour éviter cet accident, que pour l'empêcher d'absorber de l'humidité, qui nuirait à ses qualités.

Le charbon ainsi obtenu est en baguettes entières qui, au retrait près, ont conservé toute la longueur et la forme primitives du bois. Elles doivent être carbonisées également dans toute leur étendue, ne présenter ni fentes ni crevasses, ce qui prouve que les gaz se sont dégagés lentement par les vaisseaux longitudinaux du végétal, et ce qui explique aussi pourquoi il est important que le bois ne touche pas par les extrémités aux parois verticales de la cornue. On reconnaît sa bonne qualité, d'abord à son aspect d'un noir moins vif que celui du charbon ordinaire, à sa surface légèrement recouverte d'une poussière brune, à sa cassure mate et non brillante, et qui devient promptement d'un roux intense lorsqu'on en frotte pendant quelques instants deux morceaux l'un contre l'autre, au son sourd qu'il rend étant frappé, à une sorte d'élasticité qu'il possède et qui lui permet de plier sensiblement sans se rompre, et enfin à un peu de flamme qu'il émet quand on le projette au milieu des charbons ardents.

Un fourneau, c'est-à-dire l'ensemble de deux cornues, chargé en bois de bourdaine destiné à produire du charbon pour la poudre de chasse, contient 120 à 130 kilogrammes de bois dans son état naturel (c'est-à-dire avec 12 à 14 p. 100 d'eau) et fournit 40 à 45 kilogrammes de charbon. Pour une carbonisation destinée à la poudre de guerre ou de mines, il peut contenir jusqu'à 140 kilogrammes de bois, et son produit varie de 35 à 45 kilogrammes.

Lorsque le charbon est entièrement refroidi dans les étouffoirs, on l'examine avec soin pour séparer les parties qui ne sont pas assez cuites, que l'on nomme *brûlots*. A cet effet, le charbonnier concasse une à une toutes les baguettes en petits morceaux de 0^m,1 de longueur, et met à part tous ceux que le toucher lui indique devoir être rejetés; il sépare aussi les parties qui seraient luisantes et goudronnées. Mais ces produits défectueux ne se présentent que très-rarement, lorsque l'ouvrier est un peu au courant de la distillation.

Les brûlots et autres portions de bois mal carbonisés qu'il ne faut cependant pas négliger, sont introduits au centre des bottes destinées à faire du charbon de poudre de mine, et distillés de nouveau.

Le charbon concassé est trié et, autant que possible, employé dans la journée même. S'il était nécessaire de le conserver plus longtemps, on l'enfermerait dans un étouffoir, pour éviter qu'il n'absorbe de l'humidité, qui nuit à l'exactitude du dosage de la poudre.

CARBONISATION DU BOIS PAR LA VAPEUR D'EAU SURCHAUFFÉE.

Le bois, exposé dans un récipient à un courant de vapeur d'eau surchauffée, prend la température de cette vapeur, se distille, et produit un charbon dont la qualité et le rendement sont relatifs à ladite température. M. l'ingénieur Violette a appliqué ce mode de carbonisation dans la poudrerie qu'il dirigeait, et nous reproduisons la description et le dessin de son appareil, tels que nous les trouvons dans un Mémoire qu'il a publié dans les *Annales de Chimie et de Physique*, 3ᵉ série, t. XXIII.

APPAREIL DE CARBONISATION PAR LA VAPEUR D'EAU.

« *Description sommaire.* — L'appareil servant à la carbonisation du bois par la vapeur d'eau (voy. *fig.* 19, 20 et 21) se compose de deux cylindres en tôles concentriques H et K, dont l'un intérieur K reçoit la charge du bois, et l'autre extérieur H sert d'enveloppe au premier; au-dessous se trouve un serpentin en fer C contourné en spirale, dont l'une des extrémités communique avec une chaudière à vapeur D, et l'autre avec le fond du cylindre enveloppe H.

Les mêmes lettres indiquent les mêmes objets dans les fig. 19, 20 et 21.

A, foyer et cendrier.

B, petite voûte en maçonnerie surmontant le foyer.

a, petite fenêtre vitrée, au-dessus de la voûte B, servant à inspecter le développement de la flamme et le serpentin.

b, petit autel en maçonnerie servant à forcer la flamme à s'élever vers la partie supérieure du serpentin.

C, serpentin en fer forgé de 0ᵐ,020 de diamètre intérieur, et de 0ᵐ,005 d'épaisseur, formant une longueur développée de 20 mètres environ. Il se raccorde

Un foyer A, alimenté par du bois ou du coke, chauffe le serpentin au degré convenable. Un disque obturateur I en

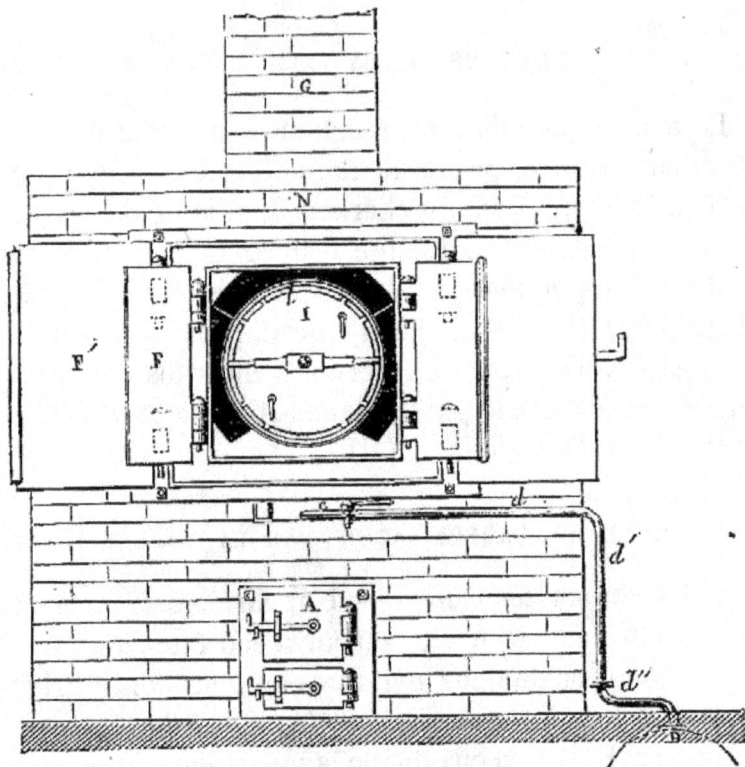

Fig. 19.

à l'une de ses extrémités, et près du robinet c, avec un tube en cuivre dd'd", qui communique avec la chaudière à vapeur D ; à son autre extrémité e, le serpentin est fixé au fond du cylindre H. Le serpentin est maintenu dans son logement cylindrique en maçonnerie au moyen de quatre petites barres de fer plat f scellées dans la maçonnerie.

E, cylindre creux en tôle légère, fermé à ses deux bouts, et maintenu dans l'axe du serpentin à l'aide de petites pattes en fer g. Il a pour but de s'opposer au passage direct de la flamme dans l'axe du serpentin et de forcer celle-ci à s'épanouir de manière à lécher les spires du serpentin.

F, deux portes épaisses en fonte ayant pour but d'empêcher tout refroidissement extérieur.

G, cheminée donnant issue à la fumée du foyer A.

H, cylindre en tôle de 0m,01 d'épaisseur ; il repose sur la maçonnerie h, et est maintenu par les deux cloisons en tôle i ; celles-ci s'engagent dans un petit

fer forgé ferme le cylindre H, et deux portes en fonte F ferment l'appareil, en empêchant tout refroidissement exté-

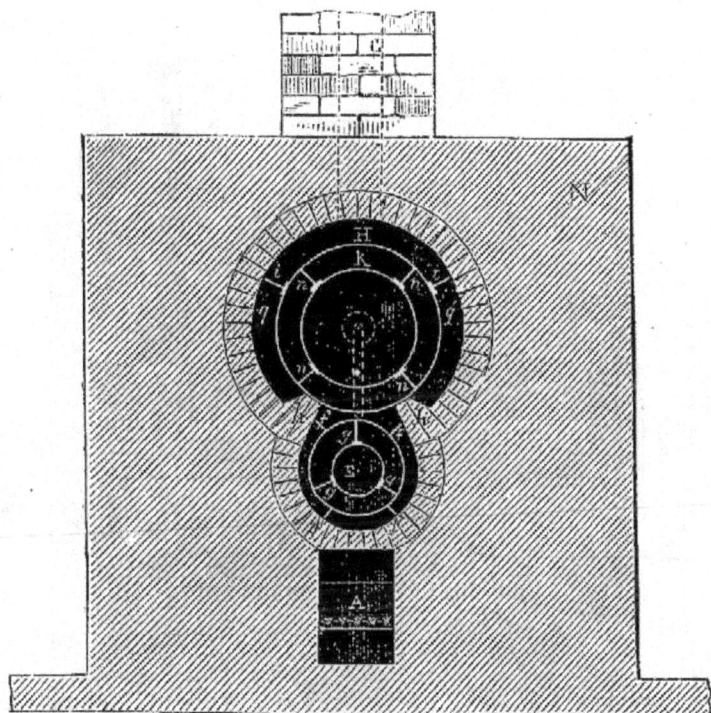

Fig. 20.

retrait ou fente ménagée dans la maçonnerie, et ont pour but, comme nous le dirons, de former les canaux de circulation pour l'air chaud du foyer A. Le cylindre H est fermé à sa partie postérieure dans laquelle débouche le serpentin, et muni antérieurement d'un large collet circulaire en fonte l, sur lequel s'applique le disque obturateur 1.

I, disque obturateur en fer forgé de 0,^{m}01 d'épaisseur.

J, barre horizontale en fer forgé ; ses extrémités s'engagent dans le collet l, elle sert d'écrou et de point d'appui à la vis en fer m qui presse et fixe le disque I.

K, cylindre en tôle de 0,^{m}003 d'épaisseur, fermé à sa partie postérieure, et ouvert à son extrémité antérieure ; il est supporté par huit pattes en fer n, et porte à sa partie postérieure quatre tiges en fer o, servant à fixer l'enfoncement du cylindre K dans le cylindre H, et portant une sorte de disque circulaire p.

L, tube en cuivre muni de robinets, fixé à la partie postérieure du cylindre K, et donnant issue à la vapeur d'eau qui entraine avec elle tous les produits de la distillation du bois

rieur. Un tube en cuivre L, implanté dans le fond du cylindre K, laisse échapper la vapeur, et avec les produits de
la distillation. La cheminée G donne issue à la fumée du

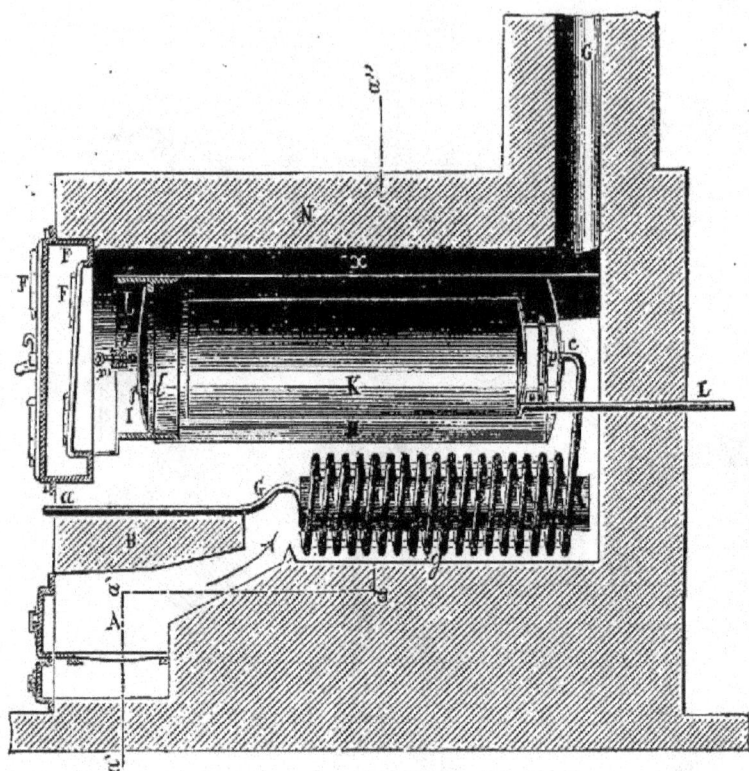

Fig. 21.

M, enveloppe en tôle percée contenant le bois à carboniser, et qu'on introduit
dans le cylindre K.

N, massif en maçonnerie contenant l'appareil.

Marche de l'appareil. — La flamme du foyer A se dirige d'avant en arrière sur
le serpentin, le chauffe, passe derrière dans le cylindre H, s'engage d'arrière en
avant dans les deux vides ou carneaux q', q'', de chaque côté du cylindre H, passe
entre le disque I et la porte F, s'insinue d'avant en arrière dans le vide ou carneau supérieur r, et se perd dans la cheminée G. Cette disposition a pour but
d'envelopper le cylindre H d'air chaud, de manière à empêcher tout refroidissement nuisible à l'action de la vapeur.

La vapeur d'eau qui se dégage de la chaudière D circule dans le serpentin c,
pénètre par la partie postérieure dans le cylindre H, se brise et s'épanouit sur le

foyer A. Un grand massif en maçonnerie enveloppe tout l'appareil, qui a été établi dans une cabane attenante au bâtiment de la chaudière à vapeur, qui sert à chauffer la sécherie artificielle.

« *Fonctions et explication de la marche de l'appareil.* — Après avoir parlé des dispositions principales de l'appareil, je vais dire comment il fonctionne, et donner le détail de sa manœuvre.

« Nous savons que pour carboniser le bois, il faut l'exposer à une température nécessaire pour obtenir un charbon de qualité déterminée. Or ici la vapeur est le véhicule de la chaleur; en effet, le foyer étant allumé et le serpentin chauffé convenablement, on ouvre le robinet d'entrée de la vapeur : celle-ci s'élance, circule dans le serpentin, s'y échauffe et pénètre dans le grand cylindre enveloppe H. Là elle chemine entre les deux cylindres, entre dans le cylindre intérieur K par sa partie antérieure ouverte, immerge le bois, le pénètre peu à peu, s'insinue dans ses pores, y dépose la chaleur dont elle est chargée, élève ainsi la température au point de déterminer la carbonisation et s'échappe par le tube L, en entraînant avec elle tous les produits gazéifiés de la distillation : aucune trace de goudron ne reste à l'intérieur, tout est chassé au dehors par la vapeur, agissant à l'instar d'un piston qui refoule tous les produits de la distillation. Le charbon obtenu est d'une très-belle qualité, variable avec la température, c'est-à-dire *noir*, *roux* ou *brûlot*, suivant que la chaleur a été plus ou moins forte. Jamais on ne voit du charbon *verni*, c'est-à-dire couvert d'une couche luisante de goudron séché, regardé

---

disque ou bouclier *p*, glisse entre les deux cylindres H et K en les échauffant vivement, pénètre dans le cylindre K par sa partie antérieure, immerge le bois contenu dans celui-ci, le traverse en l'échauffant assez vivement pour déterminer la distillation, et s'échappe par le tube L en entraînant tous les produits de la carbonisation.

comme inférieur, et qu'on réserve ordinairement pour la poudre de mine.

. « *Évaluation de la température*. — L'évaluation précise de la température présentait le plus haut intérêt, puisqu'elle permettait seule d'obtenir du charbon de nature constante et déterminée.

« Il n'était pas possible de songer à l'emploi des thermomètres à mercure, parce que la chaleur produite était trop voisine de l'ébullition de ce métal. Un thermomètre à air présentait tous les avantages de l'exactitude et de la simplicité; aussi serait-il bon de l'établir, mais la disposition particulière de mon appareil en rendait l'application difficile.

« J'ai bien rempli le but que je me proposais en me servant de métaux ou alliages fusibles à des températures variables. Deux petits tubes creux en cuivre mince *a* (*fig.* 22), fermés à un bout, sont adaptés de manière à pénétrer par leur extrémité fermée dans l'intérieur du cylindre K; chacun d'eux contient un très-petit cylindre de métal *b*, étain, plomb ou alliage; une petite aiguille libre en fer *c*, surmontée d'un poids léger *d*, repose sur le métal : à peine celui-ci est-il fondu, l'aiguille s'enfonce, et, par son abaissement, indique la température correspondante à la fusion du métal. Quatre petits tubes semblables, contenant des métaux ou alliages, dont la fusion serait comprise entre 250 et 400 degrés, présenteraient une disposition thermométrique commode et suffisante dans la pratique.

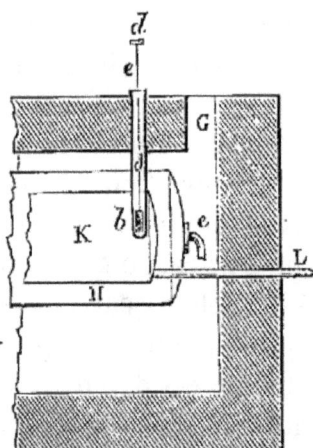

Fig. 22.

« *Enveloppe du bois à carboniser*. — Le bois à carboniser

est mis dans une enveloppe M (*fig.* 23), qu'on introduit
dans le cylindre intérieur K, et qui permet de charger et
décharger avec facilité; l'enveloppe est un cylindre, soit en
toile métallique, soit mieux en tôle forte percée de trous de

M

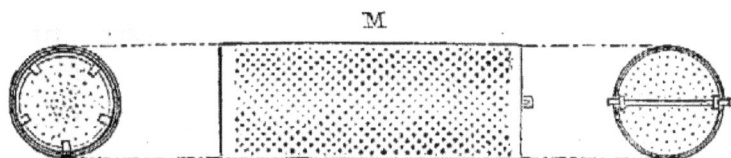

Fig. 23.

$0^m,01$ de diamètre, et espacés entre eux de $0^m,02$ à $0^m,03$.
Cette disposition présente l'avantage qu'offrent les tissus
métalliques, celui d'arrêter toute expansion de la flamme à
l'extérieur, si le charbon, à sa sortie de l'appareil, venait
à s'enflammer.

« *Tension de la vapeur d'eau dans la chaudière.* — J'ai
fait divers essais sur la tension à laquelle il fallait maintenir
la vapeur d'eau dans le générateur, pour obtenir les meilleurs produits en charbon. Cette question offrait de l'intérêt, parce que, dans la carbonisation, la vapeur ne doit
pas seulement agir comme véhicule de chaleur, mais encore
comme agent mécanique et propulseur chargé, à l'instar
d'un *véritable balai*, de chasser et entraîner avec elle les
substances bitumineuses engendrées par la distillation du
bois. Ce double rôle est tellement vrai, qu'à une tension
trop faible la vapeur languissante n'expulse plus le goudron, et produit du charbon *verni*, c'est-à-dire couvert d'un
enduit brillant et bitumineux, qui nuit essentiellement à sa
qualité et le fait rejeter de la fabrication des poudres de
chasse supérieures. Or, j'ai reconnu que la vapeur agissait
convenablement à la tension de *une* demi-atmosphère au-
dessus de la pression atmosphérique et au delà; qu'à la
tension de une atmosphère elle agissait mieux encore, mais

7.

qu'à un quart d'atmosphère seulement elle produisait du charbon *verni*.

« *Combustible employé*. — Le générateur ou chaudière à vapeur est chauffé avec de la houille. Le foyer qui chauffe le serpentin a été primitivement alimenté avec du bois, dont la flamme s'allongeait dans les replis du serpentin sans l'altérer; je n'ai pas jugé prudent d'employer la houille, qui est un peu sulfureuse; dans les expériences ultérieures, j'ai remplacé très-avantageusement, et pour l'économie et pour la manœuvre, le bois à brûler par le coke, et, jusqu'à présent, le serpentin en fer a parfaitement résisté à la chaleur produite par ce dernier combustible.

« *Conduite ou manœuvre de l'appareil*. — Après avoir décrit les diverses parties de l'appareil et leur emploi, je vais en exposer la marche ou la manœuvre.

« La quantité de bois introduite dans l'enveloppe, ou la charge, se compose de 25 à 30 kilogrammes de bourdaine. Dès le matin, l'ouvrier allume le foyer du générateur ou chaudière à vapeur, et fait monter le manomètre à une atmosphère; la vapeur étant prête, il allume le feu du foyer qui chauffe le serpentin, et au bout d'un quart d'heure il ouvre les deux portes de l'appareil, introduit l'enveloppe chargée de bois, applique le disque obturateur préalablement enduit d'une légère couche d'argile sur son bord circulaire, presse fortement la vis et ferme les deux portes. Après cinq minutes, temps nécessaire pour dessécher un peu l'argile et lui donner de la consistance, il ouvre le robinet d'entrée de la vapeur d'eau, qui s'élance dans l'appareil. Il maintient le feu du foyer A de manière à le rendre constant, et à lui conserver l'intensité que lui a enseignée l'expérience; il regarde et surveille le feu par la petite croisée vitrée *a*, et voit la flamme s'épanouir sur le serpentin : cette vue le guide assez sûrement pour gouverner le feu. Après quelque temps, le thermomètre métallique accuse la fusion de l'étain, et aussi la vapeur d'eau indique par son odeur et sa couleur qu'elle est accompagnée des premiers produits de la distillation et que la carbonisation commence. La fumée ou la vapeur s'épaissit, et prend successivement des aspects variés qui, d'après une longue expérience, sont des signes certains de l'état de la carbonisation. Je dis *certains*, car avec ce simple indice, et conduites par ce seul guide, les opérations ont conservé une homogénéité de marche constatée par l'uniformité des résultats. Après une durée de deux heures environ, depuis le moment où la distillation s'est manifestée, la fumée indique par sa nature que l'opération est terminée. Il est très-important d'enlever immédiatement de l'appareil le charbon produit, et se garder de l'y laisser séjourner, parce que, dans ce dernier cas, la carbonisation continue, même sans courant de vapeur, par l'action seule de la chaleur concentrée dans l'appareil, et dépasse très-rapidement la limite au delà de laquelle le charbon *roux* se transforme en charbon *noir*. Cette dernière transition est si rapide, ce *départ* pour ainsi dire entre les deux charbons est si prompt, que j'estime que, par l'action de la chaleur prolongée pendant trois ou quatre minutes au delà du terme nécessaire, le plus beau charbon *roux* est changé en charbon *noir*. Il importe donc d'enlever le charbon aussitôt qu'il est jugé *fait*.

L'ouvrier procède alors au déchargement ou défournement; à cet effet, deux autres ouvriers saisissent l'étouffoir, grand cylindre en tôle de $0^m,55$ de diamètre et $1^m,20$ de hauteur, et se tiennent prêts à recevoir le charbon. L'ouvrier chef arrête la vapeur, ouvre les portes de fonte, tourne la vis de pression, engage dans des étuis en bois, qu'il tient dans chaque main, les poignées de la barre transversale J qui maintient le disque, la dégage et la plonge dans une cuve voisine pleine d'eau; il saisit avec les mêmes étuis ou manchons les brides ou poignées du disque obturateur, lui imprime un léger mouvement circulaire qui le dégage en détachant l'argile, l'enlève et le plonge dans la même cuve d'eau. Pendant ce temps, les ouvriers chargés de l'étouffoir le présentent aussitôt horizontalement devant la bouche du cylindre extérieur H, et le maintiennent ainsi de manière à fermer l'orifice. L'ouvrier-chef introduit dans le tube L postérieur une longue tige ou baguette de fer, et pousse l'enveloppe qui cède, glisse et va tomber dans l'étouffoir; les ouvriers relèvent vivement celui-ci, le posent à terre, placent promptement le couvercle, et garnissent d'eau l'espèce de fermeture hydraulique dont l'étouffoir est muni. L'opération est alors terminée, et on procède sans retard à la deuxième opération.

« A cet effet, l'ouvrier-chef place immédiatement dans le cylindre une nouvelle charge de 25 kilogrammes de bois préparée à l'avance, garnit d'argile le disque obturateur, le met en place en le fixant avec la vis, ferme les deux portes, et lâche la vapeur, après quelques minutes seulement. Cette double opération, déchargement et chargement, ne dure guère plus de cinq minutes. Pendant ce temps, le foyer est toujours alimenté, et le serpentin est toujours entretenu à la même chaleur.

« Quant à cette seconde opération, les circonstances sont plus favorables, parce que le massif de maçonnerie a acquis une température assez élevée. Aussi, dans le thermomètre métallique, l'étain ne cesse pas d'être liquide. Le bois s'échauffe rapidement, et la carbonisation commence non plus au bout d'une heure, comme premièrement, mais après un quart d'heure à peine, et l'opération entière ne dure que deux heures environ, au lieu de trois heures, temps reconnu nécessaire pour la première cuite. Les opérations suivantes durent moins encore, et la sixième, qui est ordinairement la dernière de la journée, ne dure guère plus d'une heure et demie.

« *Compte rendu des expériences*. — J'ai déjà dit qu'il existait deux qualités de charbon recherchées avec soin par le poudrier : le charbon très-*roux*, et le charbon *noir* ou moins roux ; l'un et l'autre correspondent à une carbonisation faite à une température déterminée. Le premier convient uniquement et essentiellement aux poudres de chasse supérieures, et l'autre est réservé pour les poudres de guerre et de mine. Autant il est facile de faire du charbon *noir*, autant il est difficile d'obtenir du charbon très-*roux*, en raison des exigences de chaleur qui n'existent pas dans le premier cas. J'ai donc, presque exclusivement, cherché les conditions nécessaires et suffisantes pour obtenir le charbon très-*roux*, abordant ainsi le problème dans les termes les plus difficiles.

« Le tableau suivant relate une série d'expériences

TABLEAU.

INDICATIONS du manomètre en atmosphèr.	DURÉE de chaque opération.	QUANTITÉS DE			CHARBON OBTENU			QUANTITÉ de charb. roux obtenu de 100 de bois.
		houille consommée à la chaudière à vapeur	bois à brûler consommé par opération	bois de bourdaine mis en carbonisation	roux.	noir	brûlot	
	h. m.	k	k	k	k		k	
1	2 45		25	25	9,220	»	»	36,88
Id.	2 0	k	13	30	11,200	»	»	37,33
Id.	2 0	118	11	25	10,050	»	»	40,20
Id.	2 45		12	30	10,450	»	»	34,83
Id.	2 0		12	30	10,500	»	»	35,00
Id.	3 0		26	25	8,950	»	»	35,80
Id.	2 0		12	25	8,900	»	»	35,60
Id.	2 30	115	11	25	9,350	»	»	37,40
Id.	2 0		9	25	9,250	»	»	37,00
Id.	2 15		13	30	11,150	»	»	37,16
1/2	3 15		30	25	9,100	»	»	36,40
Id.	2 10		11	30	10,500	»	0,150	35,00
Id.	2 15	85	13	30	10,650	»	»	35,50
Id.	2 0		12	30	11,350	»	0,700	37,83
Id.	2 0		15	30	10,150	»	0,750	33,83
Id.	3 0		26	30	11,100	»	»	37,00
Id.	2 0		9	30	11,150	»	0,400	37,16
Id.	2 15	82	12	30	11,050	»	»	36,83
Id	2 15		10	30	11,050	»	»	36,83

« *Observations relatives aux expériences précédentes.* — Le charbon roux est de belle qualité, et ses propriétés sont éminemment convenables à la fabrication des poudres de chasse supérieures. 100 kilogrammes de bois de bourdaine, contenant 10 à 12 p. 100 d'humidité, ont donné en moyenne :

Charbon roux................... 36,50
Charbon noir................ 0,00
Brûlot.................... 1,66

« Le rendement s'est élevé jusqu'à 40,20 p. 100 du bois mis à carboniser. Lorsque mon but unique était d'obtenir seulement du charbon roux et le plus roux possible, j'ai toujours évité de faire du charbon noir, produit d'une température trop élevée ou trop prolongée, et j'ai préféré conserver une petite quantité de *brûlots*, qu'on remarque souvent en effet; mais, dans ce cas, ces brûlots sont fabriqués à dessein, pour assurer la haute qualité du charbon roux qui se produit avec eux. Au reste, ces brûlots, carbonisés ultérieurement par la vapeur, font d'excellent charbon.

« Le bois qui a séjourné pendant toute la nuit dans l'appareil encore chaud par les opérations de la veille, y éprouve une forte dessiccation, qui favorise ultérieurement sa carbonisation; ce bois, ainsi desséché, se carbonise le lendemain avec une extrême facilité, en beaucoup moins de temps, et, par conséquent, avec grande économie de combustible. Je constate donc les effets favorables d'une dessiccation préalable du bois par un long séjour dans l'appareil chauffé.

« *Données pratiques.* — La charge de bois à carboniser est de 25 à 30 kilogrammes. L'opération dure une heure et demie à deux heures. On fait dans un jour six cuites, rapportant ensemble au moins 50 kilogrammes de bon charbon. La quantité de vapeur nécessaire par heure est de 20 kilogrammes à la tension de $\frac{1}{4}$ d'atmosphère, de 25 kilogrammes à celle de $\frac{1}{2}$ atmosphère, de 45 kilogrammes à celle de 1 atmosphère et de 70 à 80 kilogrammes à celle de 2 atmosphères. La consommation de la houille pendant la journée varie entre 80 et 120 kilogrammes, suivant la tension de la vapeur. Le chauffage du serpentin exige, par opération, 15 à 20 kilogrammes de bois à brûler ou 5 à 6 kilogrammes de coke; c'est 150 à 200 kilogrammes de bois ou 60 à 80 kilogrammes de coke (en raison de la première cuite) pour 100 kilogrammes de charbon produit. Les données précédentes, fournies par le grand appareil, varieraient, en présentant une réduction notable, dans un appareil analogue, mais modifié comme je l'exposerai ci-après.

« *Comparaison de l'ancien et du nouveau procédé de carbo-nisation du bois.* — Il est intéressant de comparer les deux procédés de carbonisation : l'ancien qui s'exerce par la distillation du bois dans les cylindres clos et chauffés à feu nu, et le nouveau qui se produit par l'action de la vapeur, tant sous le rapport du rendement que sous celui du prix de revient.

« On sait que 100 kilogrammes de bois de bourdaine, contenant 10 à 12 p. 100 d'humidité, donnent, en moyenne, dans les cylindres :

> Charbon roux................... 14,18
> Charbon noir.................. 17,81
> Total du charbon........ 31,99

« Or on voit, dans le tableau précédent, que 100 kilogrammes du même bois carbonisé par la vapeur ont donné en moyenne :

> Charbon roux.................. 36,50
> Charbon noir.................. 0,00
> Total du charbon.......... 36,50

« Le nouveau procédé présente ici une supériorité évidente, puisqu'il produit plus du double de charbon roux. Je ne parlerai pas ici du rendement maximum qui s'est élevé, dans le nouveau procédé à vapeur, jusqu'à 40,20 p. 100 de charbon roux, et que n'a jamais atteint l'ancien procédé; je pense qu'avec un bon thermomètre à air ce rendement exceptionnel deviendrait à très-peu près le rendement ordinaire. »

L'appareil précédent ne convient qu'à une fabrication restreinte de poudre. Il faudrait adopter une autre disposition pour un plus grand établissement, et quelques modifications importantes. Le surchauffage de la vapeur sera fait plus efficacement dans un système de tubes en fonte, placés parallèlement dans un foyer spécial. Ces tubes contiendraient des rognures métalliques ayant pour effet de contrarier le courant de vapeur. De plus, il convient de disséminer la vapeur surchauffée à son entrée dans le récipient du bois, de manière qu'elle frappe la masse de bois en tous ses points à la fois par des jets également chargés de chaleur, car celle-ci se refroidit très-vite, et, pour régulariser son action, il faut la disséminer, et ne pas se contenter de faire entrer la vapeur par une extrémité du récipient et la faire sortir par l'extrémité opposée. Il faut isoler le bois et la vapeur, en préservant l'un et l'autre du contact des enveloppes métalliques qui, par leur conductilité, déterminent un refroidissement. Il faut aider enfin l'action de la vapeur surchauffée par le chauffage direct et convenable du récipient.

L'appareil suivant, auquel je donne le nom de *tubulaire*, réalise ces conditions (*fig.* 24 et 25) :

a, récipient en fonte, logé dans la maçonnerie, autour duquel circule la fumée des foyers.

bcde, assemblage de tubes en fer conduisant la vapeur surchauffée.

e, série de tubes de 0^m,01 de diamètre, percés de très-petits trous et parallèles à l'axe du récipient.

h, rails recevant les wagons chargés de bois.

Fig. 24, 25.

f, tube de sortie des vapeurs.

g, chariot en fer, à claire-voie, glissant sur rails et contenant le bois à carboniser.

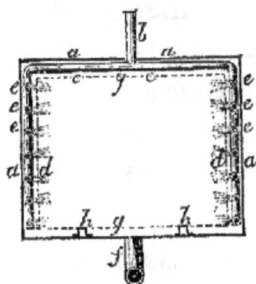

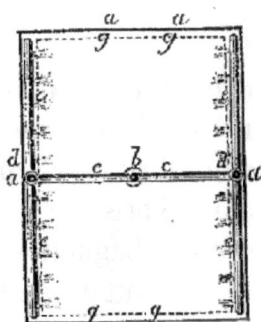

La vapeur surchauffée entre par le tube supérieur *b*, se divise dans *cc*, descend dans *dd*, s'engage dans les tubes *e*, s'échappe par les petits trous dont ils sont percés du côté de l'axe, s'élance dans toutes les parties du récipient en jets nombreux et parallèles, immerge le bois en s'insinuant dans ses interstices, l'échauffe peu à peu au point d'en déterminer la distillation, pousse devant elle les produits distillés, et les entraîne avec elle au dehors par le tube *f*, en laissant un charbon, dont la composition élémentaire est en rapport constant et déterminé avec la température de la vapeur.

Après avoir fait connaître les divers modes de carbonisation, ainsi que les propriétés particulières du charbon de bois, il nous reste à faire connaître les nouvelles études que M. l'ingénieur Violette a faites à ce sujet, études qu'il a consignées dans trois Mémoires insérés dans les *Annales de chimie et de physique*, 3ᵉ série, t. XXIII, XXXII et XXXIV. Nous transcrivons ci-après les parties importantes de ces Mémoires :

CARBONISATION DU MÊME BOIS A DES TEMPÉRATURES CROISSANTES DE 500° A 1500° CENT.

Le bois de bourdaine a été coupé en fragments cylindriques de 0ᵐ,06 de longueur et 0ᵐ,01 de diamètre, de manière à fournir de petites bottes cylindriques composées de vingt brins, pesant 130 à 140 grammes l'une. Ces brins ont été pris sur la même baguette autant que possible, ou sur des baguettes de grosseur et d'âge semblables. On a disposé autant de bottes qu'il a été nécessaire de préparer d'échantillons. Ces bottes ont été, l'une après l'autre, séchées à la température de 150 degrés centigrades. A cet effet, on les a soumises pendant deux heures à un courant de vapeur d'eau surchauffée à 150 degrés, dans l'appareil (*fig.* 26 et 27)

qui m'a servi à faire mes premières expériences sur la carbonisation du bois par la vapeur d'eau surchauffée. Cet appareil se compose d'un petit serpentin en fer *g* surmontant
un foyer *l*, et communiquant d'une part avec la chaudière

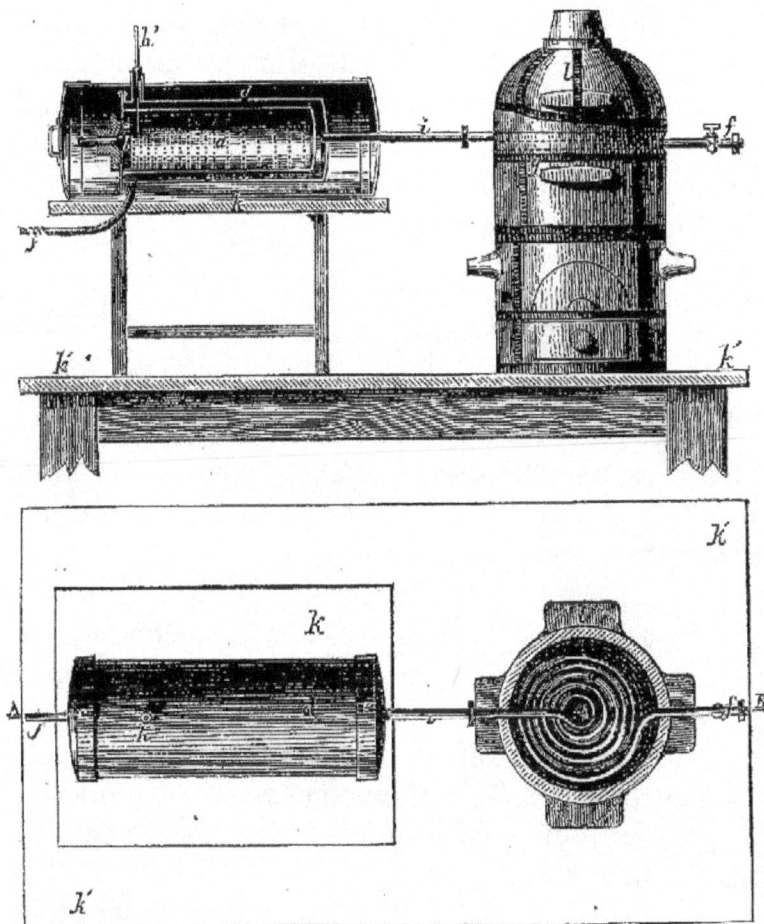

Fig. 26, 27.

à vapeur et d'autre part avec le cylindre ou cornue métallique *a* servant de récipient au bois; la vapeur qui s'é-
chappe du générateur circule dans le serpentin *g* placé
sur le fourneau *l*, s'y chauffe au degré convenable, entre

dans le récipient *d*, puis dans le récipient *a* percé de trous, immerge le bois, exerce sur lui l'action calorifique correspondante à la température déterminée par le thermomètre *h* et s'échappe au dehors par le tube *j*, en entraînant avec elle les matières volatiles qui se sont dégagées. Je me suis assuré que le séjour du bois pendant deux heures dans la vapeur chauffée à 150 degrés déterminait une dessiccation complète et relative à cette température, car en prolongeant d'une heure l'exposition, à la température susdite, du même bois déjà séché pendant deux heures, on n'a pas fait varier le poids de celui-ci.

CARBONISATION DU MÊME BOIS A DES TEMPÉRATURES CROISSANTES DE 150° A 350°.

Tous les échantillons ou bottes de bois ayant été séchés à 150 degrés, ont été, dans le même appareil, soumis, l'un après l'autre, pendant trois heures, à un courant de vapeur surchauffée à des températures croissantes de 10 en 10 degrés, depuis 150 jusqu'à 350 degrés, terme au delà duquel il n'a plus été permis de constater la température avec le thermomètre à mercure plongé dans la vapeur. Je rappelle que dans cet appareil le maintien de la même température, pendant trois heures, est très-facile, sans variation de plus de 1 à 2 degrés, par l'alimentation constante et régulière du foyer du serpentin, et surtout par la manœuvre du robinet d'admission de la vapeur.

Le degré de la carbonisation, ou la quantité de matières volatiles sortant du bois, est proportionnel à la température de la vapeur. Or, je me suis assuré que l'exposition du bois pendant trois heures dans l'appareil suffisait au dégagement des matières relatif à la température employée, c'est-à-dire qu'en exposant pendant une heure de plus, mais à la même température, des bois déjà exposés à cette température pendant trois heures, on n'a pas reconnu de diminution dans le poids. Ainsi la durée de trois heures a suffi à la carbonisation complète de chaque échantillon relative à la température de la vapeur employée.

La vapeur, à son premier contact, agit beaucoup plus énergiquement qu'au delà, c'est-à-dire qu'elle est beaucoup plus active à son entrée dans l'appareil qu'à sa sortie. Aussi, pour faire disparaître autant que possible cette différence dans l'homogénéité de la botte de bois carbonisé, ai-je réduit à 0^m,06 la longueur de chaque brin, de manière que la différence dans le degré de carbonisation de chaque extrémité du même brin n'a plus été sensible. A l'aide de cette disposition, on a obtenu dans la botte entière des brins de charbon semblablement carbonisés.

La carbonisation étant terminée, on attendait une heure avant d'ouvrir l'appareil, pour qu'à l'aide d'un refroidissement convenable, on n'eût pas à redouter l'inflammation à l'air de la botte de charbon qui, encore très-chaude, était introduite immédiatement dans un bocal en verre bien séché et bien fermé avec un bouchon de liége.

CARBONISATION DU MÊME BOIS A HAUTE TEMPÉRATURE.

La vapeur surchauffée devenait impuissante pour carboniser le bois à des températures élevées, correspondantes à la fusion des métaux, tels que le cuivre, l'argent, etc., parce que, d'une part, il eût été impossible de lui donner cette température dans un serpentin en fer sans la décomposer, et que d'autre part l'appareil eût été certainement détruit. En conséquence, j'ai dû recourir à la carbonisation dans des creusets en terre réfractaire, chauffés dans des foyers ordinaires, et j'ai opéré de la manière suivante :

Les brins de bois de bourdaine, toujours préalablement séchés à 150 degrés, ont été coupés en rondelles de 0^m,01 de longueur, qu'on a arrangés avec soin dans un petit creuset en terre, de manière à laisser le moins de vide possible. Le couvercle a été apposé et luté soigneusement avec de la terre à porcelaine, en laissant toutefois une ouverture de 0^m,001 environ de diamètre pour servir d'issue aux matières volatiles. Parmi ces rondelles, on en avait choisi six, dans chacune desquelles on avait introduit un petit fragment, de la grosseur d'une forte tête d'épingle, d'un des six métaux suivants : *antimoine*, *cuivre*, *argent*, *or*, *acier* et *fer*.

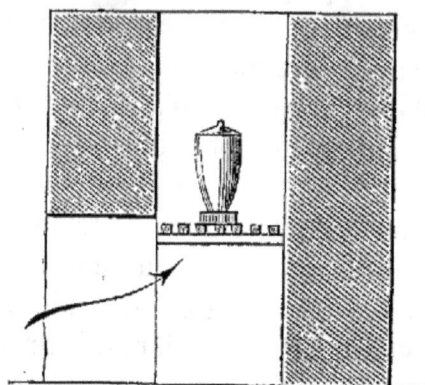

Fig. 28.

Le métal était logé dans une petite cavité pratiquée à l'extrémité du brin et recouvert d'une petite couche de poussière de charbon bien tassée. Les rondelles portant les métaux étaient logées à la moitié de la hauteur du creuset, et rangées circulairement le long de la paroi intérieure, afin d'être placées à peu près dans les mêmes conditions de température. Le creuset ainsi garni était mastiqué sur un fromage et placé dans un bon fourneau à calcination, alimenté avec un mélange de charbon de bois et de coke (*fig.* 28).

On a conduit le feu toujours modérément. Dans les premiers essais on a cherché à produire la température suffisante à la fusion du métal le plus fusible, puis dans les essais suivants on a élevé la température de manière à fondre quelques-uns des autres métaux, enfin dans la dernière expérience on .a chauffé assez fortement pour faire fondre tous les métaux introduits. C'est par une suite de tâtonnements qu'on est parvenu à obtenir les charbons de bois correspondants à la fusion d'un des métaux sus-dénommés. Si, par exemple, en ouvrant le creuset refroidi, on reconnaissait que l'antimoine seul avait fondu, on avait obtenu du charbon produit à une température comprise entre la fusion de l'antimoine et celle du métal supérieur, et on l'inscrivait comme charbon produit à la température de la fusion de l'antimoine, c'est-à-dire à 432 degrés. Si dans un essai suivant on constatait que l'antimoine, l'argent, le cuivre et l'or avaient fondu, mais que l'acier et le fer n'avaient pas été mis en fusion, on recueillait du charbon fait à la température de la fusion de l'or, c'est-à-dire à 1250 degrés. C'est ainsi qu'il faut comprendre les dénominations thermométriques que j'ai adoptées. Il est certain que ce procédé ne donne pas des indications de chaleur absolument précises, mais il suffit pour différencier les charbons ainsi produits.

Le fourneau ordinaire n'ayant pas suffi pour déterminer la fusion du fer, j'ai dû recourir à l'emploi d'un grand fourneau à vent de $0^m,30$ de côté et $0^m,40$ de profondeur, exclusivement alimenté par du coke (*fig.* 29). Le creuset contenait, outre la charge de bois sec, un clou en fer dit *pointe* et un fragment de platine, placés dans le fond, mais isolés. Or, après dix heures d'un feu activement maintenu, on a reconnu que le fer avait parfaitement fondu en un culot presque sphérique,

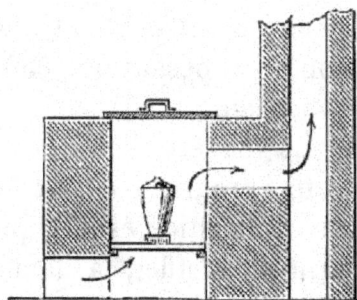

Fig. 29.

mais non point le platine, et on a recueilli le charbon fait à la fusion du fer, c'est-à-dire à 1500 degrés.

Il était intéressant de chercher à produire le charbon correspondant à la fusion du platine, sans doute à la plus haute température qu'il fût possible d'obtenir. Le fourneau à vent était impuissant. J'ai construit alors un fourneau-

forge (*fig.* 30), conseillé par M. Faraday, et alimenté par un
fort soufflet de forge. Il se compose de deux grands creusets
en plombagine ou graphite *a*, *b* placés l'un dans l'autre.
Le creuset intérieur *a* n'a pas de fond, celui-ci a été enlevé
avec la scie et remplacé par une grille *c* en terre réfractaire ; des cendres de houille remplissent le vide entre les
deux creusets *a*, *b*. La tuyère d'un grand soufflet de forge

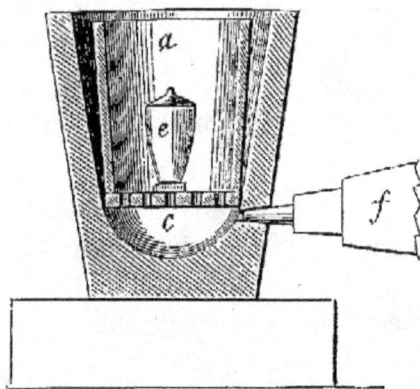

Fig. 30.

f entre à frottement dans
le vide, ou chambre à air,
qui existe à la partie inférieure des creusets, et
lance l'air avec violence
à travers la grille. Le
creuset *e* assis sur son fromage, est muni d'un cou-
vercle bien luté, avec réserve d'une très-petite ouverture ; il est chargé de
rondelles de bois bien ar-
rangées, et contient une lame de platine placée dans le
fond, et pesant 0^{gr}, 056 ; il est disposé dans le centre du
fourneau.

Le feu est allumé d'abord doucement et lentement, puis
activé progressivement jusqu'au maximum de température.
La combustion est des plus actives, et sous le souffle puis-
sant du soufflet, la flamme, environnée de torrents d'étincelles, s'élève en une pyramide brillante jusqu'à près de
1 mètre de hauteur. Après une heure de feu, on a laissé refroidir, puis on a retiré du charbon, dur comme un métal,
parfaitement calciné, sonore, résistant, et un globule de
platine parfaitement fondu.

Il s'en faut de beaucoup qu'on ait développé toute la chaleur dont ce fourneau est capable, parce que les creusets en
terre les plus réfractaires, s'amollissent, et s'affaissent sur

eux-mêmes, de manière à couler et à se réduire en une sorte d'épaisse galette. Un creuset en porcelaine a fondu complétement.

On a dû conduire le feu de manière à n'obtenir qu'un demi-affaissement du creuset, correspondant néanmoins à la fusion du platine. Il est certain, du reste, que ce charbon a été exposé à une température plus élevée que celle de la fusion du platine, car ce métal était dans le fond du creuset, protégé par le fromage et par le courant d'air froid qui traverse la grille, par conséquent dans une partie relativement plus froide que celle de la partie supérieure où se trouvait le charbon.

TABLEAU.

5

CARBONISATION DU MÊME BOIS A DES TEMPÉRATURES CROISSANTES
DE 150 A 1500°

TEMPÉRAT. de la carbonisat. du BOIS.	POIDS DU BOIS préalablement séché à 150°		QUANTITÉS de MATIÈRES volatiles dégagées de 100 parties de BOIS.	QUANTITÉS de charb. obtenu de 100 part. de BOIS.	OBSERVATIONS.
	avant la carbonisation.	après la carbonisation.			
degrés.	gr.	gr.			
150	114,50	114,50	0,00	—	Tous les bois depuis
160	110,00	107,80	2,00	—	150 jusqu'à 250°
170	104,70	99,00	5,45	—	sont incuits, dits
180	105,20	93,20	11,41	—	brûlots.
190	105,50	86,50	18,01	—	
200	107,00	82.50	22,90	—	
210	107,60	78,70	26,86	—	
220	104,00	70,20	32,50	—	
230	98,50	54,50	44,63	—	
240	106,70	54,20	49,21	—	
250	108,70	54,00	51,33	49,67	
260	117,80	47,40	59,77	40,23	
270	105,80	39,30	62,86	37,14	
280 [1]	110,60	40,00	63,84	36,16	[1] Charbon très-roux,
290	110,00	37,50	65,91	34,09	commençant à être
300	108,00	36,30	66,39	33,61	friable : ici com-
310	101,30	33,30	67,13	32,87	mence la série vé-
320	99,30	32,00	67,77	32,23	ritab. des charbons.
330	104,50	33,20	68,23	31,77	
340 [2]	111,00	35,00	68,47	31,53	[2] Charbon très-noir,
350	101,50	31,00	70,34	29,66	ainsi que les suiv.
432 [3]	90,45	17,07	81,13	18,87	[3] Fusion de l'antim.
1023	44,00	7,50	81,25	18,75	Id. de l'argent.
1100	69,00	12,70	81,60	18,40	Id. du cuivre.
1250	39,00	7,00	82,06	17,94	Id. de l'or.
1300	63,00	11,00	82,54	17,46	Id. de l'acier.
1500	82,60	14,30	82,69	17,31	Id. du fer.
Fus. du plat.	40,00	6,90	85,00	15,00	Id. du platine.

Le charbon fait à 280° commence à être friable ; il est
très-roux, très-inflammable et le plus propre à la fabrication des poudres de chasse ; en deçà de 280°, il est résistant,
incuit, brûlot et se rapproche du bois. Au delà de 280°, il

prend une teinte plus foncée, et devient noir à 350°. Dans les températures très-élevées comprises entre 1000 et 1500° et au delà, le charbon est très-noir, serré, compacte, très-résistant, très-peu inflammable : à la température de la fusion du platine, il se laisse très-difficilement rompre, fait entendre un son métallique en tombant de haut sur une pierre, brûle difficilement même dans la flamme d'une bougie, où il rougit comme du fer, en se consumant très-lentement, et s'éteint aussitôt en dehors de la flamme. Ses propriétés le rapprochent de l'anthracite le plus pur.

On voit le rendement en charbon varier considérablement entre 280° et 1500°, et diminuer de 40 à 15 p. 100, c'est-à-dire qu'un poids égal des mêmes bois, carbonisé aux deux températures extrêmes ci-dessus énoncées, donnera au delà de deux fois plus de charbon dans le premier cas que dans le second, sans parler ici de l'extrême différence de leurs propriétés physiques et chimiques, que j'examinerai avec soin dans un second mémoire. Je l'ai dit ailleurs, et je le répète, ces deux charbons n'ont de commun que le *nom*, et sont des substances différentes.

On remarque bien une diminution progressive dans le rendement en charbon et le départ des matières volatiles, au fur et à mesure que la température augmente, mais on n'y remarque pas de loi proportionnelle. Il est probable néanmoins que cette loi existe, et qu'il y a pour le même bois un rapport entre la température de carbonisation et le rendement en charbon; pour trouver ce rapport, il faudrait opérer sur des bois semblables, de même âge, de même texture, de même conformation physique, identiques enfin, sur du ligneux, du coton par exemple, et non point, comme j'ai dû le faire, sur des brins de bois nécessairement plus ou moins différents, malgré mes soins à les prendre semblables.

INFLUENCE DE L'ACTIVITÉ DE LA CARBONISATION.

On sait que, indépendamment de la température, la durée de la carbonisation a également de l'influence sur les produits : j'ai voulu le constater rigoureusement. A cet effet, j'ai procédé aux deux opérations suivantes.

CARBONISATION LENTE. — J'ai rempli de brins de bourdaine un creuset en terre ; je l'ai muni d'un couvercle luté avec soin, mais percé au centre d'un petit orifice circulaire de $0^m,004$ de diamètre. Il a été disposé sur un fromage, introduit dans un fourneau à calcination, et chauffé très-lentement, et progressivement, de manière à ne produire qu'un très-léger dégagement de gaz par l'orifice du couvercle : ce gaz, qui a brûlé constamment, présentait une flamme de $0^m,005$ de hauteur environ, bleu pâle et par conséquent plus hydrogénée que carbonée. On avait introduit dans le creuset trois petites boulettes d'argile kaolin, dont chacune renfermait une parcelle ou *d'antimoine* ou *d'argent* ou de *cuivre*. L'opération a duré six heures, et on a reconnu que l'antimoine seul avait fondu, c'est-à-dire que la carbonisation avait eu lieu à 432° au moins. Le charbon produit est très-dur, bien cuit, sonore, lourd et présente une texture très-serrée.

CARBONISATION RAPIDE. — Le même creuset, muni du même couvercle luté, mais dont l'orifice central avait été agrandi jusqu'à $0^m,005$ de diamètre, garni de trois boulettes d'argile contenant les mêmes métaux que ci-dessus, a été introduit vide dans le même fourneau ; on l'a chauffé et maintenu avec grand soin et avec succès à la même température que ci-dessus, puisqu'on a reconnu que l'antimoine seul avait fondu. Lorsque le creuset a été chauffé au degré voulu, 432° environ, on a jeté, par l'orifice supérieur, un brin de bourdaine, en forme d'allumette ; une longue flamme blanche, très-brillante et par conséquent très-chargée de carbone, a jailli par l'orifice jusqu'à la hauteur de 0m,25, à l'instar d'une flamme de gaz d'éclairage. La flamme ayant disparu, on a projeté un second brin qui a produit la même flamme lumineuse, dont on a attendu la disparition pour ajouter un nouveau brin de bois, et l'on a continué de la même manière pendant toute l'opération. Le charbon produit est très-léger, très-friable, et s'écrase sous la moindre pression des doigts. Voici le produit de ces expériences :

	CARBONISATION	
	lente.	rapide.
Quantités de matières volatiles dégagées de 100 parties de bois....................	81,13	91,04
Quantité de charbon obtenue de 100 parties de bois.....................	18,87	8,96
TOTAL......................	100,00	100,00

Le charbon de la carbonisation rapide n'est pas la moitié de celui de la carbonisation lente ; on a donc grand avantage à carboniser lentement, pour obtenir le plus grand rendement en charbon.

CARBONISATION DE BOIS DIFFÉRENTS A LA TEMPÉRATURE DE 300°.

Les mêmes bois, qui ont été séchés à 150°, comme je l'ai mentionné plus haut, ont été carbonisés, dans l'appareil à vapeur surchauffée, à la chaleur constante de 300° cent. Toutes les précautions ont été prises pour rendre les résultats comparables.

CARBONISATION A 300° DES DIFFÉRENTES ESPÈCES DE BOIS.

NATURE DES BOIS.	POIDS DU BOIS préalablement séché à 150°.		QUANTITÉ de charbon obtenue de 100 part. de BOIS.	AGE DU BOIS exprimé en années.
	avant la carbonisat.	après la carbonisat.		
	gr	gr		
Acajou.............	98,00	44,00	44,89	
Agaric (de saule)....	49,20	20,00	40,64	3 à 5
Ajonc................	95,50	32,70	34,24	3 à 5
Alizier.............	68,40	27,60	40,35	8 à 10
Aubépine...........	115,50	38,70	34,70	8 à 10
Aulne...............	84,00	28,90	34,40	8 à 10
Aylanthe (vernis du Japon).............	78,60	29,30	37,27	5 à 6
Baguenaudier.......	54,50	19,00	34,85	5 à 6
Bois de cocotier......	77,50	29,40	37,93	»
Bois de fer..........	81,60	35,70	43,75	»
Bois de lettres.......	77,50	34,30	44,25	»
Bouleau.............	70,80	24,20	34,17	10 à 12
Boule de neige......	95,20	30,50	32,03	6 à 8
Bourdaine..........	108,00	36,30	33,61	2 à 3
Buis................	71,70	29,00	40,44	»
Catalpa (bignone)....	51,70	16,20	31,33	8 à 10
Cerisier.............	121,00	43,00	35,53	15 à 20
Charme.............	104,50	36,00	34,44	15 à 20
Châtaignier........	40,20	14,50	36,06	10 à 15
Chêne..............	128,00	59,00	46,09	»
Chènevotte..........	51,50	20,20	39,22	»
Chèvrefeuille.......	51,40	19,00	36,96	4 à 5
Clématite...........	43,00	16,70	38,83	4 à 5
Cognassier.........	70,00	23,30	33,28	8 à 10
Cornouiller (sanguin).	90,50	30,20	33,36	4 à 5
Coudrier (noisetier)...	75,60	24,80	32,79	4 à 5
Coton cardé........	27,80	7,40	37,41	»
Cytise (faux-ébénier)..	47,20	17,00	36,01	15 à 20
Ebène..............	141,50	76,85	54,30	»
Eglantier..........	82,50	30,70	37,21	10 »
Epine-vinette.......	66,50	22,80	34,28	10 »
Erable.............	94,80	32,00	33,75	6 à 7
Frêne..............	129,20	43,00	33,28	30 à 40
Fusain.............	56,00	20,50	36,60	8 à 10
Gayac..............	278,50	116,60	41,86	»
Genêt..............	63,00	21,00	33,33	3 à 5
Genévrier..........	67,30	29,00	43,07	8 à 10

NATURE DES BOIS.	POIDS DU BOIS préalablement séché à 150°.		QUANTITÉ de charbou obtenue de 100 part. de BOIS.	AGE DU BOIS exprimé en années.
	avant la carbonisat.	après la carbonisat.		
	gr	gr		
Groseillier.............	68,70	24,50	35,66	3 à 4
Houx..	113,00	36,40	32,21	8 à 10
If................ .	175,20	80,70	46,06	»
Jonc...............	13,00	5,00	38,46	»
Liége.............,....	25,00	15,70	62,80	»
Lierre.	61,00	21,20	34,75	15 à 20
Lilas.	60,60	19,30	31,84	8 à 10
Marronnier d'Inde..	62,20	19,20	30,86	20 à 30
Mélèze............	95,50	38,50	40,31	10 à 12
Merisier à grappes...	96,00	31,40	32,70	4 à 5
Néflier............. .	38,50	13,70	35,57	8 à 10
Orme.........	122,00	42,20	34,59	»
Paille de blé.	58,20	24,80	46,99	»
Palmier.............	79,50	31,40	39,49	»
Peuplier (tronc)......	25,70	8,00	31,12	15 »
Peuplier (racines)....	22,00	9,00	40,90	15 »
Peuplier (feuilles)....	10,50	4,30	40,95	15 »
Pin maritime.	47,00	19,50	41,48	10 »
Pin sauvage........	37,30	15,20	40,75	10 »
Platane..	108,00	37,50	34,69	10 »
Poirier..............	114,80	36,60	31,88	7 à 8
Pommier............	147,00	51,00	34,69	7 à 8
Prunier........ ...,.	182,00	62,00	34,06	7 à 8
Robinier (faux-acacia)	67,90	22,70	33,42	10 à 12
Satiney.............	74,00	38,50	52,00	»
Saule.............	81,50	27,50	33,74	8 à 10
Saule pourri.	23,00	12,00	52,17	»
Sureau.............	141,50	52,80	37,31	8 à 10
Sycomore (érable)....	84,40	28,50	33,76	12 à 15
Tuya du Canada.....	50,70	20,00	39,44	12 à 15
Tilleul.............	70,00	22,30	31,85	»
Tremble............	91,50	32,00	34,97	»
Troène.....	78,00	25,00	32,05	8 à 10
Vigne.............	37,50	13,70	36,53	10 à 12
Bois d'Herculanum antique.................	49,50	24,60	49,69	»

La variation dans le rendement en charbon sera plus sensible dans le tableau suivant, où les bois sont rangés dans l'ordre du rendement maximum pour 100 en charbon.

NATURE du BOIS	RENDEMENT p. 100 EN CHARBON.	NATURE du BOIS.	RENDEMENT p. 100 EN CHARBON.
Liége.............	62,80	Néflier............	35,57
Ebène.............	54,30	Cerisier...........	35,53
Satiney...........	52,00	Tremble..........	34,87
Paille de blé.....	46,99	Baguenaudier. ...	34,85
Chêne.............	46,09	Lierre.	34,75
If.	46,06	Aubépine.........	34,70
Acajou...........	44,89	Platane..........	34,69
Bois de lettres.....	44,25	Pommier.........	34,69
Bois de fer.......	43,75	Orme............	34,59
Genévrier.........	43,07	Charme..........	34,44
Gaïac.............	41,86	Aulne...........	34,40
Pin maritime......	41,48	Epine-vinette......	34,28
Peuplier (feuilles)..	40,95	Ajonc...........	34,24
Peuplier (racines)..	40,90	Bouleau.	34,17
Pin sauvage.......	40,75	Prunier..........	34,06
Agaric de saule....	40,64	Sycomore.........	33,76
Buis..............	40,44	Erable...... ...	33,75
Alisier (ozoulier)...	40,35	Saule............	33,74
Mélèze.	40,31	Bourdaine........	33,61
Palmier...........	39,49	Robinier.	33,42
Tuya du Canada...	39,44	Cornouiller.......	33,36
Chènevotte........	39,22	Genêt...........	33,53
Clématite.........	38,83	Frêne.	33,28
Jonc..............	38,46	Cognassier.......	33,28
Bois de cocotier...	37,93	Coudrier.........	32,79
Coton cardé.......	37,41	Merisier........ ...	32,70
Sureau...........	37,31	Houx.............	32,21
Aylanthe (vernis du Jap.)	37,27	Troène..........	32,05
Eglantier..........	37,21	Boule-de-neige. ...	32,03
Chèvrefeuille.	36,96	Poirier..........	31,88
Fusain............	36,60	Tilleul..........	31,85
Vigne..	36,53	Lilas	31,84
Châtaignier........	36,06	Catalpa..........	31,33
Cytise.	36,01	Peuplier (tronc)...	31,12
Groseillier...... ..	35,66	Marronnier.......	30,86

On voit que les bois différents, carbonisés à la même température, ne donnent pas à beaucoup près, à poids égal,

la même quantité de charbon ; ainsi l'ébène donne 54,30
p. 100 et le marronnier d'Inde 30,86 p. 100 de leur poids en
charbon ; ce sont les deux extrêmes. Certains bois cèdent
bien plus difficilement leurs parties volatiles, sous l'influence
de la même température ; c'est ainsi que le liége donne
62,80 p. 100 d'un produit qui n'est pas du charbon, parce
qu'il est dur, résistant, élastique, et peu différent du liége,
qui semble avoir été seulement roussi par la chaleur de
300° cent. Il a fallu 350° pour convertir le liége en un charbon très-roux et friable.

Je rappelle ici qu'il ne faut pas confondre le mot *charbon*,
que j'emploie pour nommer le produit solide obtenu par
l'exposition des bois à une chaleur quelconque, avec le mot
carbone, qui est un des éléments du charbon. On remarque
que, généralement, les bois les plus lourds, ébène, satiney,
acajou, chêne, bois de fer, gaïac, buis, se décomposent plus
difficilement, résistent davantage à la chaleur, produisent
plus de charbon que les bois les plus légers, peuplier, ca-
talpa, lilas, tilleul, etc. La cause de cette variation ne peut-
elle pas être attribuée à la difficulté qu'éprouvent les matières volatiles à s'échapper entre les fibres très-rapprochées
des bois plus denses, en se rappelant encore que le ligneux
est très-mauvais conducteur de la chaleur ? Le liége présente cependant une anomalie remarquable, puisqu'il produit un maximum de charbon ; mais cela ne tient-il pas à la
grande quantité d'air, mauvais conducteur de la chaleur,
qui existe entre les molécules très-espacées de cette espèce
d'éponge végétale ? C'est ainsi que la sciure de bois, tassée
dans un cylindre en toile métallique, et plongée dans un
courant de vapeur surchauffée à 300 degrés, se carbonise
très-difficilement, sans doute en raison de la quantité d'air
interposé et emprisonné ; si donc les bois légers et par conséquent spongieux se carbonisent plus facilement que les
bois lourds et plus serrés, c'est, sans doute, parce que dans

ceux-ci l'air contenu dans leurs petits canaux médullaires
parallèles peut s'échapper, circuler librement en laissant
place à la vapeur, sans être emprisonné, comme dans un amas
de sciure. Il serait curieux de carboniser comparativement
deux brins de bois léger, saule ou tilleul, tous les deux séchés préalablement à 152 degrés, mais dont l'un aurait été
comprimé et comme écrasé par une forte pression parallèle
à l'axe, de manière à rapprocher les molécules, fermer
ainsi les canaux, et d'examiner si tous deux donneraient, à
la même température, la même quantité de charbon. En
résumé, quelle qu'en soit la cause, on peut admettre comme
un fait vrai que les bois légers se carbonisent plus facilement que les bois lourds.

CARBONISATION DU MÊME BOIS EN VASE ENTIÈREMENT CLOS.

Il m'a paru curieux de carboniser du bois en vase entièrement clos, sans laisser se dégager aucun des produits volatils, et d'examiner ce nouveau produit obtenu à des
températures croissantes. A cet effet j'ai introduit un
gramme de bourdaine, préalablement séché à 150°,
dans un tube de verre épais, que j'ai effilé et fermé
à la lampe d'émailleur (*fig.* 31). J'ai préparé une série de tubes semblables. Chacun de ces tubes a été
introduit dans le petit appareil à vapeur surchauffée,
et maintenu pendant trois heures à des températures
croissantes de 150° à 350°. Chaque essai, fait à une
température déterminée, se composait de tubes enfermés chacun dans un étui métallique, afin que la
rupture fréquente de l'un d'eux dans l'appareil ne
déterminât pas celle du tube voisin. Sur quatre
tubes, deux ou quelquefois trois résistaient parfaitement, tandis que les autres brisés, et dont un
bruit violent annonçait la rupture dans l'appareil, étaient

Fig. 31.

réduits en poudre très-fine dans l'intérieur de leur étui. La rupture a été plus fréquente dans les essais faits aux températures plus élevées comprises entre 300° et 350°.

Les tubes non brisés offrent l'aspect suivant : ils sont transparents et laissent voir le brin de bois carbonisé, et un centimètre cube environ d'un liquide quelquefois limpide et très-légèrement coloré en jaune, et le plus souvent blanc laiteux et opaque, que nous examinerons ultérieurement.

L'ouverture de ces tubes, dans lesquels étaient comprimés des gaz et des liquides à une pression sans doute énorme, m'a offert de grandes difficultés, parce que je voulais conserver les liquides et les solides intérieurs, pour les peser d'abord, puis les examiner et les analyser.

En brisant dans l'air l'extrémité même la plus aiguë du tube enveloppé d'un linge épais, on déterminait une violente détonation, semblable à celle d'un coup de pistolet. qui pulvérisait le tube, le réduisait en fine poussière, brisait le charbon qu'elle projetait en parcelles tenaces, et dispersait en même temps tout le liquide. J'ai essayé de briser le tube sous l'eau, sous le mercure, mais je n'ai réussi qu'à atténuer le bruit de l'explosion, sans pouvoir conserver entières les substances intérieures. Enfin le moyen suivant m'a parfaitement réussi : en plongeant dans la flamme de la lampe à esprit de vin, la pointe effilée du tube fermé, celle-ci s'amollit, cède peu à peu, et finit par s'ouvrir en une fissure inperceptible, qui laisse échapper en sifflant un jet ténu de gaz, mais en conservant parfaitement intacts charbon et liquides intérieurs, faciles dès lors à retirer et à peser. Pour évaluer le poids de ces substances, on a opéré ainsi : en pesant, avant et après son ouverture à la lampe, le tube contenant les matières, on a constaté la quantité de gaz échappé et par conséquent produite : en desséchant ensuite le même tube à 150° dans un courant de vapeur d'eau surchauffée, on a obtenu par la perte de poids, la quantité des matières liquides engendrées : enfin le complément à l'unité, des deux pesées précédentes, a fourni la quantité de la matière solide ou charbon produit par un gramme de bois soumis à la carbonisation.

Je signale ici un fait curieux : le verre, qui a toujours conservé sa transparence avant et après la carbonisation, étant ensuite légèrement chauffé dans la flamme, devient opaque, et se couvre intérieurement d'une couche blanche, adhérente, semblable à un véritable émail, qui n'est autre, sans doute, qu'une couche épaisse de silice, provenant de la décomposition du verre ; celui-ci a été profondément altéré par les gaz et les liquides produits, dont l'action décomposante a été facilitée par l'énorme pression intérieure.

TABLEAUX,

CARBONISATION DU MÊME BOIS EN VASE ENTIÈREMENT CLOS ET A DES TEMPÉRATURES CROISSANTES.

Nos	Température de la carbonisation.	Quantité de bois soumis à la carbonisation.	POIDS APRÈS LA CARBONISATION.						APPARENCES du CHARBON OBTENU.
			QUANTITÉS TROUVÉES.			QUANTITÉS CALCULÉES POUR 100.			
			du charbon.	des liquides.	des gaz.	du charbon.	des liquides.	des gaz.	
		gr	gr	gr	gr	gr	gr	gr	
1	degrés. 160	1 1	0,974 0,980	0,016 0,010	0,010 0,010	97,40 98,00	1,6 1,0	1 1	Le bois a roussi et le tube est très-légèrement coloré en brun.
2	180	1 1	0,930 0,932	0,020 0,018	0,050 0,050	93,00 93,20	2,0 1,8	5 5	Charbon roux, friable, traçant le papier; le tube est tapissé d'une foule de gouttelettes de goudron roux.
3	200	1 1	0,877 0,874	0,023 0,026	0,100 0,100	87,70 87,40	2,3 2,6	10 10	Charbon noir traçant le papier et conservant la texture ordinaire du charb. Tube très-coloré par dépôt de goudron.
4	220	1 1	0,843 0,864	0,027 0,016	0,130 0,120	84,30 86,40	2,7 1,6	13 12	Charbon noir d'apparence ordinaire, traçant le papier.
5	240	1 1	0,830 0,825	0,020 0,025	0,150 0,150	83,00 82,50	2,0 2,5	15 15	Charbon noir, d'apparence ordinaire, traçant le papier.

Nos	Température de la carbonisation.	Quantité de bois soumis à la carbonisation.	POIDS APRÈS LA CARBONISATION.						APPARENCES du CHARBON OBTENU.
			QUANTITÉS TROUVÉES.			QUANTITÉS CALCULÉES POUR 100.			
			du charbon.	des liquides.	des gaz.	du charbon.	des liquides.	des gaz.	
		gr	gr	gr	gr	gr	gr	gr	
6	degrés. 260	1 1	0,825 0,828	0,025 0,022	0,150 0,150	82,50 82,80	2,5 2,2	15 15	Charbon noir, couvert de bulles de goudr. fondu, trace très-diffic. le pap.
7	280	1 1	0,838 0,827	0,012 0,023	0,150 0,150	83,80 82,70	1,2 2,3	15 15	Charbon noir, très-dur, éraillant le papier sans le tracer; apparence d'une subst. qui commence à fondre.
8	300	1 1	0,786 0,783	0,034 0,037	0,180 0,180	78,60 78,30	3,4 3,7	18 18	Substance noire, fondue, caverneuse, fortement attachée au tube; ne présente plus trace de texture ligneuse.
9	320	1 1	0,787 0,787	0,013 0,013	0,200 0,200	78,70 78,70	1,3 1,3	20 20	Substan. noire, luisante, complétement fondue, affaissée sur elle-même, apparence caverneuse, entièrement semblable à de la houille frittée.
10	340	1 1	0,791 0,785	0,009 0,015	0,200 0,200	79,10 78,50	0,9 1,5	20 20	Substance semblable à de la houille grasse fondue; elle a coulé dans le tube, de manière à s'y attacher fortement, en le remplissant.

La pression considérable qui a réagi sur les éléments du bois a profondément modifié les produits de la carbonisation. Les matières volatilisées, ou mieux éliminées, du bois, n'ont plus entraîné qu'une faible quantité de charbon, qui est restée en grande partie à l'état solide, sous la forme de charbon. Au reste cette observation deviendra plus remarquable encore par le tableau suivant indiquant le rendement en charbon dans la carbonisation pratiquée soit par le procédé ordinaire, soit dans un vase entièrement clos.

TEMPÉRATURE de la CARBONISATION.	RENDEMENT POUR 100.	
	DU BOIS CARBONISÉ par le procédé ordinaire.	DU BOIS CARBONISÉ en vase entièrement clos.
160°	98,00	97,04
180	88,59	93,04
200	77,10	87,07
220	67,50	86,04
240	50,79	83,00
260	40,23	82,50
280	36,16	83,08
320	31,77	78,07
340	29,66	79,01

Les apparences de ce nouveau charbon sont des plus singulières :

1° A la température de 180° on a obtenu du charbon très-roux, très-friable, entièrement semblable, quant à ses propriétés physiques, au charbon roux qui ordinairement exige une chaleur de 280°. Je dis *quant à ses propriétés physiques*, car, quant aux propriétés chimiques, on verra plus loin que la composition de ces deux charbons est très-différente, et que ce nouveau charbon roux diffère assez peu du bois sous le rapport de ses éléments constitutifs. C'est véritablement encore du bois, dont la chaleur, aidée d'une pression considérable, a modifié la nature physique, de manière à lui donner les propriétés physiques du charbon. S'il était possible de trouver un appareil qui pût carboniser en grand de cette manière, on rendrait un grand service à la fabrication des poudres et salpêtres, parce que ce nouveau procédé fournirait avec 100 kilog. de bois 93 kilog. de charbon roux, au lieu de 35 à 40 kilog. seulement que produisent les procédés les plus parfaits.

2° A la température de 300° et au delà, le bois entre réellement en fusion, au point de s'affaisser sur lui-même, en s'agglutinant au tube, auquel il adhère très-fortement. Refroidi, il est luisant, miroitant, caverneux, dur, cassant, entièrement semblable à de la houille grasse fondue. On le croirait changé en une véritable houille. Cette petite opération de laboratoire ne donnerait-elle pas une explication plausible de la formation des combustibles minéraux ? Puisque le bois, soumis à la faible chaleur de 300°, mais en vase clos, prend toute l'apparence de la houille, ne peut-on pas admettre que des amas considérables de bois, ensevelis jadis sous des couches considérables de terrains de transport ou de transition, se trouvant exposés par une circonstance quelconque, par exemple, une fissure profonde vers les parties centrales et plus chaudes de la terre, à une chaleur de 180°, aient subi une véritable carbonisation, mais en vase entièrement clos dont les terrains supérieurs représentaient les parois, et se soient peu à peu changés soit en lignite, soit en anthracite, soit en houilles d'autres espèces ?

Il est utile de comparer la composition de tous ces charbons obtenus dans des conditions aussi différentes ; cette étude si intéressante va nous occuper présentement.

ANALYSE DES CHARBONS.

PROCÉDÉ D'ANALYSE. — Parmi tous les procédés employés pour faire l'analyse des substances organiques, j'ai choisi celui dont se sont servis MM. Dumas et Stas pour analyser le diamant et déterminer l'équivalent du carbone. Leur appareil a subi entre mes mains quelques modifications conseillées par la nature spéciale de mes recherches, c'est-à-dire la détermination des quantités comparatives de carbone, d'hydrogène, d'oxygène et d'azote existant dans les divers charbons de bois que j'ai préparés.

Le procédé d'analyse consiste à brûler, dans un courant d'oxygène sec et parfaitement pur, une quantité déterminée de charbon : ce dernier se transforme 1° en acide carbonique qu'on recueille dans des tubes de Liebig contenant une solution de potasse caustique ; 2° en eau qu'on retient dans un tube contenant de l'acide sulfurique ; 3° en oxygène et azote qu'on ne recueille pas, mais qu'on détermine par la différence des pesées : en multipliant par le coefficient 0,2727 la quantité d'acide carbonique trouvée, et par 0,1109 celle de l'eau produite, on trouve d'une part le carbone, et d'autre part l'hydrogène existant dans la quantité de charbon soumise à l'analyse.

En raison du nombre considérable d'analyses que j'avais à faire, j'ai voulu remplacer l'oxygène par de l'air sec et purifié ; mais j'ai dû y renoncer après plusieurs essais, parce que la grande quantité d'air qui était nécessaire déplaçait dans les tubes une quantité d'eau très-notable, et que la combustion du charbon n'était pas aussi nette et aussi vive qu'avec l'oxygène.

L'inspection de la figure 32 fera comprendre la disposition complète de l'appareil.

(a) Réservoir contenant de l'eau saturée de chaux ; à sa

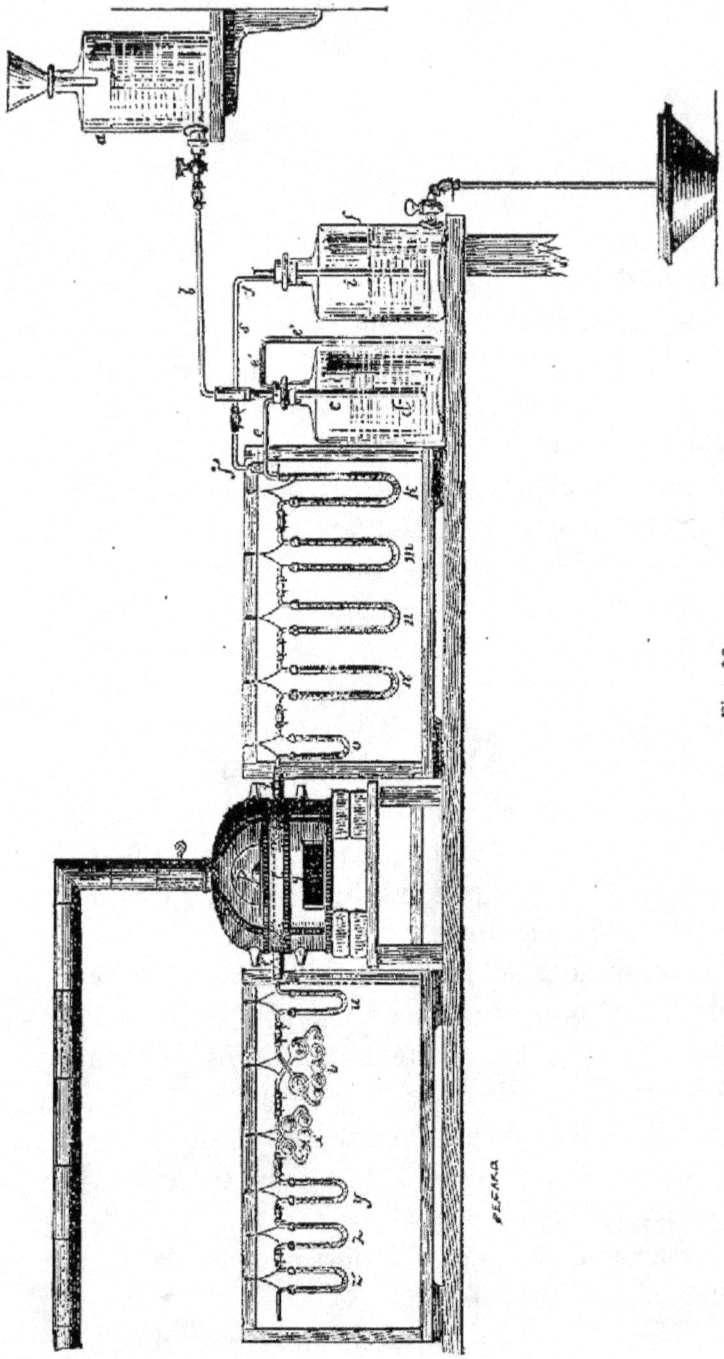

Fig. 32.

partie inférieure est adapté un tube en caoutchouc (*b*) avec robinet et terminé par un fragment de tube en verre. (*c*) Grand flacon en verre, de 14 litres de capacité; il est muni d'un bouchon de liége mastiqué et traversé par les trois tubes en verre (*d*) (*é*) (*e*). Ce dernier est un tube en caoutchouc terminé par un petit tube formant cloche. (*f*) Autre flacon semblable, auquel sont adaptés le tube en verre (*i*) et le tube en caoutchouc (*j*), muni d'un robinet et terminé par une petite cloche ou tube en verre (*j*). Le tube (*b*) communique soit avec le flacon (*c*) en entrant dans le tube (*d*), soit avec le flacon (*f*) en entrant dans le tube (*i*); on établit à volonté la communication du tube en U (*k*) soit avec le flacon (*c*) en coiffant l'armature du tube (*k*) avec le tube (*e*), soit avec le flacon (*f*) en coiffant le même tube avec le tube (*j*). Ces derniers tubes communiquent entre eux par une sorte d'armature que je décrirai pour le tube (*k*) par exemple, parce qu'elle est la même pour tous les autres. Dans ce tube on a introduit un bouchon, formant cuvette, qu'on remplit de mercure; au tube (*e*) est adapté avec un bouchon de liége un bout de tube ouvert, qui, en plongeant dans le mercure de la cuvette, recouvre le tube à l'instar d'une cloche et établit la communication avec lui.

Le flacon (*f*) contient de l'air et le flacon (*c*) renferme de l'oxygène, avec de l'eau chargée de chaux. Suivent cinq tubes en U, suspendus à la traverse (*l*) et réunis entre eux par des tubes en caoutchouc, fixés par l'enroulement d'un léger fil de fer. On introduit dans le tube (*k*) de la potasse caustique, dite à la chaux, en gros fragments légèrement humectés d'eau; dans le tube (*m*) des fragments secs de la même potasse; dans les tubes (*n*) et (*n'*) des morceaux de pierre ponce humectés d'acide sulfurique concentré; dans le tube (*o*) des fragments de pierre ponce également mouillés du même acide.

Le fourneau en terre (*p*) contient un tube en porcelaine

(q) de $0^m,02$ de diamètre et de $0^m,65$ de longueur, dans lequel on introduit ou une nacelle en porcelaine, ou bien une lame de platine contournée en nacelle (r) qui repose

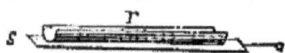

Fig. 33.

elle-même sur une autre lame de même métal (s) armée d'un petit crochet en platine (*fig.* 33). Il y a quelquefois adhérence de la lame métallique (s) avec le vernis de la porcelaine, aussi la lame (s) sert-elle à protéger la lame (r) qui contient le fragment de charbon à analyser, et qui ne doit pas changer de poids. Dans le même tube on place de la tournure (t) de cuivre grillé, ayant pour but de décomposer et convertir en acide carbonique et eau soit l'oxyde de carbone, l'hydrogène carboné, qui pourraient se former au contact de l'oxygène et du charbon à analyser. Un petit tampon de terre à porcelaine (t'), façonné à rainure, protége le bouchon de liége du tube (o), et d'autres tampons semblables (t'') maintiennent la tournure de cuivre et protégent le bouchon du tube (u). Le tube en U (u) est garni de menus morceaux de ponce mouillés d'acide sulfurique ; suivent deux tubes à boules, de Liébig, (v) (x) contenant une dissolution de potasse caustique à la chaux, marquant 40° à l'aréomètre de Baumé, les deux tubes suivants (y) et (z) renferment des fragments de ponce imbibés, le premier (y) d'une solution de potasse caustique et l'autre (z) d'acide sulfurique ; enfin le dernier tube (z') renferme des fragments de potasse caustique humides.

Les tubes (k) (m) ont pour effet d'enlever à l'oxygène qui sort du flacon (e) l'acide carbonique, et les tubes (n) (n') l'eau qui a pu échapper aux premiers, de manière que le tube (o) soit traversé par de l'oxygène parfaitement sec et pur ; aussi porte-t-il le nom de *témoin*, parce que son poids ne doit pas varier dans le courant d'une expérience. Le charbon se transforme, en brûlant dans le tube (q), en eau et acide carbonique ; or, le tube (u) doit retenir toute l'eau produite, les tubes (v) et (x) l'acide carbonique engendré, et le tube (y) les portions de ce gaz qui peuvent échapper à l'action des tubes à boules. Quant au tube (z), il retient l'eau que le courant de gaz sec enlève toujours aux tubes précédents ; j'ai constaté par une expérience faite dans l'appareil, sans combustion de charbon, que ce transport était environ de $0^{gr},015$ à $0^{gr},020$ dans les tubes (y) et (z). Enfin le dernier tube (z') empêche que l'air extérieur, entrant accidentellement dans les tubes (y) ou (z), en augmente le poids.

L'oxygène est obtenu par la calcination, dans une cornue de fonte chauffée au rouge sombre, du chlorate de potasse mélangé de son poids de sable sec ; l'addition de ce dernier corps facilite singulièrement la décomposition de ce sel. Le gaz est lavé dans un flacon contenant de l'eau, avant de passer par le tube (i) dans le flacon(c); un siphon(i') en verre permet à l'eau saturée de chaux, qui remplit le flacon, de s'échapper pour laisser place à l'oxygène.

La pierre ponce a été calcinée au rouge avec de l'acide sulfurique, avant d'être employée ; enfin l'acide sulfurique a été purifié et concentré par distillation convenable, de manière à marquer 66° à l'aréomètre de Baumé.

On commence par prendre sur une excellente balance de Deleuil, pesant facilement $\frac{1}{2}$ kilogramme, la tare des tubes (o, u, v, x, y, z), préalablement garnis comme il convient ; chaque tare, composée de fragments de plomb, est déposée dans une petite capsule en cuivre numérotée, faisant elle-même partie de la tare, et qu'on place sous l'enveloppe vitrée de la balance. Le fragment de charbon est retiré du flacon, dans lequel il a été enfermé encore chaud au sortir de l'appareil de carbonisation : il est déposé avec des pinces sur la lame de platine ou la nacelle en porcelaine (v), dont on a pris antérieurement la tare, et qui est elle-même introduite dans un gros tube de verre fermé par

un bout et dont la tare est connue. Cette dernière précaution a pour but de soustraire le charbon au contact de l'air,
pendant la pesée, parce qu'en raison de sa propriété éminemment hygrométrique, il absorberait immanquablement l'humidité de l'air extérieur. Le tube de verre contenant la nacelle avec le charbon est donc placé sur le plateau en platine
de la balance, et le poids du charbon inscrit avec soin. On
laisse sous l'enveloppe, vitrée de la balance, le tube de verre
garni, mais de plus fermé avec un bouchon de liége.

Cela fait, on chauffe au rouge la partie du tube en porcelaine dans laquelle se trouve la tournure de cuivre, en garan-
tissant avec une lame de tôle servant d'écran tout le reste
du tube; on ouvre ensuite le tube de porcelaine, on introduit la nacelle de platine contenant le charbon dans la partie antérieure et non rougie ; on ferme le tube, on lute le
bouchon, et l'on établit aussitôt le courant d'oxygène en
ouvrant le robinet du tube (b), plongeant dans l'armature du
tube (c), afin que le gaz qui circule chasse devant lui, vers
l'oxyde de cuivre rouge, les matières volatiles, que le rayonnement de la chaleur dégage immédiatement du charbon ;
sans cette précaution ces fumées se répandraient à l'amont
du charbon et noirciraient le tube. Le courant gazeux étant
établi, on enlève l'écran de tôle et l'on porte des charbons
rouges près du charbon. Le fragment de charbon placé dans
la nacelle s'enflamme promptement, et l'éclat, qu'il émet,
s'aperçoit fort bien à travers l'épaisseur du tube en porcelaine. A ce moment, les bulles d'oxygène, d'abord mêlées
de beaucoup d'air, et qui barbotaient dans les tubes à boules
v et x, cessent d'agiter le liquide, parce qu'elles sont absor-
bées ; aussi la température du liquide s'élève et atteint la
chaleur de 48° à 50° ; lorsque la combustion du charbon est
terminée, les bulles gazeuses agitent de nouveau le liquide
des tubes à boules, et l'on surveille, en approchant de l'extrémité ouverte du tube (z) une corde d'étoupes en ignition,

l'instant où l'oxygène s'échappe de l'appareil et enflamme l'étoupe. A ce moment on arrête le courant d'oxygène et on le remplace immédiatement par un courant d'air, en faisant communiquer le réservoir (a) avec le flacon. La quantité d'oxygène qui reste dans l'appareil, chassée par l'air, suffirait pour terminer la combustion, si elle n'était pas achevée. Le courant d'air est maintenu pendant 5 minutes pour chasser les dernières portions d'oxygène et en purger les tubes. Le courant d'oxygène dure pendant 10 minutes environ et sa dépense est de 3 ou 4 litres, pour brûler 5 à 6 décigrammes de charbon, quantité ordinairement soumise à l'analyse.

On retire avec soin la nacelle, qu'on introduit aussitôt dans le gros tube en verre, et qui est portée sur la balance. On remarque dans la nacelle une petite masse de cendres, toujours bien purgée de charbon, soit blanche, soit colorée, tantôt légère, poreuse, conservant presque la forme du charbon, et tantôt fondue, lorsqu'elle est très-alcaline. On constate que le tube (o) n'a pas changé de poids, et les tubes (u, v, x, y et z) sont successivement pesés, et donnent, par la différence des poids primitifs et à l'aide des calculs énoncés, les quantités de carbone et d'hydrogène contenues dans le charbon analysé.

Le tableau suivant présente tous les détails des analyses des charbons. Je rappelle que tous les échantillons sont privés d'eau hygrométrique, puisqu'ils ont été enfermés chauds, dans un bocal de verre, immédiatement après la carbonisation. Les analyses ont toujours été au moins doubles sur le même échantillon, et n'ont été admises que lorsque les résultats ont été presque semblables. Cette mesure a été générale pour toutes les analyses ultérieures. La double analyse porte toujours sur chaque moitié d'un même brin de charbon, afin d'opérer dans ce double cas sur une substance aussi homogène que possible.

TABLEAU.

ANALYSE DES CHARBONS DU MÊME BOIS PRÉPARÉS A DES TEMPÉRATURES
CROISSANTES DE 150° A 1500°.

TEMPÉRATURE de la CARBONISATION.	SUBSTANCES ÉLÉMENTAIRES TROUVÉES DANS 100 PARTIES DE CHARBON.			
	Carbone.	Hydrogène.	Oxygène, azote et perte.	Cendres.
150°	47,5105	6,120	46,290	0,080
160	47,6055	6,0645	46,271	0,085
170	47,775	6,195	45,9535	0,098
180	48,936	5,840	45,123	0,117
190	50,6145	5,115	44,0625	0,2215
200	51,817	3,9945	43,976	0,2265
210	53,3735	4,903	41,538	0,200
220	54,570	4,1505	41,3935	0,217
230	57,1465	5,568	37,047	0,3145
240	61,307	5,507	32,7055	0,515
250	65,5875	4,810	28,967	0,632
260	67,8905	5,038	26,4935	0,5595
270	70,4535	4,6415	24,192	0,8555
280	72,6395	4,705	22,0975	0,568
290	72.494	4,981	21,929	0,610
300	73,236	4,254	21,962	0,569
310	73,633	3,8295	21,8125	0,744
320	73,5735	4,8305	21,086	0,5185
330	73,5515	4,626	21,333	0,4765
340	75,202	4,4065	19,962	0,4775
350	76,644	4,136	18,4415	0,613
432	81,6435	1,961	15,2455	1.1625
1023	81,9745	2,2975	14,1485	1,5975
1100	83,2925	1,702	13,7935	1,2245
1250	88,1386	1,415	9.2595	1,199
1300	90,811	1,5835	6,4895	1,1515
1500	94,566	0,7395	3,8405	0,664
au delà de 1500	96,517	0,6215	0,936	1,9455

L'examen de ce tableau donne lieu aux remarques suivantes :

La quantité de carbone que renferment les charbons augmente avec la température de la carbonisation; néanmoins la plus haute chaleur qu'il a été possible de produire, celle de la fusion du platine, n'a pas suffi pour retirer du carbone pur de la calcination du charbon. L'hydrogène semble plus tenace et plus difficile à être chassé que les autres gaz.

Nous avons déjà signalé la différence considérable que la durée de la carbonisation apporte dans le rendement en charbon ; les analyses des produits obtenus dans ces opérations présentent aussi une notable différence dans la teneur en carbone.

ANALYSE DES CHARBONS OBTENUS PAR CARBONISATION LENTE ET RAPIDE.

NATURE de la CARBONISATION.	TEMPÉRATURE de la CARBONISATION.	Carbone.	Hydrogène.	Oxygène azote et perte.	Cendres.
Lente.	432°	82,106	2,190	14,849	0,955
Rapide.	432°	79,589	2,169	15,736	2,506

On remarque une différence de $5\frac{1}{2}$ p. 100 de carbone entre les deux charbons. On comprend en effet que, par la brusque application de la chaleur, le carbone se trouve entraîné soit à l'état de combinaison, soit à l'état moléculaire sous forme de suie ou goudron. Ce n'est pas sans raison que dans la fabrication du gaz d'éclairage, qui n'est qu'une distillation très-rapide, on introduit la houille dans une cornue incandescente, afin d'obtenir des produits très-carbonés. J'assimilerais volontiers à une carbonisation rapide le mode de carbonisation en chaudière pratiquée dans les poudreries, comme je le dirai plus loin, ce qui serait une nouvelle preuve de l'infériorité de ce procédé ; car, dans ce dernier cas, il s'agirait de produire la plus grande quantité

de charbon, et d'en atténuer autant que possible la perte
avec le départ des matières volatiles.

REMARQUES SUR LA DÉCOMPOSITION DU BOIS PAR LA CHALEUR.

La carbonisation, envisagée comme opération chimique,
a pour effet de déterminer la décomposition du bois par la
chaleur et sans le contact de l'air,

Or, dans cette décomposition, il se fait un véritable départ
entre le carbone et les gaz qui constituent le bois, sans
séparation complète néanmoins de l'un et de l'autre. Le
carbone se partage en deux parties variables, dont l'une
reste avec une certaine quantité de gaz dans le récipient et
l'autre s'échappe au dehors avec le reste des substances
gazeuses. Le tableau suivant représente ces phénomènes
dans une disposition qui les rend plus remarquables, en
indiquant d'un côté la composition du charbon et de l'autre
celle des matières volatilisées, dans la carbonisation de 100
parties de bois préalablement séché à 150°.

TEMPÉRATURE de la CARBONISATION	PRODUITS DE LA DÉCOMPOSITION DU BOIS DANS LA CARBONISATION.				
	MATIÈRES SOLIDES restant dans le récipient (p. 100).			MATIÈR. VOLATILISÉES et entraînées (p. 100).	
	CARBONE.	GAZ.	CENDRES.	CARBONE.	GAZ.
150°	47,51	52,41	0,08	»	»
160	46,66	51,26	0,08	0,85	1,15
170	45,18	49,28	0,09	2,33	3,12
180	43,36	45,12	0,11	4,15	7,26
190	41,50	40,31	0,18	6,01	12,00
200	39,95	36,97	0,18	7,56	15,34
210	39,03	39,96	0,15	8,48	18,38
220	36,83	30,51	0,16	10,68	21,82
230	31,64	23,56	0,17	15,87	28,76
240	31,14	18,39	0,26	16,37	32,84
250	32,58	16,78	0,31	14,93	35,40
260	27,31	12,69	0,23	20,20	39,57
270	26,17	10,65	0,32	21,34	41,52
280	26,27	9,68	0,21	21,24	42,60
290	24,71	9,17	0,21	22,80	43,11
300	24,62	8,80	0,19	22,89	43,50
310	24,20	8,43	0,24	23,31	43,82
320	23,71	8,35	0,17	23,80	43,97
330	23,37	8,25	0,15	24,14	44,09
340	23,71	7,68	0,14	23,80	44,67
350	22,73	6,75	0,18	24,78	45,56
432	15,40	3,25	0,22	32,11	49,02
1023	15,37	3,12	0,30	32,14	49,11
1100	15,32	2,86	0,22	32,19	49,41
1250	15,81	1,91	0,22	31,70	50,36
1300	15,86	1,40	0,20	31,65	50,89
1500	16,37	0,83	0,11	31,14	51,55
au delà de 1500	14,48	0,23	0,29	33,03	51,97

Le tableau précédent donne lieu aux observations suivantes :

1° Le bois exposé en vase presque clos à une température quelconque donne un produit fixe appelé *charbon*, qui retient toujours des gaz en combinaison. Cette quantité de gaz varie avec la chaleur employée dans la carbonisation ; entre 150° et 200° le charbon retient environ un poids de de gaz égal au sien, à 250° la moitié, à 300° le $\frac{1}{3}$, à 550° le $\frac{1}{4}$, à 400° le $\frac{1}{20}$, et à 1500° un peu plus de $\frac{1}{100}$ de son poids en gaz.

2° Les matières volatilisées dans l'acte de la carbonisation entraînent toujours du carbone en quantité considérable, elles se composent de carbone et de gaz, dont la composition est extrêmement remarquable, car on y trouve, entre 150° et 430°, environ 1 de carbone pour 2 de gaz; et de 400° à 1500° environ, 1 de carbone pour 1 $\frac{1}{2}$ de gaz. Cette composition est bien différente de celle de la substance fixe restée dans le récipient sous le nom de charbon, dans lequel au contraire on voit décroître considérablement la quantité de gaz retenue.

3° Dans la carbonisation, le bois abandonne son carbone qui se divise en deux parties inégales et variables avec la température, dont l'une reste dans le charbon et l'autre s'échappe avec les matières volatiles. La quantité de carbone qui s'échappe croît avec la température; à 200° elle est le $\frac{1}{5}$, à 250° elle est la moitié; entre 300° et 350° elle est égale à celle qui reste dans le charbon, et entre 400° et 1500° elle est le double.

ANALYSE DES CHARBONS FAITS EN VASE ENTIÈREMENT CLOS
ET A DES TEMPÉRATURES CROISSANTES.

TEMPÉRATURE de la carbonisation.	SUBSTANCES ÉLÉMENTAIRES DANS 100 PARTIES DE CHARBON.			
	Carbone.	Hydrogène.	Oxygène, azote et perte.	Cendres.
160°	49,0175	5,3045	45,5325	0,154
180	56,5235	6,1880	37,0940	0,198
200	61,0420	5,2470	33,4270	0,294
220	66,4185	4,9830	28,0150	0,5885
240	67,1340	5,1675	25,9230	1,7705
260	67,6215	5,0995	25,2580	2,0315
280	67,6010	5,4245	26,7680	3,2005
300	67,5760	4,5655	27,3270	0,5835
320	65,6185	4,7600	25,5425	4,0720
340	77,0705	4,7065	14,0415	3,8375

Je ferai la remarque suivante sur les cendres. On ne voit pas sans étonnement que ces charbons, de 260° à 340°, contiennent 3 et 4 p. 100 de cendres, au lieu de ½ p. 100 qu'on trouve dans les charbons faits aux mêmes températures et par les procédés ordinaires. Ce fait est cependant très-vrai, hors de doute, car dans l'analyse le charbon est parfaitement brûlé, et n'a laissé qu'un résidu salin, blanc, entièrement dépouillé de carbone. Il faut donc admettre que dans les procédés ordinaires de carbonisation, les matières qui se séparent par volatilisation enlèvent environ 3 p. 100 de substances minérales, chaux, soude, potasse, etc., etc., soit par entraînement mécanique, soit à l'état de combinaison avec l'hydrogène, analogue aux composés connus, hydrogène *potassié*, arsénié, carboné, etc.

Nous avons décrit le procédé de carbonisation dit des chaudières. Les analyses suivantes sont relatives à des échantillons prélevés dans huit établissements différents, représentés par des numéros.

ANALYSE DES CHARBONS DE BOIS FAITS DANS LES CHAUDIÈRES.

NUMÉROS des échantillons.	SUBSTANCES ÉLÉMENTAIRES TROUVÉES DANS 100 PARTIES DE CHARBON.			
	Carbone.	Hydrogène.	Oxygène, azote et perte.	Cendres.
1	81,028	3,2398	14,981	0,7802
2	73,961	3,0190	22,575	0,475
3	80,304	3,6140	15,1437	0,9425
4	74,894	3,6190	21,0242	0,475
5	79,928	3,1886	16,0259	0,8685
6	81,067	3,0022	15,0250	0,9125
7	76,810	2,9821	19,8646	1,641
8	83,034	3,421	12,096	1,446

Dans la même carbonisation, les charbons sont loin d'être semblables, on y rencontre le charbon roux à 73 p. 100 de carbone et le charbon noir à 80 p. 200. Le charbon qui occupe le milieu de la chaudière est plus cuit, plus riche en carbone que le fond et la surface ; entre le fond et la surface, les charbons offrent également des variations.

La même carbonisation opérée sur des bois différents, dans le même appareil et dans les mêmes conditions, produit des charbons à un rendement ou à un titre différent. La nature du bois a de l'influence sur le rendement et sur la composition ultérieure du carbone. Il importerait donc, pour produire le même charbon, de carboniser le même bois, sans mélanger des essences différentes.

Dans les divers établissements la composition de ces charbons est loin d'être la même, comme je viens de le dire, puisque la teneur en carbone varie de 73 à 83 p. 100, en moyenne. Comment alors des poudres de chasse, ou de guerre, ou de mine, faites dans ces divers établissements, peuvent-elles être semblables, donner les mêmes portées, lorsque, malgré un dosage numérique égal et réglementaire, elles n'ont pas le même dosage réel? A quoi bon rechercher avec tant de soin la pureté du salpêtre et du soufre, lorsque le charbon peut présenter des différences de 10 p. 100 au moins dans sa pureté? En réalité les deux poudreries qui emploient le charbon roux à 70 p. 100 de carbone et le charbon noir à 85 p. 100 de carbone, dans la fabrication des mêmes poudres, ne se servent pas du même dosage, et fabriquent la poudre avec des éléments très-différents. Il importe donc de modifier, ou de changer le procédé de carbonisation, et de le remplacer par un autre procédé, qui donne des charbons identiques.

ANALYSE DES CHARBONS OBTENUS PAR DISTILLATION DU BOIS DANS DES CYLINDRES EN FONTE.

NUMÉROS des échantillons.	QUANTITÉS DANS 100 PARTIES DE CHARBON.				OBSERVATIONS.
	Carbone.	Hydrog.	Oxygène, azote et perte.	Cendres.	
1	71,1805	2,521	25,9855	0,3085	Pour chasse extra-fine.
2	74,011	2,6465	22,3475	0,513	Pour chasse fine.
3	70,3765	2,655	26,4955	0,4815	
4	72,090	4,341	22,7105	0,873	Pour chasse extra-fine.
5	75,664	3,382	20,2225	0,7855	Pour chasse fine.

Le tableau précédent nous montre de notables variations dans les charbons distillés, leur titre en carbone a varié depuis 70-37 p. 100 jusqu'à 75-66 p. 100 : on sait, en effet, que les produits ne sont pas homogènes et que dans la même distillation on trouve des charbons de toutes qualités depuis le plus roux, le moins riche en carbone, jusqu'au charbon noir, sans oublier l'*incuit* ou *brûlot*. Ce procédé de carbonisation demande à être amélioré ou remplacé, si l'on reconnaît la nécessité de produire des charbons de nature constante et déterminée.

ANALYSE DES CHARBONS PROVENANT DE DIFFÉRENTS BOIS CARBONISÉS
A LA TEMPÉRATURE DE 300° CENT.

NATURE DES CHARBONS.	SUBSTANCES ÉLÉMENTAIRES TROUVÉES DANS 100 PART. DE CHARBON.			
	Carbone.	Hydrog.	Oxygène, azote et perte.	Cendres
Ajonc........................	76,629	4,108	17,975	1,287
Baguenaudier................	74,199	4,381	20,596	0,822
Bourdaine...................	73,236	4,254	21,962	0,569
Bois de fer..................	72,564	4,527	22,513	0,399
Alizier......................	72,475	4,614	22,294	0,624
Liége.......................	72,362	8,528	19,110	0,000
Bois de lettres..............	71,850	4,373	22,316	1,454
Genêt......................	71,620	4,576	22,724	1,079
Aylanthe (vernis du Japon)...	71,460	4,211	23,515	0,813
Genévrier...................	71,433	5,073	23,324	0,168
Pin sauvage.................	71,858	5,948	21,694	0,500
Lierre......................	71,198	4,243	24,204	0,354
Bouleau.....................	71,133	4,552	23,554	0,760
Pin maritime................	71,080	5,011	22,939	0,544
Boule-de-neige..............	70,902	2,353	20,657	0,531
Aubépine...................	70,793	4,443	23,417	1,345
Palmier.....................	70,724	4,552	23,493	1,230
Robinier....................	70,595	5,230	22,772	1,407
Buis........................	70,499	3,740	25,115	0,643
Cytise......................	70,429	4,714	24,246	0,610
Frêne......................	70,395	4,539	24,367	0,692
Erable......................	70,069	4,613	24,892	0,425
Cerisier....................	70,028	3,928	25,284	0,755
Catalpa.....................	69,948	4,799	24,347	0,902
Sureau......................	69,936	4,837	24,517	0,708
Mélèze.....................	69,887	5,088	25,552	0,472
Merisier à grappe...........	69,872	4,313	25,185	0,424
Tilleul.....................	69,829	5,452	23,023	1,695
Thuya du Canada............	69,713	5,412	24,294	0,580
If..........................	69,620	5,864	24,210	0,304
Clématite...................	69,598	4,823	24,400	1,129
Epine-vinette...............	69,479	4,960	25,347	0,268
Lilas.......................	69,439	4,633	24,805	1,121
Troëne......................	69,322	3,015	24,577	3,085
Coudrier....................	69,311	4,823	24,973	0,892
Chèvrefeuille...............	69,267	4,603	25,122	0,992

NATURE DES CHARBONS.	SUBSTANCES ÉLÉMENTAIRES TROUVÉES DANS 100 PART. DE CHARBON.			
	Carbone.	Hydrog.	Oxygène, azote et perte.	Cendres
Sycomore (érable)............	69,229	4,402	25,082	1,236
Néflier.....................	69,209	4,643	25,259	0,887
Marronnier (d'Inde)..........	69,194	5,362	24,374	1,069
Fusain.....................	69,135	4,763	25,385	0,716
Châtaignier.................	69,127	4,326	26,125	0,421
Cornouiller (sanguin)........	69,026	3,840	26,490	0,634
Eglantier...................	68,993	5,119	25,391	0,496
Saule......................	68,908	5,133	24,633	1,333
Platane....................	68,879	4,797	25,572	0,749
Coton cardé................	68,852	5,213	24,690	1,245
Charme....................	68,835	4,142	26,382	0,641
Peuplier (tronc).............	68,741	4,866	25,539	0,853
Satiney....................	68,705	4,830	25,765	0,700
Cocotier...................	68,268	4,053	23,984	3,695
Houx......................	68,521	4,741	25,890	0,847
Vigne.....................	68,202	4,980	26,084	0,280
Cognassier.................	68,180	4,068	27,053	0,698
Tremble...................	68,169	5,512	25,729	0,589
Ebène.....................	68,047	3,868	27,879	0,205
Groseillier.................	67,988	5,117	25,704	1,190
Agaric (de saule)..........	67,636	3,489	20,643	8,231
Chêne.....................	67,421	4,099	28,479	0,200
Pommier...................	67,401	5,150	27,068	0,381
Peuplier (racine)............	67,020	5,217	26,674	1,088
Orme......................	66,862	4,669	28,181	0,288
Acajou....................	66,821	4,622	27,378	1,178
Prunier...................	66,118	5,756	27,529	0,596
Poirier....................	65,924	5,310	28,243	0,522
Jonc......................	64,281	4,744	30,596	0,378
Gaïac.....................	64,165	4,333	31,014	0,487
Chènevotte................	62,127	4,976	31,499	1,396
Paille de blé...............	61,090	4,365	33,785	0,759
Peuplier (feuille)...........	52,514	4,819	41,277	1,388

Dans ce tableau, qui renferme les charbons rangés dans l'ordre de leur contenance maximum en carbone, on voit que les charbons des différents bois préparés à la même température ne renferment pas la même quantité de principes élémentaires, et que la différence, quant au carbone, a été de 15 p. 100 environ. Ce résultat n'a pas lieu d'étonner; car, puisque la même chaleur a différemment décomposé les bois dans l'acte antérieur de la carbonisation, les charbons ont nécessairement conservé une quantité différente de leurs principes constitutifs. Néanmoins cette variation dans le carbone est trop peu considérable pour qu'on en puisse tirer une conséquence bien précise. Si les bois étaient uniquement composés de ligneux et d'eau, il est probable qu'à la même température ils produiraient la même quantité de charbon, et que celui-ci contiendrait la même quantité de carbone; mais ils n'ont pas cette composition simple et théorique. Ils renferment des substances bien différentes : de la gomme, du sucre, de la résine, des corps gras, des matières salines, etc., ce qui peut expliquer les variations. En résumé, je pense que les bois purs, c'est-à-dire débarrassés, par des opérations chimiques ou mécaniques, des substances autres que le ligneux, exposés à la même température, donneront des quantités égales de charbon, celui-ci contenant des quantités égales de carbone; mais les bois simplement desséchés ne produisent pas, pratiquement, dans les mêmes circonstances, exactement la même quantité de charbon, et celui-ci ne renferme pas la même quantité de carbone.

Mes recherches analytiques sont terminées. Nous allons successivement examiner maintenant quelques propriétés physiques et chimiques des divers charbons.

HYGROMÉTRICITÉ DES CHARBONS D'UN MÊME BOIS PRÉPARÉS A DES TEMPÉRATURES CROISSANTES.

Il était utile de rechercher la propriété hygrométrique des charbons, c'est-à-dire la facilité plus ou moins grande avec laquelle ils absorbent l'eau, non point par immersion, mais par leur exposition prolongée dans l'air saturé d'hu-

midité : cette propriété intéresse la fabrication des poudres.
A cet effet, on a retiré des bocaux, dans lesquels ils étaient
enfermés depuis leur carbonisation, les cylindres de charbon dont on a immédiatement constaté le poids ; ils ont été
aussitôt placés dans des assiettes surnageant l'eau contenue
dans un grand bassin en cuivre, qui a été placé dans une
chambre également fort humide ; on les a pesés tous les
huit jours pendant plus de trois mois, et l'on n'a cessé
l'opération que lorsque deux pesées successives n'ont plus
présenté de différence. Le tableau suivant indique les résultats obtenus :

QUANTITÉ D'EAU ABSORBÉE PAR LES CHARBONS DU MÊME BOIS
(*bourdaine*), PRÉPARÉS A DES TEMPÉRATURES CROISSANTES.

TEMPÉRATURE de la carbonisation.	QUANTITÉ D'EAU absorbée par 100 parties de charbon.	TEMPÉRATURE de la carbonisation.	QUANTITÉ D'EAU absorbée par 100 parties de charbon.
150°	20,862	290°	6,920
160	18,220	300	7,608
170	18,180	310	7,200
180	16,660	320	5,554
190	11,626	330	4,504
200	10,018	340	5,924
210	9,742	350	5,894
220	8,954	432	4,704
230	8,800	1023	4,676
240	6,666	1100	4,444
250	7,406	1250	4,760
260	6,836	1300	2,224
270	6,306	1500	2,204
280	7,879	»	»

On remarque les faits suivants :

1° La quantité d'eau absorbée par les charbons de bois
varie avec la température de la carbonisation ; elle diminue
au fur et à mesure que cette température augmente, et de-

vient très-faible lorsque celle-ci a atteint son plus haut degré.

2° Les bois proprement dits, c'est-à-dire ceux compris dans les limites de 160 à 250 degrés, commencement de la carbonisation, absorbent beaucoup plus d'eau que les charbons produits aux températures de 250 à 350 degrés. Ainsi le bois préparé à 150 degrés absorbe environ quatre fois plus d'eau que le charbon préparé à 350 degrés.

3° Les charbons produits aux températures de 150 à 250 degrés, charbons imparfaits, incuits, brûlots, absorbent depuis 20 jusqu'à 7 p. 100 d'eau environ ; les charbons proprement dits, faits aux températures comprises entre 250 et 432 degrés, peuvent absorber de 7 à 5 p. 100 d'eau. Les charbons faits aux plus hautes températures n'absorbent guère que 4 à 2 p. 100 d'eau. Il était intéressant de constater si le charbon pulvérisé absorbait plus ou moins d'eau que le même charbon en morceaux ; à cet effet, j'ai réduit en poudre, soit à la lime, soit sous le pilon, des charbons obtenus à des températures variables, et j'ai reconnu que le charbon en poudre absorbait depuis $\frac{1}{3}$ jusqu'à deux fois plus d'eau que le même charbon en morceaux. Ce fait est intéressant pour le poudrier, puisqu'il indique qu'il faut se garder de pulvériser à l'avance le charbon, qui résiste mieux à l'humidité, lorsqu'il est en morceaux ; mais il intéresse aussi le physiologiste, car il semble indiquer que la constitution physique du bois a de l'influence sur sa capacité absorbante.

MM. Botté et Riffault disent, dans leur *Traité sur l'art de fabriquer la poudre*, que le charbon récemment fait peu absorber de l'eau jusqu'à 14 p. 100 de son poids ; je n'a jamais constaté une aussi forte absorption : mais en présence de l'assertion précédente, et en même temps de l'irrégularité de quelques résultats consignés au tableau précédent, il est permis d'élever des doutes sur la vérité absolue des nombres inscrits audit tableau. Il est très-possible que tous ces charbons aient repris un peu d'humidité dans les flacons, où ils ont séjourné pendant près de six mois avant d'être soumis à l'épreuve de l'hygrométricité ; les bouchons de liége ne sont pas parfaitement imperméables, et les flacons ont été souvent ouverts pour des recherches antérieures.

En résumé, les nombres énoncés dans le tableau susdit devraient être vérifiés par de nouveaux essais ; ils sont peut-être trop faibles, mais leur rapport sera le même, et la loi de la décroissance de l'humidité avec l'augmentation de la température de la carbonisation est un fait qu'on peut ac-cepter comme véritable.

CONDUCTIBILITÉ DES CHARBONS DE BOIS POUR LA CHALEUR.

On sait que les charbons fortement calcinés conduisent beaucoup mieux la chaleur que les charbons non calcinés. J'ai cherché à mesurer cette importante propriété. Les pro-cédés connus font défaut, car ils indiquent seulement des différences entre les corps, mais sans comparaison numé-rique, sans mesure. Voici le procédé que j'ai adopté, et qui, mieux étudié, pourra peut-être servir à mesurer la conductibilité pour la chaleur des autres substances (voir *fig.* 33).

J'ai choisi un cylindre de charbon *f*, dont j'ai creusé une des extrémités pour y loger à frottement la boule d'un très-petit thermomètre à mercure, et j'ai plongé l'autre extrémité dans une source constante de chaleur, du mercure en-tretenu à une température constante par un courant de vapeur d'eau : le charbon a $0^m,007$ de diamètre envi-ron, et $0^{th},025$ de longueur ; la partie immergée, de *o* à *o'*, a $0^m,006$ de hauteur ; la boule occupe une hauteur de $0^m,014$, de sorte que la distance entre celle-ci et la source de chaleur ou la surface de mercure, est de $0^m,005$. Or, la quantité de chaleur qui, dans un même temps, traversant cette distance *op* à travers les molécules du charbon, passera dans le thermomètre, indiquera la conductibilité, dont les degrés thermométriques seront la mesure. Il eût été à désirer que cette distance *op*, autrement dit le chemin à parcourir par la chaleur à travers le corps dans un temps donné, eût été plus grande, ce qu'il faudrait faire pour d'autres substances; mais la petitesse des échantillons de charbons dont je disposais, m'a forcé à subir ces faibles dimensions.

Voici les dispositions adoptées pour réalisèr les conditions précédentes :

a, petit ballon en verre à moitié rempli d'eau, qu'on fait bouillir pour produire un courant de vapeur; *b*, tube en verre, de 0,05 de diamètre, muni de deux bouchons, dont l'un reçoit le tube de communication *i* et l'autre le tube *d*, de $0^m,03$ de diamètre et rempli de mercure; le tube *c* sert d'issue à la vapeur, qui traverse le tube *b* en chauffant le mercure; *f*, charbon mis en expérience et muni de son thermomètre. La température du mercure a été constamment maintenue à 96 degrés; les essais ont toujours été doubles sur chaque échantillon et ont fourni les mêmes résul-

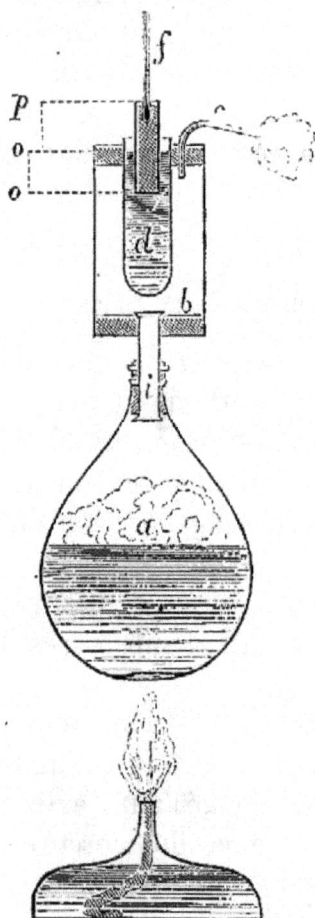

Fig. 34.

tats ; afin de comparer la conductibilité des charbons avec une conductibilité connue, celle du fer, on a façonné un cylindre de fer de la grosseur du charbon, comme l'indique la figure.

L'immersion du charbon a eu lieu pendant 15 minutes, et l'indication thermométrique a été observée trois fois, après 5 minutes écoulées ; après 15 minutes d'immersion, la température du charbon restait stationnaire.

CONDUCTIBILITÉ POUR LA CHALEUR DES CHARBONS D'UN MÊME BOIS (*bourdaine*), PRÉPARÉS A DES TEMPÉRATURES CROISSANTES.

TEMPÉRATURE		INDICATIONS			CONDUCTI-BILITÉ
	DU THERMOMÈTRE.				des charbons comparée à celle du fer, représentée par 100.
de la carbonisation.	du charbon avant la mise en expérience	Après 5 minut.	Après 10 minut.	Après 15 minut.	
160°	27°,00	56°,0	57°,0	57°,5	59°,5
200	27 ,00	57 ,0	57 ,5	58 ,0	60 ,1
250	27 ,00	57 ,5	57 ,5	58 ,0	60 ,1
300	27 ,00	58 ,0	59 ,0	59 ,5	61 ,6
1023	26 ,5	61 ,0	62 ,0	62 ,0	64 ,2
1250	26 ,50	62 ,0	62 ,50	63 ,0	65 ,2
1500	26 ,00	63 ,0	63 ,50	64 ,0	66 ,3
Charbon des cornues à gaz.....	26 ,00	81 ,0	82 ,0	82 ,0	84 ,7
Fer plein........	22 ,00	96 ,5	96 ,5	96 ,5	100 ,0

Les nombres de la dernière colonne ont été obtenus en multipliant ceux de la colonne précédente par 1,036, rapport de 100 à 96,50.

On remarque les faits suivants :

1° La conductibilité des charbons pour la chaleur croît avec la température de la carbonisation ;

2° Elle est faible et peu variable entre le bois proprement dit et les charbons faits à de faibles températures, comprises entre 300 et 400 degrés ;

3° Elle croît plus rapidement dans les charbons faits à des températures élevées, où elle est environ les $\frac{2}{3}$ de celle du fer.

On voit que le bois, regardé comme un corps mauvais conducteur de la chaleur, la laisse passer assez facilement, de sorte qu'un récipient en bois enveloppant un récipient en fer dans lequel serait un foyer calorifique, laissera passer, à parois d'égale épaisseur, les $\frac{3}{5}$ des rayons calorifiques qui traverseront ce fer; il est vrai que, dans de semblables circonstances, le bois est plus épais que le fer, et s'oppose à la déperdition de chaleur par la quantité d'air retenue dans ses pores. Il serait intéressant de mesurer, par ce procédé perfectionné, la conductibilité de corps réputés mauvais conducteurs du calorique, tels que le soufre, les résines, etc., etc.

J'ai mesuré la conductibilité de la plupart des charbons de bois différents, préparés à la température de 300 degrés, et je l'ai trouvée sensiblement la même, de sorte que la température de la carbonisation est le seul élément qui semble faire varier cette propriété. Au reste, je le répète, je ne présente ces résultats que comme les essais d'un procédé qui n'est pas suffisamment sensible ; ainsi, les conductibilités du fer et du cuivre n'ont pas présenté de différences, et cependant elles ne sont pas égales. Aussi ce procédé doit être modifié, et ne pourra acquérir une certaine précision, que lorsqu'on s'environnera de toutes les conditions nécessaires pour éloigner les causes extérieures et perturbatrices.

CONDUCTIBILITÉ DES CHARBONS POUR L'ÉLECTRICITÉ.

On sait que les charbons calcinés fortement conduisent
beaucoup mieux l'électricité, que ceux qui ont été peu calcinés. J'aurais voulu pouvoir mesurer cette conductibilité,
et trouver la relation de cette propriété avec la température
de la carbonisation ; mais les instruments m'ont manqué,
et cette recherche est encore à faire. Néanmoins je puis citer une expérience qui met en évidence cette propriété. On
voit briller sur les boulevards de Paris la lumière électrique,
produite par la rencontre de deux courants entre la pointe
de deux charbons. On se sert, à cet effet, du charbon extrait
des cornues à gaz, véritable graphite ou carbure de fer; la
lumière est inégale et vacillante à cause de l'impureté de ce
charbon, qui d'ailleurs se consume assez promptement. Or,
j'ai remis à M. Archereau, qui s'occupe avec habileté de ce
genre d'éclairage, des fragments de charbon de bois de
bourdaine préparés à la température de 1500 degrés, en
l'invitant à les mettre dans le circuit voltaïque à la place des
charbons des cornues à gaz. La lumière électrique a été
beaucoup plus vive et plus brillante, sans aucune intermittence, et a projeté une clarté surprenante et beaucoup plus
blanche : en même temps la durée de ce charbon de bois a
été beaucoup plus considérable. Il sera facile, à l'avenir,
de préparer pour cet usage des charbons de bois dans les
fourneaux servant à la fusion de la fonte.

DENSITÉ DES CHARBONS DE BOIS.

La densité du charbon est la recherche qui m'a demandé
le plus de temps, de soins et de patience. On connaît la difficulté de déterminer la pesanteur spécifique des corps poreux, et combien les méthodes manquent de cette précision

10.

nécessaire à l'objet particulier de mes recherches. Je pensais qu'il devait exister une relation entre la densité et la composition des charbons, et je cherchais un procédé capable de mettre en évidence les différences de densité toujours très-faibles entre des charbons faits à des températures voisines et peu différentes. Comme il importe de chercher à déterminer d'une manière prompte et sûre la composition des charbons, pour y conformer le dosage des poudres, j'espérais que la densité pourrait remplacer l'analyse, qui est impossible dans une fabrication courante, par ses difficultés. Le procédé auquel je me suis arrêté est celui-ci : on introduit un poids p de charbon dans un petit flacon rempli aux trois quarts d'eau distillée ; on le laisse pendant huit à dix jours séjourner dans le vide, on le remplit ensuite complétement d'eau distillée, et on en détermine le poids P' ; on a pris préalablement le poids P du flacon plein d'eau distillée seulement ; la densité du charbon sera donnée par l'équation

$$d = \frac{p}{p+P-P'}.$$

Le flacon dont je me sers a la forme spéciale représentée par la figure 35. Il est en verre fort mince ; son bouchon est usé à l'émeri, creux, et se termine en pointe effilée, qui permet de maintenir l'eau intérieure au niveau constant $o\ o'$; plein d'eau à 15 degrés, il pèse 39^{gr},306. On place dans le vide le flacon plein d'eau et contenant le charbon, pour faciliter l'introduction de l'eau dans les pores de celui-ci ; j'avais d'abord pris du charbon en morceaux, mais des fragments surnagent, d'autres se précipitent avec le temps au

Fig. 35.

fond de l'eau ; le départ de l'air est très-lent, très-difficile, et les résultats peu comparables. J'ai fait disparaître cette

difficulté, en réduisant soit dans le mortier, soit à la lime, le
charbon en poudre impalpable, comme du noir de fumée,
que je faisais passer au travers d'une toile de soie à tissu
très-serré : ainsi préparé, le charbon se précipite de suite
au fond de l'eau, et se débarrasse facilement de tout l'air
interposé. Les charbons ont toujours été préalablement
séchés à 100 degrés, pour leur conserver une humidité
comparable. Il importe de les laisser séjourner le plus longtemps possible dans le vide. Je les y ai laissés pendant dix
jours. J'ai constamment opéré sur un gramme de charbon,
et les expériences ont toujours été multipliées pour le même
échantillon, n'admettant les résultats que lorsqu'ils présen-
taient très-peu de différences. Les pesées ont été faites sur
une balance d'analyse fort sensible, dans laquelle on pesait
facilement le milligramme.

La densité des charbons ainsi déterminée est la densité
absolue, celle de la substance solide seule, indépendamment
de ses pores, qu'on s'est efforcé de briser, pour mettre en
contact parfait l'eau et la matière solide : elle est rapportée
à l'eau distillée prise pour unité, et représentée par 1000.

DENSITÉ DES CHARBONS D'UN MÊME BOIS, PRÉPARÉS A DES TEMPÉRATURES
CROISSANTES.

TEMPÉRATURE de la CARBONISATION.	DENSITÉ des CHARBONS.	TEMPÉRATURE de la CARBONISATION.	DENSITÉ des CHARBONS.
150°	1507	310°	1422
170	1490	330	1428
190	1470	350	1500
210	1457	432	1709
230	1416	1023	1841
250	1413	1250	1862
270	1402	1500	1869
290	1406	Fusion du platine	2002

On fait les observations suivantes :

1° La densité des charbons est plus grande que celle de l'eau.

2° La densité des charbons varie avec la température de la carbonisation.

3° La densité des charbons préparés aux températures comprises entre 150 et 270 degrés décroît de 1507 à 1402 : celle des charbons préparés aux températures comprises entre 270 et 350 degrés, croît, au contraire, de 1402 à 1500. Elle croît encore dans les charbons préparés aux températures comprises entre 350 et 1500 degrés, et atteint sa valeur maximum, qui est de 2002.

4° La densité du charbon préparé à 350 degrés est la même que celle du bois qui l'a produite. La densité maximum, celle du charbon fait à la fusion du platine, est environ deux fois plus grande que celle de l'eau.

5° La densité la plus faible, c'est-à-dire 1402, est celle du charbon le plus inflammable, comme on le verra plus loin.

Les densités ci-dessus déterminées sont aussi exactes qu'il m'a été donné de le faire, mais elles devraient être déterminées plus rigoureusement encore, à l'aide d'expériences nombreuses sur des charbons de composition bien définie. Le tableau comparatif et vrai de la densité et de la composition des charbons offrirait un grand intérêt pour la fabrication des poudres, parce qu'il suffirait de prendre la densité d'un charbon pour en connaître la composition élémentaire, en se dispensant de toute analyse. On pourrait encore prendre simultanément la densité d'un charbon de titre bien connu en carbone, conservé comme type, soit roux, soit noir, et celle du charbon inconnu, et la valeur de la différence constatée indiquerait la nature de ce dernier.

COMBUSTION COMPARATIVE, DANS L'AIR, DES CHARBONS DU MÊME BOIS
PRÉPARÉS A DES TEMPÉRATURES CROISSANTES.

J'appelle *combustion* la propriété qu'ont les charbons de bois, étant allumés, de conserver leur ignition. Je l'ai déterminée de la manière suivante : les charbons d'un même bois préparés à des températures croissantes, qui sont des cylindres de $0^m,005$ de diamètre, ont été par une extrémité plongés successivement dans la flamme d'une lampe à alcool; ainsi allumés, ils ont été retirés de la flamme et abandonnés à eux-mêmes dans l'air tranquille, et l'on a observé alors les phénomènes suivants :

Les charbons préparés aux températures comprises entre 150 et 250 degrés brûlent avec une flamme longue, jaune, et laissant constamment dégager une abondante fumée. L'ignition persiste et dure environ 15 minutes, puis elle s'éteint en laissant un flocon de cendre blanche. Le cylindre de charbon a été consumé dans une longueur de 1 centimètre.

Les charbons préparés aux températures comprises entre 250 et 432 degrés brûlent avec une flamme plus claire, moins fuligineuse, moins persistante ; mais l'ignition se conserve plus longtemps, surtout dans ceux faits entre 250 et 350 degrés. Les charbons préparés à 432 degrés brûlent moins bien que les précédents, et l'ignition se conserve moins longtemps.

Les charbons préparés aux hautes températures comprises entre 1000 et 1500 degrés rougissent dans la flamme de l'alcool, à la manière d'un cylindre en métal, d'un clou, sans produire aucune flamme, et s'éteignent immédiatement au sortir de la flamme, sans laisser trace de combustion ni de cendres. Les doigts ne peuvent tenir le cylindre de charbon, qui, comme on le sait déjà, conduit fort bien la chaleur.

Tous les charbons précédents, réduits en poudre, présentent les mêmes phénomènes de combustion, mais avec beaucoup plus d'intensité. Ainsi l'ignition s'y propage facilement et s'y maintient, à cause de l'air interposé. Mais dans l'air, très-calme, elle finit par s'éteindre, après avoir consumé une partie de la masse, sans doute en raison de l'acide carbonique qui se produit, tandis que le plus léger courant d'air la conserve et lui permet d'incinérer toute la masse. Cet effet n'a lieu que dans les charbons préparés aux températures comprises entre 150 et 432 degrés, car il m'a été impossible d'allumer seulement les charbons préparés aux hautes températures comprises entre 1000 et 1500 degrés. La facile combustion du charbon pulvérisé rend très-dangereux l'amas de charbon en poudre dans les poudreries, sans compter son aptitude reconnue à s'enflammer spontanément. En résumé, les charbons d'un même bois, préparés à des températures croissantes, présentent une combustion fort différente. Les charbons préparés aux températures comprises entre 150 et 400 degrés, étant allumés, continuent à brûler, quoique inégalement, dans l'air tranquille, mais finissent par s'éteindre ; ces mêmes charbons pulvérisés brûlent beaucoup plus facilement, et se consument totalement dans l'air un peu agité. Les charbons préparés aux températures comprises entre 1000 et 1500 degrés ne peuvent pas même être allumés, et par conséquent ne brûlent pas dans l'air.

INFLAMMABILITÉ DES CHARBONS D'UN MÊME BOIS PRÉPARÉS A DES TEMPÉRATURES CROISSANTES.

J'appelle *inflammabilité* la propriété qu'ont les charbons de bois de s'enflammer spontanément dans l'air, lorsqu'ils sont soumis à une température convenable.

J'ai commencé par déterminer comparativement, et sans

la mesurer, l'inflammabilité des charbons d'un même bois préparés à des températures croissantes. A cet effet, des rondelles de charbon de $0^m,01$ de diamètre et $0^m,001$ d'épaisseur ont été posées bien à plat et rangées symétriquement sur un vase mince et plat en tôle de fer, reposant sur un bain d'étain, dont un foyer inférieur permettait d'élever graduellement la température.

L'étain étant fondu, on élève lentement la chaleur de ce bain. On voit d'abord quelques charbons, faits aux basses températures, fumer, puis l'ignition se manifester successivement sur chaque rondelle par un point lumineux, naissant sur un point de la circonférence de la section supérieure, qui envahit promptement toute la surface et réduit le tout en cendres. La première colonne du tableau suivant indique l'ordre dans lequel a eu lieu l'ignition de chaque rondelle, et j'ai placé en regard, dans la seconde colonne, la température à laquelle avait été antérieurement préparé le charbon.

On remarque que les ignitions se suivent rapidement et d'une manière quelquefois assez difficile à discerner, dans les charbons faits aux températures comprises entre 160 et 350 degrés ; on a dû attendre fort longtemps, au contraire, celle des charbons faits aux températures élevées : il a fallu chauffer le bain au rouge sombre pour déterminer leur combustion, et le charbon fait à la fusion du platine n'a pu être allumé, malgré toute l'activité qu'il a été possible de donner au feu.

ORDRE D'IGNITION DES CHARBONS D'UN MÊME BOIS PRÉALABLEMENT
PRÉPARÉS A DES TEMPÉRATURES CROISSANTES.

ORDRE de l'ignition des charbons.	TEMPÉRATURE de la carbonisation des charbons.	ORDRE de l'ignition des charbons.	TEMPÉRATURE de la carbonisation des charbons.
1	260°	13	350°
2	270	14	220
3	280	15	210
4	290	16	190
5	250	17	170
6	230	18	200
7	300	19	180
8	240	20	160
9	310	21	432
10	320	22	1023
11	330	23	1300
12	340	24	1500

Ce tableau n'offre en apparence aucun enseignement ;
mais si on le divise en deux séries A et B, dont la dernière
comprendra les charbons qui sont soulignés à dessein, et
tout en conservant l'ordre d'ignition, les phénomènes se
présenteront dans un ordre facile à comprendre.

SÉRIE A.		SÉRIE B.	
ORDRE de l'ignition des charbons.	TEMPÉRATURE de la carbonisation des charbons.	ORDRE de l'ignition des charbons.	TEMPÉRATURE de la carbonisation des charbons.
1	260°	»	»
2	270	»	»
3	280	5	250°
4	290	6	230
7	300	8	240
9	310	14	220
10	320	15	210
11	330	16	190
12	340	17	170
13	350	18	200
21	432	19	180
22	1023	20	160
23	1300	»	»
24	1500	»	»

La série A comprend les charbons qui, dans leur état constitutif et sans rien perdre de leurs principes, ont pu successivement s'enflammer sous la seule influence d'une température croissante : ils étaient, pour ainsi dire, *complets* pour accomplir le phénomène de l'ignition.

La série B, au contraire, contient les charbons incomplets, c'est-à-dire qui ont dû perdre une partie de leurs principes constitutifs, visibles sous forme de fumée, et qui ont dû passer à un degré supérieur de carbonisation pour prendre feu. C'est ce qu'on remarque pour le charbon à 250 degrés par exemple : il a fumé d'abord en se carbonisant davantage, et il n'a pris feu que lorsqu'il a eu atteint la carbonisation correspondant à 260 degrés. Les phénomènes sont plus évidents encore pour les charbons suivants, faits aux températures convergeant vers 160 degrés; on les voit d'abord fumer abondamment, et, je le répète, ils n'ont pris feu que lorsqu'ils ont atteint le degré de carbonisation correspondant à 260, qui est celui le plus convenable à l'inflammation. Parmi ces charbons, celui qui avait été fait à 160 s'est enflammé le dernier, parce que son état est le plus éloigné de celui qui correspond à la température de 260 degrés.

La série A démontre : 1° que le charbon fait à la température de 260 degrés est le plus inflammable de tous les charbons ; 2° que l'inflammabilité des charbons décroît au fur et à mesure qu'augmente la température à laquelle ces charbons ont été préparés.

MESURE DE L'INFLAMMABILITÉ DES CHARBONS D'UN MÊME BOIS PRÉPARÉS A DES TEMPÉRATURES CROISSANTES.

Comparer des phénomènes entre eux avec les yeux seulement, de manière à ne constater que des différences, est chose insuffisante ; il faut s'efforcer de comparer, à l'aide d'instruments de précision, qui seuls peuvent déterminer les conditions nécessaires et suffisantes à l'accomplissement des faits qui se produisent. Plus j'étudie et plus j'apprécie cette vérité, que *peser* et *mesurer* est la loi de tout progrès dans les sciences aussi bien que dans l'industrie. Je me suis efforcé de déterminer la température à laquelle a lieu l'inflammation des charbons.

A cet effet, j'ai fait fondre dans un creuset en porcelaine environ 60 grammes de salpêtre, à l'aide d'une lampe Carcel à l'huile, qui permet de régler et de conduire facilement la température. Un thermomètre à mercure, divisé sur verre, plonge dans le salpêtre et indique 340 degrés lorsque ce sel est presque entièrement fondu. A ce degré, j'ai projeté sur la partie liquide du salpêtre, recouvert d'une vitre pour empêcher le refroidissement de la surface par rayonnement, quelques parcelles du charbon le plus inflammable, celui préparé à 260 degrés : on voit la parcelle s'agiter, glisser, rouler, courir d'un bord à l'autre du vase, mais sans s'enflammer. Le salpêtre ne la mouille pas, même lorsqu'on l'immerge ; cependant l'inflammation est bien proche, car, en élevant la température de 1 degré à peine au delà de 340 degrés, le charbon fait à 260 degrés a pris feu. Je dois même dire qu'une seule fois, un fragment de ce charbon déposé sur un morceau de salpêtre solide qui nageait et fondait sur le salpêtre liquide, a brûlé ; de sorte qu'on peut admettre que le charbon fait à 260 degrés prend feu à 340 degrés, mais ce charbon seul bien entendu, car les autres charbons courent sur la surface liquide sans y brûler. J'ai chauffé le bain jusqu'à 360 degrés, et les charbons faits aux températures de 260 à 280 degrés ont pris feu. J'ai chauffé de nouveau le bain jusqu'à 370 degrés, et les charbons faits aux températures comprises entre 280 et 350 degrés se sont enflammés. J'ai chauffé un peu au delà de 370 degrés, et le charbon fait à 432 degrés a pris feu ; à ce degré, les autres charbons faits aux températures élevées refusent de brûler. Il m'est impossible d'augmenter la chaleur du bain, qui commence d'ailleurs à se décomposer, parce que le mercure bout dans le thermomètre. La manière dont le charbon s'enflamme sur le salpêtre liquide est digne d'attention. Un grain anguleux de charbon projeté sur le bain s'y attache ordinairement par un angle, et se dresse tout entier et comme debout sur la surface, à laquelle il n'adhère que par un point dans cette position. La chaleur du bain passe dans le charbon par conductibilité ; on voit toujours le feu prendre à l'extrémité aiguë, immergée dans l'air, sous l'apparence d'un point rouge, qui s'étend peu à peu en descendant vers la base. C'est une combustion lente et tranquille qui constate l'inflammation ; mais, à peine l'ignition a-t-elle gagné la partie du charbon en contact

avec le salpêtre, que celui-ci est décomposé et produit une
déflagration vive et instantanée, entièrement différente du
phénomène précédent, et que nous étudierons ultérieurement. J'ai remplacé le bain de salpêtre par un bain d'étain ;
et j'ai constaté de nouveau tous les phénomènes précédents
jusqu'à la température de 370 degrés ; à ce point j'ai enlevé
le thermomètre, et j'ai chauffé le bain avec du charbon de
bois jusqu'au rouge : à cette chaleur seule, on voit prendre
feu les charbons faits aux températures de 1000 à 1500
degrés ; mais le charbon fait à la température du platine
refuse encore l'ignition, sans doute parce que la chaleur
n'est pas assez élevée. Enfin, je remplace l'étain par du
cuivre, et ce n'est que sur un bain de ce dernier métal
fondu, qu'a pris feu le charbon fait à la température de la
fusion du platine. Le tableau suivant résume ces diverses
expériences, faites sur des charbons en morceaux ou en
poudre.

TEMPÉRATURE A LAQUELLE BRULENT LES CHARBONS D'UN MÊME BOIS
PRÉALABLEMENT PRÉPARÉS A DES TEMPÉRATURES CROISSANTES.

TEMPÉRATURE de la carbonisation des charbons.	TEMPÉRATURE à laquelle les charbons ont pris feu.	TEMPÉRATURE de la carbonisation des charbons.	TEMPÉRATURE à laquelle les charbons ont pris feu.
260°	340°	1023°	
270	} 340 à 360°	1250	} 600 à 800°.
280		1300	
290		1500	
300			
310			
320			
330	} 360 à 370°		
340		Charbon fait à la	
350		fusion du pla-	
432		tine.	1250°

Ces recherches présentent un intérêt particulier pour les

poudreries. Les divers charbons roux compris entre 260 et
350 degrés, employés ordinairement pour les poudres de
chasse sont plus inflammables que les charbons noirs faits
à 432 degrés, réservés pour les poudres de mine et de guerre.
En considérant qu'il suffit d'une chaleur de 340 degrés pour
enflammer les charbons, on comprend les divers accidents
d'inflammation spontanée survenus dans les poudreries,
soit dans les tonnes de trituration avec des gobilles en cuivre,
soit dans les récipients renfermant cette matière pulvérisée.
Dans le premier cas, le choc des gobilles en métal, joint à
l'absorption de l'air, peut fort bien développer la température nécessaire à l'inflammation ; dans le second cas, le
charbon pulvérisé, qui condense l'air dans ses pores et réduit ainsi à l'état solide les gaz ou partie des gaz atmosphé-
riques avec dégagement de chaleur, peut également, sous
cette influence, s'échauffer au point de s'enflammer : il est
probable même que cette absorption de l'air ne se fait pas
sans combinaison de son oxygène avec les principes hydrogénés carbonés du charbon ; c'est une combustion lente, qui,
comme toute réaction chimique, peut facilement élever la
température du charbon jusqu'à 340 degrés, et c'est là un
phénomène fort curieux, que je me promets d'étudier avec
soin plus tard.

INFLAMMABILITÉ DES CHARBONS DE BOIS DIFFÉRENTS PRÉPARÉS A LA TEMPÉRATURE DE 300 DEGRÉS.

J'ai cherché à déterminer l'inflammation de tous les
charbons de bois différents préparés à la température de
300 degrés, et que j'ai précédemment analysés. J'ai observé
l'ignition successive sur un bassin de tôle placé sur un bain
d'étain, comme je l'ai déjà indiqué. Or, j'ai reconnu que
tous ces charbons s'enflammaient à des températures comprises entre 360 et 380 degrés ; aucune déflagration n'a eu

lieu avant 360 degrés. Les charbons de bois légers ont généralement brûlé un peu avant ceux de bois durs. Néanmoins je signale ici une exception fort remarquable pour
l'un de ces charbons, celui de l'agaric du saule : une seule
fois il a pris feu à 300 degrés, et toujours il s'enflamme à
320 degrés. C'est de tous les charbons le plus inflammable :
remarquons, de plus, qu'il a été fait à 300 degrés, et que,
s'il eût été préparé à 260 degrés, température qui fournit
le charbon de bourdaine le plus inflammable, il eût acquis
un degré d'inflammation plus grand, et il se fût probablement enflammé au-dessous de 300 degrés. A quoi attribuer
cette singulière exception? Nous savons bien maintenant
que le degré de carbonisation est la cause prédominante du
degré d'inflammabilité, mais il se pourrait que l'état moléculaire organique eût aussi de l'influence.

Je vais résumer tous les faits relatifs à l'inflammabilité des
charbons.

1° Le plus inflammable de tous les charbons de bois
prend feu spontanément dans l'air à 300 degrés : c'est celui
d'agaric de saule.

2° Les charbons de tous les bois préparés à la température constante de 300 degrés prennent feu spontanément
dans l'air à des températures comprises entre 360 et 380
degrés, selon la nature du bois qui les a produits. Les
charbons provenant des bois légers et poreux brûlent plus
facilement que ceux provenant de bois plus durs et plus
serrés.

3° Les charbons d'un même bois, préparés à des températures croissantes, prennent feu spontanément dans l'air à
des températures fort inégales. Les charbons préparés entre
260 et 280 degrés brûlent entre 340 et 360 degrés ; ceux préparés entre 290 et 350 degrés brûlent entre 360 et 370 degrés ; ceux préparés à 432 degrés brûlent environ à 400
degrés ; ceux préparés entre 1000 et 1500 degrés brûlent

entre 600 et 800 degrés ; enfin celui préparé à la chaleur
qui détermine la fusion du platine ne s'enflamme qu'à 1250
degrés environ.

Afin de mieux comprendre les phénomènes qui se passent
dans la déflagration de la poudre, j'ai cherché à déterminer
les températures auxquelles les éléments de cette matière,
le charbon, le soufre et le salpêtre, se combinent, soit avec
l'oxygène de l'air, soit entre eux.

TEMPÉRATURE A LAQUELLE LES CHARBONS DE BOIS DÉCOMPOSENT LE SALPÊTRE.

La détermination de la température à laquelle le charbon
de bois décompose le salpêtre va d'abord nous occuper :
Nous savons que le plus inflammable des charbons de bois
de bourdaine prend feu dans l'air à la température de 340
degrés ; or, tandis qu'il se combine réellement à cette température avec l'oxygène atmosphérique, qui est libre et
simplement mélangé à l'azote, se combinera-t-il, à cette
chaleur, avec l'oxygène engagé dans une combinaison, celle
du salpêtre par exemple ?

Dans un petit creuset en porcelaine chauffé par une lampe,
j'ai fait fondre du salpêtre dont j'ai maintenu la température à 360 degrés. J'ai fixé un petit fragment du charbon le
plus inflammable à l'extrémité soit d'un fil de platine, soit
d'un fil de verre, et je l'ai plongé dans le bain de salpêtre :
de nombreuses bulles de gaz se sont aussitôt dégagées du
charbon, qui passe à un degré de carbonisation plus avancé
et correspondant à 360 degrés ; mais ce dégagement a cessé
bientôt, et le charbon ne s'est pas combiné : cependant un
fragment du même charbon, déposé sur la surface du bain,
a pris feu aussitôt. Il ne faut pas confondre cette déflagration
à la surface avec celle que nous cherchons ; car le charbon
qui s'enflamme ainsi dans l'air, en se combinant avec l'oxy-

gène atmosphérique, a acquis, par cette réaction, une chaleur considérable qui le rougit et lui donne une très-haute température, à l'aide de laquelle il décompose rapidement le salpêtre. Ainsi la déflagration à la surface du bain de salpêtre est loin d'être l'indication de la température minimum à laquelle peut s'effectuer la combinaison du salpêtre avec le charbon.

En effet, après avoir constaté que le charbon immergé dans le salpêtre fondu à 360 degrés ne se combine pas, j'élève peu à peu la température du bain jusqu'à 380 degrés, et la combinaison n'a pas lieu ; je chauffe un peu au delà, et tout à coup le charbon immergé dans le salpêtre se combine avec lui, en produisant dans la masse liquide et transparente une déflagration rapide et très-lumineuse, avec dégagement abondant de produits gazeux qui traversent et bouleversent la masse liquide. A ce moment, j'observe que des parcelles de zinc et de plomb projetées depuis longtemps dans le bain sont complétement fondues, ce qui indique une température supérieure à 360 degrés, mais qu'un fragment d'antimoine, également immergé, n'a pas fondu ; ce qui indique que la température n'a pas atteint 432 degrés, correspondant à la fusion de ce dernier métal. Nous admettrons donc, sans trop nous écarter de la vérité, que le charbon le plus inflammable décompose le salpêtre à la température de 400 degrés.

Tous les charbons préparés aux températures comprises entre 150 et 432 degrés, décomposent également le salpêtre à 400 degrés ; mais ceux préparés aux températures supérieures, comprises entre 1000 et 1500 degrés, ne le décomposent pas à cette température et ne brûlent même pas à sa surface.

RÉSUMÉ.

Les faits contenus dans les mémoires de M. l'ingénieur Violette peuvent se résumer ainsi :

1° Les charbons de bois sont de nature essentiellement variable, en raison de la chaleur qui a engendré la carbonisation.

2° Le charbon *roux*, celui qui tient le milieu entre le bois et le charbon, celui qui convient le mieux à la fabrication des poudres de chasse supérieures, est le produit d'une carbonisation opérée à 300 degrés centigrades : au delà de cette limite, il se produit du charbon *noir* ; en deçà, le bois ne se carbonise pas suffisamment pour perdre sa ténacité et se laisser broyer.

3° Le bois immergé dans la vapeur d'eau surchauffée se carbonise facilement, et la facilité avec laquelle on peut régler la température de la vapeur d'eau permet de produire du charbon de nature constante et déterminée, en maintenant la carbonisation dans les limites de température convenables au but proposé.

4° Par l'emploi de la vapeur d'eau on obtient du charbon *roux* d'une qualité supérieure, et dont le rendement peut s'élever au double et même au triple de celui que donne le procédé ordinaire de distillation du bois dans des cylindres clos chauffés à feu nu.

5° Le bois carbonisé à des températures différentes produit une quantité de charbon qui est d'autant moindre que la température de la carbonisation a été plus élevée. Ainsi, à 250 degrés, le rendement en charbon est de 50 p. 100 ; à 300 degrés il est de 33 p. 100 ; à 400 degrés, il est de 20 p. 100 environ, et il se réduit à 15 p. 100 au delà de 1500

11.

degrés, température la plus élevée qu'il ait été possible de produire, celle correspondante à la fusion du platine.

6° Le bois exposé à une température déterminée produit une quantité de charbon qui est proportionnelle à la durée de la carbonisation. Ainsi, dans deux carbonisations successives, faites l'une et l'autre à 400 degrés, l'une très-lente et l'autre très-rapide, le rendement en charbon a été deux fois plus grand dans le premier cas que dans le second.

7° Le carbone contenu normalement dans le bois se divise, dans l'acte de la carbonisation, en deux parties, dont l'une reste dans le charbon et l'autre s'échappe avec les matières volatiles. Ce partage est variable avec la température de la carbonisation ; à 250 degrés, le carbone qui reste dans le charbon est double de celui qui s'est échappé ; entre 300 et 350 degrés, les deux parts sont égales, et au delà de 1500 degrés la quantité de carbone échappée est double de celle restée dans le charbon.

8° Le charbon contient du carbone en quantité proportionnelle à la température de la carbonisation : à 250 degrés il renferme 65 p. 100 de carbone ; à 300 degrés, 73 p. 100 ; à 400 degrés, 80 p. 100, et au delà de 1500 degrés, 96 p. 100 environ, sans qu'il ait été possible de le transformer en carbone pur, même à la plus haute température qu'il a été possible de produire, celle de la fusion du platine.

9° Le charbon contient toujours du gaz, et la plus haute chaleur n'a pu l'en dépouiller entièrement. La quantité de gaz varie avec la température de la carbonisation : à 250 degrés, elle est la moitié du poids du charbon ; à 300 degrés, le tiers ; à 350 degrés, le quart ; à 400 degrés, le vingtième, et à 1500 degrés, le centième environ.

Les faits précédents démontrent l'extrême influence que la température et la durée de la carbonisation du même bois exercent tant sur le rendement que sur la composition du charbon.

10° Le bois, carbonisé en vases *entièrement clos*, ne laisse plus se dégager au dehors une grande partie de son carbone, comme cela a lieu dans la carbonisation ordinaire. Il le retient presque tout entier à l'état solide, dans le charbon produit ; aussi le rendement de celui-ci est-il bien plus considérable. Entre 150 degrés et 350 degrés il est environ de 80 p. 100, c'est-à-dire près du triple du rendement ordinaire.

11° Dans la carbonisation ordinaire, le bois ne produit du *charbon roux*, origine du charbon, qu'à 270 degrés environ et le rendement est de 40 p. 100 au plus ; or, en vases entièrement clos, le bois se change en charbon roux à 180 degrés, et le rendement est de 90 p. 100 environ, c'est-à-dire plus du double.

12° Le bois, enfermé dans un vase entièrement clos, et exposé à la chaleur de 300 à 400 degrés, éprouve une véritable fusion : il coule, s'agglutine et adhère au vase. Après refroidissement, il a perdu toute texture organique, ne présente plus qu'une masse noire, miroitante, caverneuse et fondue. Il ressemble entièrement à de la houille grasse, qui a éprouvé un commencement de fusion. Cette expérience fournit peut-être l'explication la plus simple de la formation des combustibles minéraux.

13° Les charbons faits en vases entièrement [clos contiennent dix fois plus de cendres que les charbons faits par les procédés ordinaires. Il faut donc admettre que dans ce dernier cas les matières volatiles, qui s'échappent pendant la distillation ou la carbonisation, entraînent avec elles, soit à l'état de mélange, soit à l'état de combinaison, une très-grande quantité des substances minérales qui composent les cendres.

14° La carbonisation du bois dans les chaudières à ciel

ouvert, comme on la pratique dans les poudreries, ne donne pas du charbon homogène; on y trouve du charbon à 73 p. 100 et d'autre à 85 p. 100 de carbone; le charbon qui occupe le milieu de la chaudière est plus *cuit*, plus riche en carbone que celui qui occupe le fond et la surface.

15° Les charbons faits dans les chaudières n'offrent pas, dans les diverses poudreries, la même composition, ne contiennent pas la même quantité de carbone, qui a présenté des différences de 10 p. 100 au moins. Le dosage des poudres n'est donc pas *réellement* le même, bien qu'il soit numériquement semblable, dans les divers établissements. A quoi bon rechercher la pureté du salpêtre et du soufre, si le charbon n'a pas le même *titre* en carbone? Le *titre* du charbon importe plus que celui du salpêtre et du soufre. Les poudres, n'étant pas réellement fabriquées avec le même dosage, ne peuvent être semblables. On doit admettre qu'en moyenne le charbon noir des chaudières contient 82 à 84 p. 100 de carbone.

16° Les charbons faits par la distillation du bois dans des cylindres en fonte présentent les mêmes variations dans leur composition; on y trouve des charbons à 70 p. 100, et d'autres à 76 p. 100 de carbone. Même observation que ci-dessus, relativement au dosage des poudres de chasse auxquelles ces charbons sont généralement destinés. On peut admettre que le charbon très-roux, essentiellement convenable aux poudres susdites, doit contenir 70 p. 100 de carbone au plus.

17° Les charbons obtenus par l'immersion du bois dans la vapeur d'eau surchauffée présentent plus de régularité dans leur production; on peut faire des cuites entières de charbons roux à 70 p. 100 et des cuites de charbons très-noirs à 88 p. 100 de carbone, à la volonté de l'opérateur. Ce procédé, bien exécuté, pourra produire la série des charbons nécessaires, depuis le plus roux jusqu'au plus noir; il est destiné à remplacer, par l'homogénéité de ses produits, les deux anciens procédés, dont les vices ont été signalés.

En résumé, le progrès le plus réel à apporter maintenant dans la fabrication des poudres, est l'établissement d'un procédé de carbonisation qui donne à volonté, dans la même cuite, des charbons homogènes et de qualité ou de titre en carbone constant et déterminé.

18° La carbonisation, faite à la même température, de soixante-douze espèces différentes de bois, a montré que le rendement en charbon était loin d'être le même : il a varié depuis 51 p. 100 jusqu'à 30 pour 100. La nature du bois a donc de l'influence sur la quantité de charbon qu'il produit.

19° Les bois carbonisés à la même température ne donnent pas la même quantité de charbon ; le rendement en charbon qui, dans soixante-douze espèces de bois, a varié de 30 à 54 p. 100, diffère donc avec la nature du bois.

20° Les charbons de tous les bois carbonisés à la même température n'ont pas la même composition élémentaire ; la quantité de carbone a varié de 15 p. 100 dans l'analyse de soixante-douze espèces de charbon. La composition des charbons varie donc, non-seulement avec la température de la carbonisation, comme on l'a précédemment démontré, mais encore avec la nature du bois.

21° Dans le même arbre, les principes constitutifs sont inégalement répartis ; la feuille et le chevelu ont la même composition. Ils renferment 5 pour 100 de carbone en moins que le bois du tronc : les écorces du plus petit rameau et de la plus petite racine ont la même composition ; elles contiennent environ 5 p. 100 en plus de carbone que l'écorce du tronc. Le bois proprement dit a la même composition dans le tronc, les branches et les racines. La feuille contient 33 p. 100 d'eau en plus que le bois du tronc. Les substances minérales sont très-inégalement réparties dans l'arbre. La quantité de cendres fournie par le bois du tronc étant représentée par 1, celle de la feuille est 25, celle du chevelu 16, celle de l'écorce de la branche 11, celle de l'écorce du tronc 9, celle de l'écorce de la racine 5.

22° Les charbons exposés à l'air humide absorbent des quantités d'eau qui varient avec la température de leur carbonisation, et qui décroissent au fur et à mesure que cette température augmente. Je rappelle que je donne le nom de *charbon* au bois soumis à une température quelconque. Les charbons préparés aux températures ainsi croissantes, 150, 250, 350, 430, 1500 degrés, ont absorbé des quantités d'eau ainsi décroissantes, 21 p. 100, 7 p. 100, 6 p. 100, 4 p. 100, 2 p. 100 environ. Les charbons en poudre absorbent environ deux fois plus d'eau que les mêmes charbons en morceaux.

23° La conductibilité des charbons pour la chaleur croît avec la température de leur carbonisation ; d'abord faible et peu variable dans les charbons faits aux températures comprises entre 150 et 300 degrés, elle croît plus rapidement dans ceux préparés à une chaleur élevée, et atteint une valeur égale aux $\frac{2}{3}$ de celle du fer.

24° La conductibilité des charbons pour l'électricité croît avec la température de leur carbonisation. Le charbon fait à 1500 degrés conduit beaucoup mieux l'électricité que le carbure de fer retiré des cornues à gaz d'éclairage, et convient parfaitement à l'éclairage électrique.

La densité de tous les bois est la même, et plus grande que celle de l'eau ; elle est égale à 1520 environ, celle de l'eau étant représentée par 1000 : le liége lui-même est plus pesant que l'eau. La densité des bois inscrite dans les livres n'est qu'apparente, et semble être plutôt l'expression de leur porosité.

25° La densité des charbons varie avec la température de leur carbonisation ; elle est plus grande que celle de l'eau :

elle décroît de 1507 à 1402 dans les charbons préparés aux températures comprises entre 150 et 270 degrés; elle croît de 1402 à 1600 dans ceux préparés aux températures comprises entre 270 et 350 degrés; elle croît encore dans ceux préparés aux températures comprises entre 350 et 1500 degrés, et atteint sa valeur maximum, qui est de 2002, celle de l'eau étant représentée par 1000.

26° Les charbons, étant allumés, conservent leur ignition pendant une durée, qui décroît avec la température de leur carbonisation. Celui fait à 260 degrés brûle le plus facilement et le plus longtemps; ceux faits aux températures comprises entre 1000 et 1500 degrés se refusent à toute ignition, et ne peuvent même être allumés.

27° Les charbons exposés à la chaleur s'enflamment spontanément à des températures variables. Le plus inflammable de tous les charbons de bois prend feu spontanément dans l'air à 300 degrés; c'est celui d'agaric de saule. Les charbons de tous les autres bois préparés à la température constante de 300 degrés prennent feu spontanément dans l'air entre 360 et 380 degrés, selon la nature du bois qui les a produits, les bois légers brûlant plus facilement que les bois lourds.

28° Les charbons d'un même bois, préparés à des températures croissantes, prennent feu spontanément dans l'air à des températures fort inégales, et qui croissent avec le degré de leur carbonisation. Les charbons préparés entre 260 et 280 degrés brûlent entre 340 et 360 degrés; ceux préparés entre 290 et 350 degrés brûlent entre 360 et 370 degrés; ceux préparés à 432 degrés brûlent environ à 400 degrés; ceux préparés entre 1000 et 1500 degrés brûlent environ à 600 et 800 degrés; enfin celui préparé à la chaleur de la fusion du platine ne s'enflamme qu'à 1250 degrés environ.

29° Les charbons étant mélangés avec du soufre, prennent feu spontanément dans l'air à une température bien inférieure à celle qui détermine leur inflammation, lorsqu'ils sont seuls. Le mélange avec le soufre, des charbons préparés aux températures comprises entre 150 et 400 degrés, prend feu à 250 degrés, et se consume en entier; mais le mélange avec le soufre des charbons, préparés aux températures comprises entre 1000 et 1500 degrés, étant chauffé à 250 degrés, ne donne lieu qu'à la combustion du soufre, en laissant les charbons intacts.

30° Les charbons décomposent le salpêtre à une température variable avec celle de leur carbonisation. Ceux préparés aux températures comprises entre 150 et 432 degrés décomposent ce sel à la chaleur de 400 degrés; ceux préparés aux températures comprises entre 1000 et 1500 degrés ne le décomposent qu'à la chaleur rouge.

FABRICATION DE LA POUDRE.

La poudre se compose du mélange intime de trois matières, savoir le salpêtre, le soufre et le charbon.

On fabrique les poudres suivantes, qui diffèrent entre elles, tant par le dosage des matières composantes, que par la grosseur de leur grain.

Poudres de guerre.. { à canon.
{ à mousquet.

Poudre de mine.

Poudre de commerce extérieur.

Poudres de chasse .. { fine.
{ superfine.
{ extrafine.

Les diverses opérations qui composent la fabrication des poudres, sont les suivantes :

1° Dosage des matières composantes, variable avec les espèces de poudres;

2° Trituration des matières premières, isolées ou mélangées, soit par les pilons, soit par les meules, soit par les tonnes et gobilles;

3° Mélange à la main ou mécanique des matières, lorsqu'elles ont été triturées isolément ou deux à deux;

4° Compression des matières pour la formation des grains, soit par les pilons, soit par les meules légères ou pesantes, soit par la presse hydraulique, soit par le laminoir;

5° Grenage ou transformation de la matière comprimée en grains de différentes grosseurs, soit à la main, dans des cribles en peau ou en toile métallique, soit par des machines, écureuil, grenoirs mécaniques, tonne pour la poudre ronde ;

6° Séparation des grains et du poussier ou tamisage et égalisage de ces grains ;

7° Lissage des poudres de chasse ;

8° Séchage des grains, soit au soleil, soit dans les sécheries artificielles, où l'air est échauffé par l'eau chaude ou en vapeur ;

9° Époussetage et dernier égalisage ;

10° Embarillage des poudres de guerre, de mine et de commerce extérieur dans des barils, des poudres de chasse dans des boîtes métalliques ;

11° Épreuve des poudres perfectionnées.

En examinant cette série d'opérations diverses on voit que les procédés de fabrication ne sont point constants et uniformes, mais qu'ils varient avec les instruments ou machines employés. La fabrication des poudres a passé par des phases diverses : c'est ainsi qu'aux moulins à pilons ont succédé les tonnes à gobilles, puis la presse hydraulique, puis le laminoir, puis les meules verticales et roulantes. Il est à désirer que la fabrication prenne une allure normale et régulière, et qu'entre tant de procédés on choisisse celui qui présente le plus d'avantages, pour le faire adopter dans toutes les poudreries. Il semble que les meules pesantes ont une supériorité bien réelle, puisqu'elles permettent, par un emploi judicieux, d'obtenir des poudres jouissant de qualités et de propriétés diverses, mais convenables à leur emploi. Elles sont déjà exclusivement adoptées en Angleterre, en Belgique et probablement en d'autres pays.

Nous pourrions suivre dans la description de la fabrication des poudres l'ordre que nous avons indiqué plus haut, en examinant successivement les variations en usage dans les poudreries; nous avons préféré exposer complétement une fabrication courante, en ayant le soin de réunir dans le choix de la fabrication l'exemple de l'usage de toutes les machines.

Ainsi nous exposerons complétement et successivement :

1° La fabrication de la *poudre de guerre* par les moulins à pilons, après trituration préalable du soufre ;

2° Fabrication de la *poudre de mine* par les moulins à pilons, après avoir trituré préalablement le soufre seul ;

3° Fabrication de la *poudre de mine* par les moulins à pilons, après avoir trituré préalablement le soufre et le charbon réunis ;

4° Fabrication de la *poudre de mine ronde* ;

5° Fabrication de la *poudre de commerce extérieur* ;

6° Fabrication de la *poudre de chasse* par les moulins à pilons, après avoir trituré préalablement le soufre et le charbon réunis ;

7° Fabrication des *poudres de chasse* avec la presse hydraulique, après avoir trituré préalablement, d'une part le soufre et partie du charbon, d'autre part le salpêtre et le complément du charbon ;

8° Fabrication des *poudres de chasse* sous les meules légères, après trituration préalable du soufre et du charbon réunis ;

9° Fabrication des *poudres de chasse* sous les meules pesantes, sans trituration préalable.

(Accolade gauche : POUDRES DE — guerre. — mine. — commerce extér. — chasse.)

FABRICATION DE LA POUDRE DE GUERRE.

On fait deux espèces de poudre de guerre, l'une dite *à canon*, l'autre dite *à mousquet*. Ces deux poudres ont la même composition, subissent la même fabrication et ne diffèrent que par la grosseur du grain. Nous allons décrire les procédés de fabrication qui sont communs à ces deux

poudres, que nous désignerons sous le nom général de poudre de guerre.

Le dosage en est ainsi réglé :

Salpêtre............	75,00
Soufre...............	12,50
Charbon...........	12,50
	100,00

Dans la pratique on augmente un peu la quantité de charbon, comme nous le verrons plus tard, tant pour compenser la volatilisation ou la perte du charbon pendant le travail, que pour représenter la petite quantité d'eau qu'il contient toujours.

La suite des opérations qui constituent la fabrication de la poudre de guerre est celle-ci :

1° Préparation des matières composantes ;

2° Pulvérisation du soufre seul ;

3° Pesage des matières composantes ;

4° Battage préalable du charbon seul dans les moulins à pilons ;

5° Continuation du battage dans les moulins à pilons après avoir ajouté au charbon le salpêtre et le soufre ;

6° Grenage ;

7° Séchage ;

8° Époussetage ;

9° Embarillage ;

10° Epreuve.

Les trois matières composantes doivent préalablement subir quelques préparations, destinées soit à nettoyer et à épurer les unes, soit à amener les autres à l'état convenable de pulvérisation.

Salpêtre. — Dans l'atelier de la composition, le salpêtre est tamisé par l'ouvrier chargé du soin de peser les matières composantes. Ce tamisage, qui a lieu dans un tamis en toile métallique (perce à canon) a pour but de désagréger le salpêtre et surtout d'en séparer les corps étrangers, tels que bois, cailloux, etc., qui peuvent s'y trouver mélangés accidentellement. Le salpêtre est tamisé au-dessus d'une grande maie, dans laquelle l'ouvrier puise ultérieurement les quantités nécessaires.

Charbon. — Le charbon de bois de bourdaine est uniquement employé dans la fabrication de la poudre de guerre. Il a été trié et époussété avec soin dans l'atelier de la charbonnerie, de sorte qu'il est employé dans l'état où il a été apporté, c'est-à-dire en morceaux de diverses grosseurs. Ordinairement le maître garçon charbonnier le conduit à la composition dans de grandes saches, et l'ouvrier chargé du service de ce dernier atelier, verse le charbon dans une grande maie voisine de celle qui contient le salpêtre tamisé. Par cet arrangement il a facilement sous la main les matières à peser.

Le soufre est pulvérisé à l'avance, soit sous des meules, soit dans des tonnes mobiles.

Dans les poudreries qui ont des usines à meules pesantes, le soufre est pulvérisé de la manière suivante : les futailles de soufre sont ouvertes à la composition et le soufre brisé en morceaux, à l'aide d'une barre de fer, est versé dans des barils de 100 kil. Ces derniers sont transportés dans l'usine à meules pour y subir la pulvérisation. A cet effet, on verse 35 à 40 kilogrammes sur la meule gisante, et on fait tourner les meules verticales avec une vitesse de 12 tours à la minute. Sous le poids énorme des meules tournantes, qui pèsent près de 6,000 kilogrammes, la pulvérisation est bientôt faite ; aussi, après 12 ou 15 tours, les meules sont arrêtées, le soufre enlevé, et remplacé par un nouveau chargement. Il faut régler le mouvement des meules et la durée du travail, de manière à ne pas réduire tout le soufre en poudre très-fine, car, en ce dernier état, il formerait une galette dure, compacte, résistante, qui passerait difficilement ensuite à l'état pulvérulent. Le soufre doit être broyé seulement à l'état de poussière convenablement ténue, qui lui permette de passer facilement au tamis.

Au sortir des meules, le soufre est tamisé dans un grenoir en toile métallique (perce superfine), versé dans des barils de 100 kilogrammes qui sont enfoncés sur place, et transportés dans l'atelier de la composition. Sur le tamis restent les ramandeaux, les fragments trop gros, et des morceaux de galette très-dure, qui se sont formés sous les meules en repos, et dont on ne peut éviter la formation ; ces diverses matières sont broyées de nouveau sous les meules. Dans une usine à meules on pulvérise 1,500 kilogrammes de soufre environ par jour. Ce travail emploie 8 ouvriers.

Le soufre est trituré dans des tonnes en bois contenant des gobilles en cuivre : ces tonnes, de $1^m,20$ de diamètre environ, sont montées sur un arbre horizontal mû par une roue hydraulique. On comprend que par une rotation rapide les gobilles en se heurtant pulvérisent le soufre sous leurs chocs multipliés.

Chaque tonne contient 100 kilogrammes de gobilles en cuivre de 1 à 2 centimètres de diamètre ; on y introduit 50 kilogrammes de soufre en morceaux, et après 3 heures de trituration, avec une vitesse de rotation de 25 tours par minute, le soufre est convenablement pulvérisé. L'ouvrier enlève une large bonde, la remplace par un cadre en bois muni d'une large grille en cuivre, et fait lentement tourner la tonne. Les gobilles sont retenues par la grille, et le soufre pulvérisé s'échappe et tombe dans une maie. Il est ensuite tamisé dans un grenoir métallique (perce superfine), soit à la main, soit dans un blutoir, et transporté dans l'atelier de la composition.

C'est dans l'atelier de la composition, qu'un ouvrier pèse les matières composantes. Il doit avoir deux balances ; il doit veiller avec soin à l'exactitude et à l'entretien de ces instruments, et vérifier également de temps en temps les poids en service.

La poudre de guerre est toujours fabriquée sous les moulins à pilons. L'ouvrier pèse les matières composantes en quantités relatives au chargement d'un mortier, c'est-à-dire à 10 kilogrammes de poudre. A cet effet, il doit avoir un nombre de petits baquets double de celui des mortiers ; dans l'un il verse le charbon en morceaux, dans l'autre le mélange de salpêtre et du soufre pulvérisé. Deux baquets sont donc affectés au chargement de chaque mortier : dans l'un, l'ouvrier verse $7^k,50$ de salpêtre d'abord, puis et par-dessus $1^k,250$ de soufre, et dans l'autre baquet il met $1^k,300$ de charbon. Il ne devrait mettre que $1^k,250$ de cette dernière matière, mais il ajoute par pesée 50 grammes en surdosage, pour les causes que nous avons exposées. Dans quelques poudreries le surdosage en charbon n'est que de 10 grammes.

Les matières composantes préparées, pesées et déposées dans les baquets, comme nous l'avons dit, sont transportées dans les moulins à pilons, où elles doivent être battues pendant un temps déterminé, pour subir une pulvérisation convenable, se mélanger aussi intimement que possible, et former une sorte de pâte consistante et bien homogène. On comprend que la poudre sera d'autant mieux faite que le mélange des composants sera plus intime. L'expérience a enseigné les procédés les plus avantageux pour obtenir cette homogénéité du mélange, et nous allons les exposer en détail :

Le moulin à pilons (fig. 36) se compose de 16 ou 20 pilons en bois (a), armés d'une garniture en bronze (b), se mouvant de haut en bas entre des moises (c). Ils sont soulevés par des

cames (*d*), implantées sur un arbre horizontal (*e*), qui reçoit
son mouvement de trois roues dentées (*g, h, i*). La dernière
est mue par une roue hydraulique. Les pilons retombent

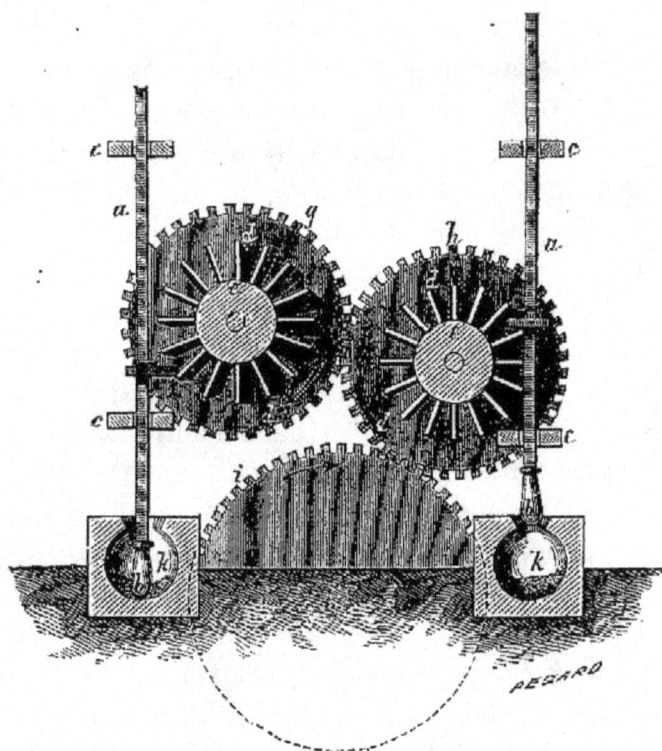

Fig. 36.

dans des cavités (*k*), ou mortiers creusés dans une énorme
poutre en chêne (*m*) fixée dans le sol. Les mortiers reçoivent
les matières à broyer.

Le charbon en morceaux est d'abord battu seul sous les
pilons, parce qu'on a reconnu qu'il se pulvériserait moins
facilement et se mélangerait moins bien, s'il était mélangé de
suite aux deux autres composants. A cet effet, les ouvriers,
en entrant dans les moulins, mettent les pilons en cheville,
vident chaque baquet de charbon dans chaque mortier, et le

maître garçon verse sur chacun d'eux 1ᵏ,25 d'eau : les ouvriers, à l'aide d'un bâton, remuent le charbon pour faciliter
son mélange avec l'eau, abattent les pilons et se retirent.
Le maître garçon donne l'eau à la roue hydraulique et règle
le battage de manière que les pilons battent 25 coups par
minute. Pendant ce temps il ne cesse de travailler le charbon avec le bâton, il le détache des parois du mortier, le
force à retomber au centre, à se broyer uniformément, à
faire corps avec l'eau, et lorsqu'il s'est assuré que le
charbon est devenu pâteux, qu'il fait *culot*, selon le terme
du métier, il donne plus d'eau à la roue, de manière que les
pilons battent 35 à 40 coups par minute. Ce battage du charbon dure 30 à 40 minutes et l'ouvrier ne cesse pendant ce
temps de travailler la matière avec le bâton.

Après la demi-heure écoulée, les ouvriers procèdent au
1ᵉʳ rechange, c'est-à-dire qu'ils retirent le charbon de chaque mortier pour le verser dans le mortier voisin. Cette
opération avait pour but de permettre à l'ouvrier de rechercher avec la main les corps étrangers, cailloux, bois, brûlots,
fer, etc., qui se trouvent accidentellement dans le charbon.
Mais on s'est aperçu que, malgré ces précautions, les
substances étrangères échappaient à la main de l'ouvrier et
restaient dans le mortier, au grand risque de déterminer
par le choc du pilon les accidents les plus graves. On a
donc sagement adopté l'usage de tamiser le charbon en faisant le rechange et l'ouvrier opère ainsi : il commence par
verser dans une petite maie, appuyée contre la pile, le charbon d'un mortier, de manière à vider et nettoyer complètement celui-ci ; sur ce mortier vide il place un petit tamis en
toile métallique (perce-mine), le charge du charbon qu'il
retire du mortier voisin et tamise; il facilite le tamisage avec
la main, en pressant le charbon humide contre la toile et
forçant la matière à passer ; il opère ainsi sur chaque mortier, et on comprend facilement que par ce tamisage le

12.

rechangé est très-bien fait, le charbon bieh mélangé et parfaitement débarrassé de tout corps étranger.

Le rechange du charbon étant fait, l'ouvrier verse dans chaque mortier le mélange préparé de soufre et de salpêtre, *touille* avec le bâton, et finit par faire soigneusement le mélange avec la main. La roue est alors mise en mouvement et les pilons doivent battre 55 coups par minute.

Dans quelques établissements, on ne verse primitivement que 1 kilogramme d'eau sur le charbon en morceaux, par mortier, puis, après le battage et le rechange du charbon, on verse dans chaque mortier $\frac{1}{4}$ plus $\frac{1}{5}$ de litre, en somme $0^k,45$ d'eau. On comprend que la chaleur du climat et par suite, la facilité d'évaporation de l'eau doivent faire varier les quantités d'arrosage employées dans le cours du battage des poudres.

Les trois matières sont battues sous les pilons, pendant onze heures, sans compter le temps employé antérieurement pour le battage du charbon; en un mot, les trois matières réunies sont battues *ensemble* pendant onze heures.

Pendant la durée de ce battage, on fait 9 rechanges d'heure en heure, avec arrosages ainsi répartis :

Après la 1re heure de battage,		1er rechange.	
—	2e	—	2e —
—	3e	—	3e —
—	4e	—	4e —
—	5e	—	5e —
—	6e	—	{ arrosage de 1/5 lit. d'eau. / 6e rechange.
—	7e	—	7e —
—	8e	—	8e —
—	9e	—	{ arrosage indéterminé. / 9e rechange.
—	11e	—	fin du battage.

On voit qu'avant de procéder au 6e rechange, le maître

garçon verse dans chaque mortier 1/5 litre d'eau; l'ouvrier remue la matière dans le mortier, soit avec la main, soit avec le bâton de bois, pour favoriser le mélange avec l'eau, et lorsqu'il juge l'eau bien disséminée dans toute la masse, il opère le 6ᵉ rechange, tasse bien la matière, et le battage continue.

Après la 9ᵉ heure et avant le 9ᵉ rechange le maître garçon fait un dernier arrosage, dont la quantité n'est pas déterminée, parce qu'elle dépend de la température de l'air extérieur. L'habitude et l'expérience doivent permettre à un maître garçon habile de juger la quantité d'eau dont il convient d'arroser la matière qui doit battre encore deux heures, *mais sans rechange.* Ce battage de deux heures, sans rechange, a pour but de permettre à la matière de prendre du *corps*, de la *consistance*, de former un culot compacte et résistant, qui dans l'opération subséquente du grenage devra donner à la fois du grain de meilleure qualité et en plus grande quantité. Ce culot a 0ᵐ,05 ou 0ᵐ,06 d'épaisseur. Le battage étant terminé, les ouvriers déchargent les mortiers et transportent la matière battue dans le magasin de dépôt.

Nous avons parlé des rechanges, nous devons expliquer leur but et leur utilité. On appelle *rechange* l'opération par laquelle dans le courant du battage on vide la matière d'un mortier dans le mortier voisin. Dans le battage, une partie de la matière s'amasse et se condense sous le pilon en forme de culot, tandis qu'une autre partie est chassée contre les parois du mortier, remonte et redescend, en échappant souvent à l'action du pilon; en continuant ainsi, une partie serait toujours battue, et l'autre le serait moins; par l'opération du rechange, l'ouvrier enlève le culot, le déplace, le brise, mélange la matière, de sorte que dans un autre mortier l'ancien culot a disparu, pour faire place au nouveau qui se forme, et on comprend que par une suite de rechanges la matière toute entière a successivement pris la forme du

culot et a ainsi acquis la consistance et la dureté convenables pour donner de bon grain. A l'aide du rechange
l'ouvrier s'assure également que la matière ne contient
aucun corps étranger. Quant au mode d'opérer, l'ouvrier
armé d'une forte lame de cuivre, appelée *main*, d'une forme
particulière, vide la matière du premier mortier dans la
layette ou petite caisse en bois qu'il appuie contre la pile,
brise le culot à l'aide de coups répétés, l'enlève, récure et
nettoie le mortier, puis il verse de la même manière, dans
ce mortier vide, la matière du mortier voisin, en opérant
de même et successivement pour les mortiers suivants.

Le mode de battage que nous venons de décrire, n'est pas
exactement le même dans toutes les poudreries.

Dans quelques établissements, les trois matières réunies
ne sont battues ensemble que pendant dix heures, après le
battage du charbon seul, ou bien pendant onze heures, en
y comprenant le battage du charbon seul; cette durée dans
le battage est prescrite par les règlements. On fait également 9 rechanges sur les trois matières réunies, mais deux
dans la première heure, les suivants d'heure en heure, de
manière à battre toujours la matière sans rechange dans les
deux dernières heures. On ne fait aussi pendant la durée du
battage qu'un seul arrosage d'eau, immédiatement après
l'avant-dernier rechange. Cet arrosage est par mortier de
$\frac{1}{4}$ litre en été, ou en temps sec, et de $\frac{1}{8}$ en hiver et en
temps humide. Les pilons battent 50 à 54 coups par minute
pendant la première demi-heure, et 56 à 58 coups pendant
tout le reste du battage. En comptant 45 minutes pour la
durée de chaque rechange dans un moulin et 5 minutes pour
celle de l'arrosage, on voit que les trois matières réunies ne
sont réellement battues que pendant 9 heures 10 minutes.

Dans d'autres établissements les trois matières réunies sont
battues pendant 11 heures, y compris le battage du charbon seul, et en réservant toujours 2 heures de battage final

sans rechange. Bien qu'on ait fait antérieurement sur le charbon seul un arrosage de 1 kilogramme d'eau par mortier, on fait un nouvel arrosage d'un demi-litre par mortier sur les trois matières réunies et immédiatement après que l'ouvrier les a mélangées à la main ; on fait 8 rechanges, dont le premier après la première demi-heure et les autres d'heure en heure ; au 6° rechange on fait par mortier un arrosage de $\frac{1}{4}$ litre d'eau, et au 8° un dernier arrosage de $\frac{1}{4}$ de litre environ, suivant la température extérieure.

Dans d'autres poudreries, la durée du battage du charbon seul est de 30 à 40 minutes et celle des trois matières réunies est de 11 heures, en y comprenant le battage du charbon seul. Le nombre des rechanges des matières réunies est seulement de quatre ; le premier se fait après 1/2 heure de battage, le second après 3 heures 1/2 de battage, le troisième après 5 heures 1/2 de battage et le quatrième ou dernier se fait 2 heures avant la fin du battage. On ne fait que deux arrosages l'un sur l'avant-dernier et l'autre sur le dernier rechange ; le premier est de $\frac{1}{8}$ litre d'eau par mortier, et le second de la même quantité environ, variable cependant suivant la température extérieure.

Le tableau suivant indique les quantités d'eau d'arrosage employées pour le battage de 100 kilogrammes de matières, dans divers établissements.

Sur le charbon seul.	10^k	10^k	12^{k}5	12^{k}5
Sur les matières réunies	4,5	5	2,50	2,5
	2	2,50	»	»
	2	3	»	»
Total des arrosages.	18^k,50	20^k,5	15^k	15^k
Humidité p. 100 de la matière après le battage.......	7	6	10	8

On voit, d'après ce tableau que la quantité d'eau d'arrosage
varie de 15 à 20 p. 100 environ, suivant la saison, suivant le
climat; il serait impossible de fixer des quantités constantes
et il faut laisser à la pratique éclairée le soin de régler l'arrosage; l'expérience a enseigné que la matière battue doit
contenir 8 p. 100 d'eau environ au moment d'être grenée;
cette humidité est nécessaire pour donner au grain les
qualités convenables; les arrosages doivent donc être combinés de manière à obtenir ce résultat, mais comme il n'est
pas toujours possible de l'obtenir directement, on l'obtient
par l'opération suivante qu'on appelle *essorage*.

Essorer la poudre, c'est l'exposer, quelquefois à l'air,
mais le plus souvent pendant un ou deux jours dans les
ateliers de dépôt, pour qu'elle perde par évaporation la
quantité d'eau surabondante, et qu'elle ne conserve plus
que la quantité de 8 à 10 p. 100 (suivant la saison) qui facilite singulièrement le grenage: nous devons dire ici que
cette dernière prescription n'est pas suivie dans tous les
établissements; nous nous contentons de la recommander
comme fort utile.

La matière battue sous les pilons se compose de débris
de culot durs et consistants, d'une quantité de grains plus
ou moins gros et isolés, qui
sont disséminés dans une poussière, qui n'a pas pris de consistance et qui prend le nom
de *poussier*. Il s'agit de briser
les débris de culot, de le réduire en grains, et de séparer
le grain de la grosseur voulue du poussier qui l'empâte.

Fig. 37.

A cet effet l'ouvrier la verse sur
un crible (a) soit en toile métallique soit en peau (*fig.* 38),
l'agite vivement et la fait passer à travers les mailles.

Pour briser les gros morceaux, il s'aide d'un tourteau (*b*) ou rondelle en bois dur, pesant 1 kilo, placé sur le tamis, libre, qui en suit les mouvements en tournoyant, et qui brise tant sous son poids que par son choc sur les cerces les grains trop volumineux. Les tamis prennent différents noms, suivant la grosseur du vide, tels que guillaume, grenoir, égalisoir, tamis, etc. Nous en donnerons plus loin la perce.

On emploie dans les poudreries soit des cribles isolés, soit des cribles montés au nombre de deux ou trois sur un cadre en bois, suspendu aux quatre angles par des cordes fixées au plafond. Dans le premier cas, l'ouvrier ne fait mouvoir qu'un tamis, dans le second il en fait mouvoir trois à la fois. Nous parlerons d'abord du premier mode.

Poudre à canon. — Un ouvrier fait passer la matière à travers un *guillaume* muni d'un tourteau ; par ce premier grenage les culots ou ramandeaux sont convenablement concassés.

Deux ouvriers sont chargés de grener la matière guillaumée: le premier tient en main un grenoir (perce à canon) sans tourteau et le second fait mouvoir un semblable crible avec tourteau : ils travaillent ensemble, côte à côte, et le premier doit servir l'autre, dont le grenoir ne doit jamais s'arrêter ; à cet effet il verse dans son grenoir une quantité de matière, grène vivement et rejette dans le grenoir de son voisin la matière trop volumineuse qui n'a pas pu passer ; ce dernier la brise bientôt par le mouvement continuel de son tourteau, et la force bientôt à passer à travers les mailles.

La matière *grenée*, comme il vient d'être dit, contient des grains à canon, quelques grains plus gros, des grains plus petits et du poussier. Deux ouvriers placés l'un auprès de l'autre et munis chacun d'un grenoir (perce à mousquet) sans tourteau, sont chargés de séparer le grain à canon. A côté de l'un d'eux est placé sur un baril vide un crible (perce à canon) dit égalisoir. Voici leur travail. Le premier ouvrier charge son grenoir, donne quelques coups, et rejette la matière dans le grenoir de son voisin, qui ne doit pas s'arrêter ; dans ce grenoir (perce à mousquet) les grains à canon restent, tandis que les menus grains et le poussier tombent dans la maie au-dessus de laquelle on grène. Enfin ce dernier ouvrier rejette la matière grenée sur le crible égalisoir placé auprès de lui ; le travail continue ainsi, jusqu'à ce que l'égalisoir soit rempli de matière grenée ; à ce moment l'ouvrier de gauche se déplace, agite l'égalisoir, et a bientôt fait passer dans le baril vide le grain à canon convenablement épuré, tandis que les gros morceaux ou autrement dit *ramandeaux* restent sur l'égalisoir.

Poudre à mousquet. — Le mode employé pour le grenage est le même et ne diffère que par l'emploi des cribles. La matière guillaumée est grenée dans le crible ou grenoir (perce à mousquet) tamisée dans le grenoir (perce chasse fine) et égalisée dans le crible (perce à mousquet).

Il serait très-facile de retirer de la même matière battue, à la fois le grain à canon et le grain à mousquet, mais le grain à mousquet, retiré du grain à canon, n'a pas assez de consistance, de densité. En conséquence la poudre à mousquet est fabriquée directement, et le grain en est retiré exclusivement et seul de la matière battue.

Un seul ouvrier, comme nous l'avons dit, fait mouvoir à la fois trois cribles, qu'il charge successivement de la matière placée dans un baril auprès de lui. On passe d'abord la matière dans un grenoir (perce-mine) muni de tourteau ; on remplace ici le guillaume par ce grenoir. La matière ainsi concassée ou grenée, est passée dans un grenoir à canon avec tourteau, puis tamisée dans le grenoir en chasse fine pour faire du grain à mousquet, puis enfin égalisée.

De 100 kilogrammes de matière battue on retire depuis

50 jusqu'à 33 p. 100 de grain *vert* à canon ; on comprend
que ce rendement varie suivant l'égalisage du grain ; le rendement de 50 p. 100 admet beaucoup de fin grain ; celui de
33 p. 100 représente du grain bien égal.

En mesurant la dimension des grains formant un échantillon de 10 kilogrammes on a trouvé :

9k847 grains au-dessus de 1mm,40 de diamètre ;
0 ,070 grains compris entre 1mm,40 et 1 millimètre ;
0 ,080 grains au-dessous de 1 millimètre ;
0 ,003 poussier.
_____
10 kilogrammes.

Un ouvrier peut dans la journée de 10 heures de travail,
grener, tamiser et perfectionner 100 kilogrammes de poudre verte à canon prête à être séchée.

Un ouvrier peut dans le même temps faire 74 kilogrammes de poudre verte à mousquet.

Humidité de la matière avant le grenage.....   8 p. 100.
Humidité du grain vert perfectionné........   6 à 7 p. 100.

Poussiers. — Le grenage de la poudre de guerre donne
environ moitié grain et moitié poussier. Ce dernier produit
se compose d'une foule de grains plus petits que ceux retirés ; il est battu de nouveau sous les pilons à l'instar des
compositions, et prend la consistance convenable pour être
grené comme toute autre poudre. Il existe deux sortes de
poussiers ; celui qui provient de l'époussetage est sec ; celui
qui provient du grenage est vert ou humide : il faut les
arroser, avant de les porter au moulin à pilons, d'une quantité d'eau telle qu'ils contiennent 8 à 12 p. 100 d'eau, suivant la saison et le climat : pour cela on arrose ordinairement le poussier vert de 2 p. 100 et le poussier sec de 6 p.
100. Cet arrosage se fait à la main, dans une maie destinée

à cet usage. Il conviendrait mieux d'arroser le poussier
vert dans les mortiers.

La durée du battage des poussiers de guerre est de trois
heures. Après la première heure, on fait un rechange.
Dans la saison très-chaude il faut surveiller avec soin le
battage des poussiers ; il peut arriver que le poussier se
dessèche trop vite, que la matière *souffle* vers la fin du battage,
c'est-à-dire qu'elle soit projetée au dehors, et que le pilon
batte à nu sur le fond du mortier. Il est préférable alors,
au lieu d'ajouter de l'eau, d'enlever la matière et de décharger les mortiers, quoique le temps prescrit pour le
battage ne soit pas écoulé tout entier. Comme les matières de composition, les poussiers battus doivent contenir
9 à 10 p. 100 d'humidité.

Dans quelques poudreries on ne fait pas de rechanges, et
le battage ne dure que deux heures et demie.

La poudre verte perfectionnée ne doit pas rester longtemps en magasin sans être séchée : un trop long séjour
dans le dépôt nuit beaucoup à sa qualité, en facilitant le
déplacement des éléments ; en effet on voit le grain blan-
chir, parce qu'il se couvre d'une très-légère couche de salpêtre entraînée par l'eau qui s'évapore à la surface.

La poudre à sécher provenant des pilons contient ordinairement 6 à 7 p. 100 d'humidité.

Séchage. On emploie deux modes de séchage, l'un à la
chaleur du soleil et l'autre à la chaleur d'une étuve artificielle.

Des tables en bois, de $0^m,67$ de largeur sur $2^m,58$ de longueur, sont étendues sur des tréteaux ou supports en pierre,
de manière à se toucher et à présenter une large surface
continue légèrement en pente et inclinée vers le midi. Sur
cette longue table (*fig.* 39) on étend des draps sur lesquels
on étale la poudre à sécher.

Voici du reste le détail de l'opération :

Dès le matin, quand on pense que la journée sera belle

et sans nuages, les ouvriers étendent sur les chantiers les
tables qui étaient superposées avec ordre : celles-ci, humectées par la rosée de la nuit, se sèchent à l'air. Quand le

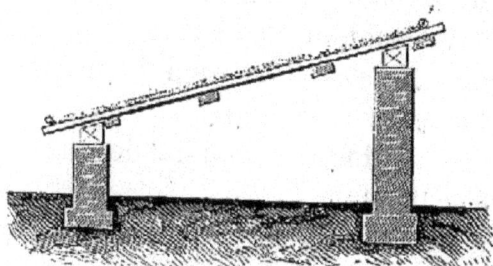

Fig. 38.

soleil a paru sur l'horizon, les draps sont développés sur les
tables, roulés à leurs extrémités, et retenus à l'aide de briques vernissées, pour que le vent ne les enlève pas. Les
poudres à sécher sont apportées dans des sacs ou barils, et
versées à distance sur les tables, de manière que chaque
drap soit couvert de 15 à 18 kilogrammes de poudre environ. La poudre est étendue à l'aide d'un râteau en bois, de
manière à n'avoir qu'une épaisseur de 2 à 3 centimètres
selon la saison. Après une heure ou deux d'exposition à
l'air, la poudre est remuée légèrement avec le râteau de
bois, afin de renouveler la surface exposée à l'air. A midi la
poudre est retournée plus complétement en soulevant les
draps, de droite et de gauche, de manière à amonceler sur
chaque drap la poudre en un seul tas; l'ouvrier bat en
même temps la toile avec une baguette, pour en séparer le
poussier, puis il étend de nouveau la poudre sur les draps
remis en place. Après 2 heures la poudre est remuée
avec le râteau, et laissée en repos jusqu'à 3 ou 4 heures du
soir, suivant la saison. On comprend que la poudre doit être
remuée plus ou moins souvent, suivant la température et
selon la saison. Aussi dans les poudreries du Midi on ne

remue la poudre qu'une seule fois, et on a même le soin en été, vers 2 heures, de l'après-midi, époque de la grande chaleur, de plier les draps sur la poudre pour la préserver de l'action trop intense des rayons du soleil, qui la sèche trop vivement et même vaporise une certaine quantité de soufre, facile à reconnaître à l'odeur.

La poudre est séchée en un seul jour dans l'été; dans l'hiver il faut deux ou trois jours.

On sèche 7 à 8 kilog. de poudre de guerre par mètre carré de surface de table.

La poudre bien sèche contient encore $0^k,50$ p. 100 d'humidité; il n'est pas douteux qu'après un long séjour dans un magasin la poudre embarillée ne reprenne de l'humidité : on doit estimer que la poudre ordinaire embarillée contient au plus 1 p. 100 d'humidité.

Dans la plupart des poudreries on a reconnu la nécessité de sécher la poudre par des moyens artificiels, dont l'emploi certain peut seul assurer l'ordre d'une fabrication courante. Il convient de sécher à l'air, quand le temps le permet; mais il est nécessaire d'un autre côté de ne pas être forcé d'attendre les beaux jours, en entassant dans les magasins des poudres *vertes* qui s'y détériorent par un long séjour.

Le principe de toute sécherie artificielle consiste à faire traverser une mince couche de poudre par un courant d'air chaud. On sait que la quantité d'eau que peut absorber l'air croît avec la température, et qu'en un mot l'air se sature ou entraîne d'autant plus d'humidité qu'il est plus chaud. Dans les diverses sécheries l'air est échauffé par des moyens et des appareils différents, mais le plus souvent à l'aide de la vapeur d'eau, qui n'offre aucun danger et qui permet d'éloigner le foyer qui la produit. L'air, au moment de traverser la poudre, doit avoir une température de 35 degrés environ ; on comprend que cet air entré dans le calorifère à l'état froid, c'est-à-dire à 10 ou 12 degrés seulement, a une grande énergie de dessiccation quand sa température est égale à 35 degrés. Aussi la dessiccation de la poudre est-elle facile et prompte : sur une surface de chauffe de 8 mètres carrés, on sèche, en un jour de dix heures, 750 kilogrammes de poudre en hiver et jusqu'à 1000 kilogrammes de poudre de guerre en été.

L'usine appelée *sécherie artificielle* se compose de deux bâtiments, distants de 25 mètres au moins.

Dans l'un est la chaudière à vapeur ou générateur ; elle est marquée à 5 atmosphères et la vapeur d'eau est ordinairement maintenue à une pression comprise entre 3 et 4 atmosphères.

Un tube métallique conducteur de la vapeur d'eau établit la communication entre les deux bâtiments.

Dans le second bâtiment sont deux compartiments : dans

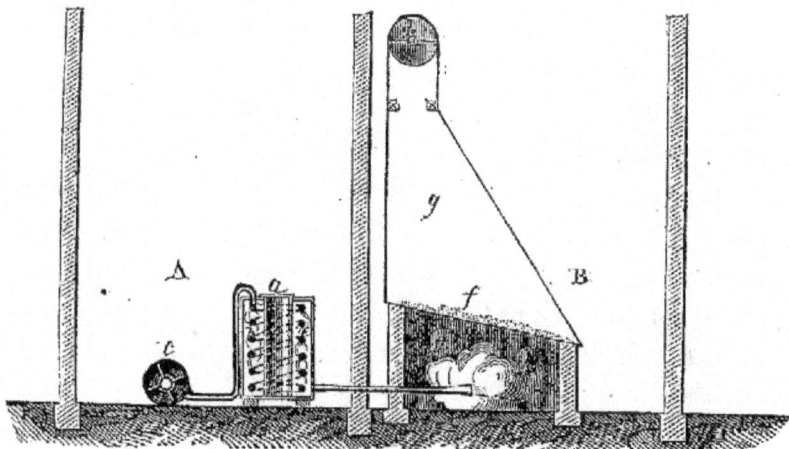

Fig. 39.

le premier A se trouve le calorifère ou appareil dans lequel l'air s'échauffe par le contact de la vapeur, et dans l'autre compartiment B est la table sur laquelle est étendue la poudre à sécher (*fig.* 39).

Le calorifère (a) se compose d'un cylindre en fonte à double enveloppe, ou autrement dit de deux cylindres verticaux concentriques de 1m,58 de hauteur et de 1m,01 de diamètre extérieur. Dans l'espace annulaire compris entre les deux cylindres, espace parfaitement clos, circule un serpentin en cuivre (b) de 0m,10 de diamètre intérieur, de 27m,78 de développement, et ouvert aux deux extrémités; l'extrémité supérieure communique avec un ventilateur d'appel (c) et débouchant par un tube épanoui (d) sous la table à sécher. Voici le jeu de l'appareil : la vapeur pénètre dans l'espace annulaire (e) compris entre les deux cylindres et échauffe fortement la paroi extérieure du serpentin. L'air extérieur appelé par le ventilateur pénètre dans l'extrémité supérieure du serpentin, le suit dans ses longues sinuosités, s'échauffe facilement dans ce parcours, et est lancé par le même ventilateur sous la couche de poudre (f).

Pour forcer mieux encore cet air chaud à traverser la poudre, la table est couverte d'une large hotte (g), qui l'enveloppe de tous côtés, et qui est surmontée d'un ventilateur d'appel (h). Celui-ci ne peut dans son mouvement que soutirer l'air qui a traversé la poudre, et il l'enlève rapidement avec l'humidité qu'il renferme. Deux tubes en cuivre (g) (k), communiquant avec le générateur, donnent passage à un courant de vapeur d'eau, qui contribue aussi à chauffer l'air sous la poudre.

Nous allons maintenant décrire le travail de l'ouvrier dans la sécherie.

A cinq heures du matin, l'ouvrier allume le feu sous la chaudière qui doit produire la vapeur destinée à chauffer l'air. La table ou caisse à sécher a 8 mètres carrés de surface; l'ouvrier y étend très-uniformément avec un râteau 300 kilogrammes de poudre verte, ce qui représente une couche de 0m,05 à 0m,06 d'épaisseur environ. Au bout de trois à quatre heures de mise en feu, l'air est chauffé à la température voulue de 35 degrés, le ventilateur le chasse sous la poudre et le séchage s'effectue activement. Le grain commence par devenir terne et friable ; il semble que l'humidité monte à la surface et fait disparaître le lustre du grain dû au tamisage. Il faut bien se garder de remuer la poudre à ce moment, car elle s'écraserait sous le râteau. Après deux heures environ d'exposition sur la table, la couche de poudre se couvre çà et là de taches blanchâtres et verdâtres ; c'est l'indice du commencement de la dessiccation, car les taches blanches sont les portions séchées, et leur couleur fait ressortir la teinte verdâtre des parties encore humides. A l'apparition de ces taches, l'ouvrier remue activement la poudre, en traçant sur la couche, à l'aide d'un râteau de bois à longues dents, des sillons assez profonds, pour renouveler à la fois la surface et donner passage à l'humidité : bientôt il fait disparaître ces sillons et rétablit l'uniformité de la couche de poudre.

Une demi-heure après, il remue légèrement la poudre, et continue le même travail jusqu'à ce que les taches de différentes teintes n'apparaissent plus sur la poudre ; celle-ci se couvre bientôt d'une couleur uniforme blanchâtre et la poudre est séchée.

La durée d'une séchée de 300 kilogrammes de poudre de guerre est d'environ quatre heures ; en hiver on sèche 750 kilogrammes et en été 1000 kilogrammes de poudre de guerre, dans la journée de dix heures de travail : il serait possible au besoin d'activer le travail de la sécherie.

On reconnaît que la poudre est sèche, lorsque, frottée entre les mains, elle laisse un poussier blanchâtre qui ne s'attache pas sur la peau. Si le poussier est noirâtre et adhère à la main, la poudre n'est pas suffisamment séchée.

La poudre de guerre, sèche grenée au degré d'humidité que nous avons recommandé, ne doit contenir que $0^k,7$ à $0^k,8$ p. 100 kil. de poussier sec et ramandeaux, prove-

nant de l'opération précédente du séchage ; on la débarrasse du poussier en la tamisant avec un tamis en crin
numéro 1, et on l'égalise en la passant dans un grenoir
(perce à canon fort). Cette opération prend le nom d'*époussetage*.

L'époussetage sera d'autant plus facile que le tamisage
de la poudre verte aura été mieux fait ; si la poudre a été
grenée et tamisée trop sèche, à l'état *vert* ou humide, le grain
sec sera poreux, friable, léger, sans consistance, d'une détérioration facile au séchage et abondant en poussier : si au
contraire la poudre a été grenée et tamisée dans l'état convenable de 7 à 8 p. 100 d'humidité, le grain sera dur, sec,
ferme, comme lissé, et peu abondant en poussier. Un ouvrier peut épousseter et égaliser dans un jour 800 kilogrammes de poudre sèche.

Embarillage. — La poudre de guerre perfectionnée est
embarillée ou *enfoncée*, suivant le terme technique, dans des
barils enchappés.

Épreuve. — La poudre perfectionnée est éprouvée soit
dans un mortier en bronze, soit au fusil-pendule.

La poudre de guerre neuve doit lancer le globe du mortier
à 225 mètres de distance ; la même poudre radoublée ne doit
le lancer qu'à 210 mètres seulement.

Quant à l'épreuve au fusil-pendule, la charge de 10 grammes de poudre de guerre doit donner à une balle de plomb
pesant 25^{gr},63 une vitesse de 450 mètres par seconde,
vitesse mesurée au pendule balistique.

Les densités gravimétriques doivent être les suivantes :

Poudre à canon .... 0^k,800
Poudre à mousquet .... 0 ,790

La densité réelle doit être pour ces deux poudres égale
à 1,52.

Un gramme de poudre à canon contient environ 325 grains; un gramme de poudre à mousquet contient environ 1,530 grains : nous avons plus loin exposé en détail les procédés d'épreuve et les conditions de réception des poudres.

FABRICATION

DE LA POUDRE DE MINE.

La poudre de mine est fabriquée par trois procédés différents que nous allons successivement décrire, savoir :

1° Fabrication avec les moulins à pilons, après trituration
préalable du soufre seul.

2° Fabrication avec les moulins à pilons, après trituration
préalable du soufre et du charbon réunis.

3° Fabrication de la poudre ronde.

Le dosage de la poudre de mine est celui-ci :

Salpêtre..............	62
Soufre........	20
Charbon..............	18
	100

FABRICATION DE LA POUDRE DE MINE AVEC LES MOULINS A PILONS, APRÈS TRITURATION PRÉALABLE DU SOUFRE.

La suite des opérations qui constituent cette fabrication
est presque en tout semblable à celle de la poudre de guerre
que nous venons de décrire ; et à laquelle nous renvoyons.
Elle n'en diffère que par le dosage et la durée du battage.

Les opérations sont les suivantes :

1° Préparation des matières composantes.

2° Pulvérisation préalable du soufre seul.

3° Pesage des matières composantes.

4° Battage préalable du charbon seul dans les mortiers.

5° Continuation du battage dans les mortiers après avoir ajouté au charbon le salpêtre et le soufre.

6° Grenage.

7° Séchage.

8° Époussetage.

9° Embarillage.

10° Épreuve.

Le *salpêtre* est tamisé dans un grenoir percé à canon.

Le *soufre* est pulvérisé comme il est dit ci-dessus.

Dans l'atelier de la composition l'ouvrier procède au pesage des matières composantes. Il doit avoir une série de baquets en nombre double de celui des mortiers.

Dans les uns il met 6^k,20 de salpêtre et verse par-dessus 2 kilogrammes de soufre pulvérisé; dans les autres il pèse et dépose 1^k,85 de charbon en morceaux, au lieu de 1^k,80, afférents à 10 kilogrammes de poudre, charge du mortier, parce que le surdosage destiné à compenser les pertes de charbon par humidité ou de volatilisation est de 50 grammes par mortier.

Les baquets ainsi préparés sont transportés dans les usines des moulins à pilons.

Les ouvriers versent chaque baquet à charbon contenant 1^k,850 dans chaque mortier vide, le maître garçon fait un arrosage de 1^k,50 par mortier, les ouvriers touillent la matière avec un bâton pour mélanger l'eau; le maître garçon fait battre les moulins 25 coups par minute et pendant dix minutes environ; puis 35 à 40 coups à la minute pendant les 20 minutes suivantes : pendant ce temps les ouvriers ne cessent de touiller la matière avec le bâton pour la faire retomber sous le pilon. Ce temps écoulé, les ouvriers arrêtent les pilons, font passer le charbon d'un mortier dans un autre en le tamisant dans un crible en toile métallique (perce-mine) : ce rechange étant terminé, les ouvriers versent dans chaque mortier le chargement en soufre et salpêtre, le mêlent soigneusement à la main d'abord, puis au bâton, et se retirent : le maître garçon donne à la roue une vitesse telle que les pilons battent 55 à 56 coups par minute et le battage commence.

La durée du battage est de *huit* heures, y compris le battage du charbon seul; on peut estimer que cette dernière opération et le chargement complémentaire du soufre et du charbon durent une heure, de manière que le battage des trois matières réunies n'est guère que de 7 heures. Pendant ce temps on fait 3 rechanges avec deux arrosages ainsi répartis :

Après 45 minutes de battage.   1er rechange.

  —   3 heures   —   Arrosage de 1/8 litre d'eau par mortier.
                               2e rechange.

  —   5   —   —   Arrosage semblable.
                               3e rechange.

  —   7   —   —   Fin du battage.

Dans quelques poudreries la durée du battage des trois matières est de *huit heures*, mais sans compter l'heure employée au battage du charbon seul et au chargement des matières. On fait 8 rechanges et un arrosage ainsi répartis :

Après 30 minutes de battage.   1er rechange.
  —   1 heure   —   2e   —
  —   2 heures   —   3e   —
  —   3   —   —   4e   —
  —   4   —   —   5e   —
  —   5   —   —   Arrosage de 1/8 litre.
                               6e rechange.
  —   6   —   —   Arrosage semblable.
                               7e rechange.
  —   8   —   —   Fin du battage.

On a suffisamment décrit à l'article *Poudre de guerre* la

manière de faire ces rechanges et ces arrosages, et nous y renvoyons.

La quantité d'eau d'arrosage est ainsi répartie pour 100 kilogrammes de matière :

Sur le charbon seul.......	15	p. 100
Sur le mélange ternaire . {	1,25	—
	1,25	—
	17,50	p. 100

La matière battue contient 12 à 13 p. 100 d'humidité.

On essore la poudre en l'exposant dans les ateliers de dépôt pour lui faire perdre une quantité surabondante d'humidité. La durée de l'essorage varie avec la saison ; elle est de 24 à 48 heures, le point essentiel est de ramener la poudre à l'état de 8 à 10 p. 100 d'humidité, quantité nécessaire pour obtenir au grenage un grain de bonne qualité.

La poudre est d'abord grenée avec des cribles en peau (perce-mine) munis de tourteaux. Un ouvrier peut grener ainsi 1200 kilogrammes de matière par jour. La poudre grenée est tamisée avec des grenoirs en peau (perce à mousquet). Un ouvrier peut tamiser ainsi 600 kilogrammes de matières dans la journée de 10 heures de travail. La poudre est tamisée de nouveau avec un tamis en crin n° 3, pour enlever un peu de fin grain, lustrer la poudre, la polir, la lisser, lui donner de la consistance. On ne saurait tamiser la poudre trop verte ou trop humide, en poussant le tamisage, parce que le grain se dépouille bien de poussier, se lisse, se polit, prend de la densité, et l'opération de l'époussetage devient bien plus facile. Le grain vert contient 9 à 9 1/2 p. 100 d'humidité.

On retire ordinairement 33 kilogrammes de grains verts de 100 kilogrammes de matière grenée en mine : ce rendement dépend au reste de la perce du sous-égalisoir, car on

13.

peut retirer jusqu'à 50 kilogrammes de grains p. 100 de matière.

Poussiers. — Les poussiers de mine sont battus sous les pilons pendant deux heures avec un rechange après la première heure. On a le soin de mélanger dans le grenoir le poussier vert avec le poussier sec, pour que l'humidité se répartisse également. Avant le battage le maître garçon arrose chaque mortier de 1/4 litre d'eau.

Dans quelques établissements on bat les poussiers de mine pendant deux heures et demie, sans rechange : de plus les poussiers ne sont pas arrosés dans le mortier, mais dans le grenoir, de manière à ce qu'ils contiennent environ 12 p. 100 d'eau avant le battage. Les poussiers sont arrosés dans une grande maie et mélangés à la main.

Si les poussiers verts et secs n'ont pas été mélangés, il faut arroser les premiers de 2 1/2 p. 100 et les autres de 6 p. 100 d'eau.

Dans d'autres établissements, au lieu de battre les poussiers de mine sous les pilons, on les comprime sous la presse hydraulique, de manière à les façonner en masse de consistance convenable : le poussier destiné à être ainsi pressé doit ne renfermer que 2 p. 100 d'humidité environ; cette humidité est celle qui convient pour obtenir une matière consistante.

Les poussiers ne sont pas comprimés en galettes, comme on le fait dans la fabrication de la poudre de chasse. Ce procédé évidemment pourrait être employé, mais il est plus long que celui que nous allons expliquer. Le poussier est comprimé dans un tonneau de forme légèrement conique : fortement cerclé dans toute sa hauteur avec des cercles de châtaignier et 3 cercles de cuivre; nous donnerons plus loin ses dimensions. Il peut contenir 50 kilogrammes environ de poussier. Il est ouvert aux deux bouts.

L'ouvrier commence par placer le baril sur le plateau

de la presse, exactement au-dessus du piston ; il place en même temps le faux fond, disque circulaire en bois assez épais, mais qui est plus petit que le diamètre du baril, de manière à ne pas adhérer. La partie la plus étroite du baril repose sur le plateau. L'ouvrier à l'aide d'une main en cuivre charge le baril de poussier, le remplit complétement, en égalisant la surface avec la main ; sur cette poudre il place une série de chantiers, qui sont superposés de manière à toucher le sommier de la presse. Ces chantiers sont des disques en bois assez épais, divisés en 2 parties, et dont le diamètre est plus petit que celui du baril. Le chargement terminé, l'ouvrier fait mouvoir le gros piston de la presse hydraulique, puis le petit piston, quand il sent que les forces appliquées au gros piston sont impuissantes. Le plateau de la presse s'élève, les chantiers comprimés entre la poudre et le sommier pressent la poudre, pénètrent dans le baril et finissent par réduire la poudre à un volume moitié moindre. L'ouvrier sait que la pression est suffisante, quand l'eau jaillit sous le clapet ou petite soupape qui a été réglée à l'avance. Cette pression est ordinairement de 600 kilogrammes par centimètre carré ou de 600 atmosphères.

Quand la compression est terminée, il s'agit de détacher le pain de poudre qui adhère fortement au baril. A cet effet deux cordes préalablement fixées à celui-ci sont attachées au sommier, de manière à être tendues ; l'ouvrier ouvre la soupape de la presse, le plateau descend, mais le baril reste suspendu. L'ouvrier place alors immédiatement sous le baril suspendu avec ses fonds, un autre disque plus petit que ce dernier et il recommence à presser, après avoir détaché les cordes du sommier. On comprend que le dernier disque ou faux fond presse sur le premier par en haut, le soulève, et détache le pain de poudre ; en effet, le baril devenu libre retombe sur le plateau, et le bruit de sa chute apprend à l'ouvrier qu'il doit cesser de faire agir la presse.

L'ouvrier détend la presse, renverse le baril sur le sol, et en fait tomber une masse cylindrique de poudre, qui, brisée avec un marteau de cuivre, donne des morceaux qui se grènent très-facilement. Une pressée ne dure que 15 à 20 minutes, et un seul ouvrier peut presser 1,600 kilogrammes de poussier par jour.

Voici les diverses dimensions de l'appareil :

BARIL.

Diamètre..	du haut..	intérieur......	0m,37
		extérieur......	0 ,40
	du bas...	intérieur......	0 ,33
		extérieur.......	0 ,36
Hauteur.................................			0 ,70

FAUX FOND.

Diamètre..... ....   0m,325

Épaisseur......................... ..   0 ,04.

PETIT FAUX FOND.

Diamètre.......................   0m,30

Épaisseur........................   0 ,10

CHANTIER.

Diamètre......................   0m,34

Épaisseur.........................   0 ,10

Les cercles en cuivre sont ainsi placés.

Le 1er à partir du petit fond à.........   0m,16

Le 2e   —   ....   0 ,38

Le 3e   —   ....   0 ,42

CERCLES EN CUIVRE.

Largeur................. ....   0m,040

Épaisseur.. ....   0 ,004

La poudre est séchée soit au soleil, soit dans la sécherie artificielle, comme nous l'avons exposé précédemment.

La poudre qui a été grenée et tamisée convenablement à

l'état humide contient encore, à l'état sec, au sortir du séchoir, environ 1 p. 100 de poussier dont il faut la dépouiller. A cet effet, on la tamise dans des tamis en crin n° 1,
jusqu'à ce que, glissant sur la main, elle ne laisse pas de
trace pulvérulente : si après 5 minutes de tamisage la poudre tache la main, on peut dire qu'elle n'a pas été grenée et
tamisée convenablement à l'état humide.

La poudre époussetée est ensuite égalisée avec le grenoir
en peau, dont la perce est plus grande que celle du grain de
mine.

Embarrillage. — La poudre de mine est ensuite embarillée ; à cet effet elle est enfermée dans des sacs bien ficelés
et plombés, qui sont ensuite placés dans les barils.

FABRICATION DE LA POUDRE DE MINE AVEC LES MOULINS A PILONS,
APRÈS TRITURATION PRÉALABLE DU SOUFRE ET DU CHARBON RÉUNIS.

La suite des opérations est celle-ci :

1° Préparations des matières composantes.

2° Pesage des matières composantes.

3° Pulvérisation du soufre et du charbon réunis ou *binaire*.

4° Mélange à la main du binaire précédent avec le salpêtre.

5° Battage du mélange ternaire précédent dans les moulins à pilons.

6° Grenage.

7° Séchage.

8° Époussetage.

Le *salpêtre* est tamisé dans un grenier (perce à canon).

Le *charbon* provenant de bois blanc est seul employé. Il a
été fait dans les chaudières ou dans les fosses.

Dans l'atelier de la composition le maître-garçon procède
au pesage des matières composantes. Ses pesées sont corres-

pondantes à 50 kilogrammes de poudre. Dans un nombre de baquets convenable, il met d'une part 9 kilogrammes de charbon, d'autre part 10 kilogrammes de soufre et dans d'autres baquets ou dans des sacs il verse 31 kilogrammes de salpêtre.

Les baquets contenant le soufre ou ceux renfermant le charbon sont portés dans l'usine de trituration. Dans cette usine sont quatre tonnes mobiles, montées deux à deux sur le même arbre, auquel la roue hydraulique donne le mouvement de rotation. Ces tonnes sont composées d'un châssis de bois recouvert d'une enveloppe de cuir épais, et garnies intérieurement de bois très-dur. Elles ont 1^m,30 de diamètre. Chacune d'elles est chargée de 30 à 38 kilogrammes de gobilles en cuivre jaune ou bronze, moitié grosses et moitié petites.

L'ouvrier charge chaque tonne de 9 kilogrammes de charbon et de 10 kilogrammes de soufre pesés précédemment et imprime une vitesse de rotation de 30 tours par minute. Nous devons dire ici que dans une fabrication plus active, il serait possible de doubler les quantités de soufre et de charbon. La trituration dure *cinq heures*. Après ce temps l'ouvrier procède au déchargement des tonnes en enlevant la bonde et la remplace par une porte grillée (perce canon). Il fait lentement tourner les tonnes, et la matière pulvérisée tombe à travers la grille, en se séparant des gobilles et matières étrangères : le produit de chaque tonne est mis dans un sac. Les sacs contenant chacun le binaire correspondant à la composition de 50 kilogrammes de poudre sont portés dans le grenoir, pour y être mélangés à la quantité convenable de salpêtre, comme il va être dit.

L'ouvrier a sous sa main d'une part le sac contenant le binaire soufre et charbon afférent à 50 kilogrammes de poudre, et d'autre part le sac contenant les 31 kilogrammes de salpêtre afférents à 50 kilogrammes de poudre. Il com-

mence par verser, étendre et bien niveler avec la main
dans une grande maie placée devant lui la moitié du sac
de salpêtre, par-dessus il étend et nivelle la moitié d'un
sac de binaire, puis le reste du salpêtre et par-dessus le
reste du binaire. Ces quatre couches de matières représentent 50 kilogrammes de poudre.

L'ouvrier verse sur cette matière 4 kilogrammes d'eau
et les mélange doucement à la main de manière à répartir
également l'arrosage, et à bien mêler les trois composants.
Quand il juge le mélange suffisamment fait, il le verse dans
une grande futaille placée auprès de lui et recommence la
même opération sur 50 kilogrammes de poudre, en procédant de la même manière. Il continue sur un troisième chargement de 50 kilogrammes et termine par un dernier mélange de la même quantité. L'ouvrier a donc mélangé en
quatre opérations 200 kilogrammes de poudre, quantité
correspondante au chargement d'un moulin de vingt pilons.

Pour déterminer le mélange plus intime des trois composants, l'ouvrier fait passer en deux fois consécutives la matière préparée comme ci-dessus à travers un grenoir en
toile métallique (perce à canon). Ce double tamisage a mis
la matière dans l'état convenable au battage des pilons.

Ce mélange à la main des trois composants a l'avantage
de n'offrir aucun danger, mais il est défectueux parce qu'il
ne s'opère qu'imparfaitement, et qu'il n'est pas possible
de supposer que, dans le partage ultérieur fait dans chaque
mortier, la poudre contenue dans chaque mortier contienne
le dosage réglementaire. Aussi dans quelques poudreries ce
mélange est fait mécaniquement dans la tonne dite *mélangeoir*, ainsi que nous allons l'exposer.

Le mélangeoir est une tonne en bois de 1 mètre de diamètre et de 1^m,50 de longueur. Elle est chargée de 6 kilogrammes de gobilles en bois d'acacia de la grosseur d'un
œuf. L'ouvrier y introduit le binaire pulvérisé composé de

10 kilogrammes de soufre et de 9 kilogrammes de charbon, puis 31 kilogrammes de salpêtre, et fait tourner à sec et à la main pendant dix minutes avec une vitesse de vingt tours par minute; il ajoute ensuite 3 kilogrammes d'eau, et fait tourner avec la même vitesse pendant 20 minutes. Après ce temps la matière est déchargée dans une grande maie placée en dessous de la tonne, tamisée dans un grenoir (perce canon) pour diviser et arrêter les corps étrangers, mise en sacs de 50 kilogrammes et transportée au moulin; pour y être distribuée en cinq mortiers et subir le battage.

Quatre ouvriers, chargés chacun d'un sac contenant les 50 kilogrammes de matière préparée comme il vient d'être dit, entrent dans le moulin à pilons, et s'occupent chacun de charger les mortiers. A cet effet les pilons étant en cheville, et le moulin déchargé de la composition précédente, l'ouvrier partage entre cinq mortiers le contenu de son sac, de manière à faire des portions de 10 kilogrammes, et l'habitude lui permet de faire ces partages avec assez d'exactitude. Il nivelle la matière et le maître-garçon verse dans chaque mortier trois quarts de litre d'eau. L'ouvrier remue la matière à la main pour répartir l'arrosage, et la tasse fortement. Cela fait, le maître garçon donne à la roue hydraulique un mouvement assez lent, pour que les pilons ne battent que vingt-cinq coups par minute; l'ouvrier ne cesse pendant ce temps de remuer la matière avec un bâton, de la *touiller*, de manière à la faire retomber sous le pilon, veillant à ce que celui-ci ne batte pas sur bois et à ce que la matière ne reste pas contre les parois du mortier. Quand la matière tourne bien seule, le maître garçon donne le mouvement ordinaire de cinquante-cinq coups par minute et les ouvriers se retirent.

Le battage dure cinq heures (dans quelques établissements il dure huit heures) pendant lesquelles on fait trois rechanges, d'heure en heure, sans arrosage, en ayant le soin de faire battre pendant les deux dernières heures sans interruption.

Voici le tableau successif des opérations :

Après la 1re heure de battage.	1er rechange.		
—	2e	—	2e	—
—	3e	—	3e	—
—	5e	—	Fin du battage.

La quantité d'eau d'arrosage est ainsi répartie pour 100 kilogrammes de matière :

Sur le binaire	8	p. 100
Sur le ternaire	7 1/2	—
	15 1/2 p. 100	

La matière battue contient en été 7 p. 100 et en hiver de 8 à 9 p. 100 d'eau.

Le grenage, le séchage, l'époussetage, ont déjà été décrits.

FABRICATION DE LA POUDRE DE MINE RONDE.

La suite des opérations est celle-ci :

1° Trituration du soufre et du charbon réunis.
2° Mélange du binaire précédent avec le salpêtre.
3° Formation du grain rond dans le tonneau.
4° Grenage, égalisage.
5° Lissage.
6° Séchage.

TRITURATION DU SOUFRE ET DU CHARBON RÉUNIS.

Les tonnes destinées à la trituration binaire du charbon et du soufre sont en bois ou en tôle forte. Elles ont 1m,20 de longueur sur 1m,14 de diamètre : elles sont montées deux à :

deux sur un arbre horizontal mu par une roue hydraulique ; chacune d'elles est chargée de 220 kilogrammes de gobilles en bronze. L'ouvrier y introduit 27 kilogrammes de charbon de bois blanc, la ferme et lui donne pendant trois heures une vitesse de rotation de vingt-cinq tours par minute ; après ces trois heures écoulées, il arrête la tonne, l'ouvre, y introduit 30 kilogrammes de soufre en grume, la ferme et lui donne une vitesse de vingt-cinq tours par minute, qu'il conserve pendant quatre heures. La durée totale de la trituration est donc de sept heures. Après ce temps la matière est sufûsamment triturée. Elle est enlevée et transportée dans l'usine du mélangeoir. La densité du charbon seul, après trois heures de pulvérisation, est de $0^k,218$: celle du binaire trituré est de $0^k,230$.

Les tonnes dans lesquelles on mélange le binaire avec le salpêtre sont composées d'un châssis en bois recouvert d'un cuir très-fort ; elles sont intérieurement garnies de liteaux saillants. Elles ont $1^m,20$ de longueur sur $1^m,32$ de diamètre ; chaque tonne est divisée en deux compartiments égaux par une cloison ; chaque compartiment contient 120 kilogrammes de gobilles en bronze. Chaque tonne est montée sur un arbre horizontal mû par une roue hydraulique.

Chaque tonne binaire a fait 57 kilogrammes de binaire, soufre et charbon, quantité correspondante à 150 kilogrammes de poudre, en y ajoutant 93 kilogrammes de salpêtre. L'ouvrier a fait d'une part des pesées de $23^k,25$ de salpêtre, et d'autre part $14^k,25$ du binaire précédent représentant le quart de la charge en binaire d'une tonne. Dans chaque compartiment du mélangeoir il introduit $23^k,25$ de salpêtre et par-dessus $14^k,25$ du binaire précédent, et la charge semblable des deux tonnes représente 150 kilogrammes de poudre. Il ferme le mélangeoir et lui donne un mouvement de rotation de vingt-deux tours par minute pendant trois heures; après ce temps écoulé le mélange est fait, enlevé et transporté dans l'usine du tonneau à grain rond. La densité du mélange ternaire est de $0^k,327$.

Le procédé employé pour faire du grain rond consiste à faire tourner, dans une tonne fermée, un mélange en parties égales de poussiers et de petits grains humectés avec une quantité d'eau convenable. On comprend que, pendant la rotation, le poussier s'attache au grain formé, appelé *noyau*, le grossit, et que, d'un·autre côté, ce grain, grossi, se lisse et prend nécessairement la forme ronde engendrée par un mouvement de rotation régulier.

La tonne en usage est en bois, montée sur un arbre horizontal, mû par une roue hydraulique. Elle a $1^m,40$ de diamètre et $0^m,60$ de longueur : elle est munie d'une petite porte placée dans le milieu du ventre et par laquelle on introduit le noyau; dans le centre d'une paroi verticale est une ouverture circulaire de $0^m,55$ de diamètre, par laquelle on introduit le mélange en poussier et l'eau d'arrosage; celle-ci est versée en minces filets sur la matière, à l'aide d'un tube correspondant à une pompe d'alimentation.

La surface extérieure de la tonne est munie de liteaux en bois, dont la saillie soulève pendant la rotation un marteau en bois. Celui-ci, en frappant continuellement la tonne, en détache le poussier adhérent qui échapperait à l'action du mouvement, et le force à se mélanger et à grossir le noyau. Il faut avoir le soin de suspendre le marteau quand on arrête le mouvement, pour éviter qu'il ne soit rompu en heurtant en sens inverse la saillie d'un liteau, par un mouvement en arrière de la tonne.

L'ouvrier commence par charger dans la tonne 100 kilogrammes de *noyaux :* on appelle ainsi les petits grains ronds provenant du grenage, qui n'ont pas les dimensions prescrites. Il ajoute 5 kilogrammes d'eau convenablement divisés sur la matière à l'aide du tube d'arrosage. Il intro-

duit ensuite 50 kilogrammes de matière pulvérulente en
deux petits barils, qu'il humecte dans la tonne, comme il est
dit ci-dessus, de 5 kilogrammes d'eau ; on verse par-dessus
50 kilogrammes de poussier. L'ouvrier ne doit pas verser
le poussier par masse, par paquets, parce qu'il y aurait des
boules de poudre au lieu de grains; il doit le disséminer
adroitement par un tour de main habile. La tonne ainsi
chargée de 200 kilogrammes de matières, dont 100 kilogrammes de noyaux et 100 kilogrammes de poussier, est
mise en mouvement avec une vitesse de dix tours par minute. La durée de la rotation de la tonne est de une heure.
Après ce temps le grain est fait et la tonne est vidée, pour
être transportée au grenoir. De la charge précédente on
retire :

Grains perfectionnés...   105 kilogrammes.
Moyens.............   85   —
Ramandeaux.........   1   —
                       _____
                       191 kilogrammes.

| | NOYAUX. | GRAIN ROND | | GRAIN SEC. |
		non lissé.	lissé.	
Densité gravimétrique...	kil. 0,916	kil. 0,849	kil. 0,892	kil. 0,895
Humidité p. 100	8,95	8,025	8,000	—

La poudre est égalisée dans un grenoir (perce-mine) et
sur-égalisée dans un crible (perce à mousquet). Les ramandeaux et le grain plus gros que celui de mine sont grenés
ou plutôt concassés sur un crible (perce-canon) à l'aide d'un
tourteau, et servent à faire des noyaux.

Lissage. — La poudre est lissée dans un tonneau de
même dimension que celui dans lequel on a fait le grain.

La charge est de 200 kilogrammes, et le lissage dure une heure et demie.

Le séchage et l'époussetage ont été décrits précédemment.

La poudre de mine n'est essayée que dans le mortier-éprouvette.

La charge de 92 grammes dans le mortier doit lancer le globe à la distance de 180 mètres.

La densité gravimétrique de la poudre de mine anguleuse doit être égale à 0^k,770.

Un gramme de poudre de mine anguleuse contient environ 205 grains.

FABRICATION DE LA POUDRE DE COMMERCE EXTÉRIEUR.

La fabrication de la poudre de commerce extérieur est semblable à celle de la poudre de mine; le dosage est le même. La seule différence consiste dans le lissage, et la grosseur du grain qui est comprise entre celle du grain à canon et du grain à mousquet. La poudre de commerce lissée plaît davantage à l'œil et se conserve plus facilement dans les longs transports qu'elle doit subir. Cette fabrication est fort restreinte et nous renvoyons à l'exposé de la fabrication de la poudre de mine.

La charge de 92 grammes dans le mortier-éprouvette doit porter le globe à 200 mètres de distance.

La charge de 10 grammes dans le fusil-pendule doit donner à la balle une vitesse de 300 mètres par seconde.

La densité gravimétrique de la poudre doit être égale à 0^k,77.

DES POUDRES DE CHASSE.

On fabrique trois sortes de poudre de chasse, savoir :

Poudre de chasse fine.

Poudre de chasse superfine.

Poudre de chasse extrafine.

Ces poudres ont le même dosage officiel, et ne diffèrent que par la grosseur du grain. Les procédés de fabrication sont au nombre de quatre, comme il suit :

1° Fabrication des poudres de chasse fine et superfine par les moulins à pilons, après trituration préalable du soufre et du charbon réunis.

2° Fabrication des poudres de chasse avec la presse hydraulique, après avoir trituré préalablement d'une part le soufre et partie de charbon, et d'autre part le salpêtre et le complément du charbon.

3° Fabrication des poudres de chasse avec les meules légères, après avoir trituré préalablement le soufre et le charbon réunis.

4° Fabrication des poudres de chasse avec les meules pesantes, sans trituration préalable.

Nous allons successivement exposer en détail ces divers procédés.

Le dosage officiel des poudres de chasse est le suivant :

Salpêtre.............. 78
Soufre................ 10
Charbon.............. 12
                      ——
                      100

FABRICATION DE LA POUDRE DE CHASSE FINE AVEC LES MOULINS A PILONS.

La série des opérations de fabrication est la suivante :

1° Préparation des matières composantes.

2° Pesage des matières composantes.

3° Trituration du soufre et du charbon réunis ou binaire.

4° Mélange à la main du binaire précédent avec le salpêtre.

5° Battage dans les moulins à pilons des trois matières réunies.

6° Grenage.

7° Lissage.

8° Séchage.

9° Époussetage.

Le *salpêtre* est tamisé comme il a été dit dans la fabrication de la poudre de guerre.

Le *charbon* de bois blanc est employé dans quelques poudreries et celui de bourdaine dans d'autres établissements. Il a été fait dans les chaudières et trié avec le plus grand soin, comme il a été dit précédemment.

Le *soufre* est pulvérisé dans des tonnes, comme nous allons le dire.

Dans l'atelier de la composition, le maître-garçon procède au pesage des matières composantes.

Comme le soufre et le charbon sont pulvérisés ensemble dans l'usine de trituration, il ne les pèse plus par charge de mortier, mais par quantités afférentes à 50 kilogrammes de poudre ou au chargement de cinq mortiers.

A cet effet, il verse dans le même baquet 5 kilogrammes

de soufre et 6 kilogrammes de charbon, qui font le chargement d'une tonne de trituration.

Il pèse, de même, dans un certain nombre de sacs ou baquets 39 kilogrammes de salpêtre, quantité afférente à la composition de 50 kilogrammes de poudre.

Le mélange de soufre et de charbon en morceaux est porté dans l'usine de trituration. Dans cette usine sont quatre tonnes mobiles, montées deux à deux sur le même arbre auquel la roue hydraulique donne le mouvement convenable de rotation. Ces tonnes sont composées d'un châssis de bois, recouvert d'une enveloppe de cuir épais et garnies intérieurement de liteaux en bois très-dur. Elles ont $1^m,30$ de diamètre et leur mouvement de rotation est de trente tours par minute.

L'ouvrier charge dans chacune des quatre tonnes le mélange préparé de 5 kilogrammes de soufre et 6 kilogrammes de charbon, ajoute 30 kilogrammes de gobilles en bronze moitié grosses, moitié petites, ferme les tonnes avec la bonde, et imprime un mouvement de rotation de trente tours par minute. Après six heures de trituration, l'ouvrier enlève la bonde, la remplace par une porte grillée (percé à canon) fait lentement tourner les tonnes et les vide ainsi complétement de leur contenu qui est reçu dans quatre sacs ou quatre baquets. Ces sacs contiennent chacun le *binaire* correspondant à la composition de 40 kilogrammes de poudre, pour y être mélangés à la quantité convenable de salpêtre, comme il va être dit.

L'ouvrier a sous la main d'une part le sac ou baquet de binaire, soufre et charbon, afférents à 40 kilogrammes de poudre, et, d'autre part, le sac ou baquet contenant le salpêtre afférent à 40 kilogrammes de poudre également. Il commence par verser, étendre et bien niveler avec la main dans une grande maie placée devant lui la moitié du sac de salpêtre par-dessus il étend et nivelle la moitié de la quantité de

binaire, puis le reste du salpêtre, puis enfin le reste du binaire. Ces quatre couches de matières représentent 30 kilogrammes de poudre.

L'ouvrier verse sur cette matière 3 kilogrammes d'eau
et la mélange doucement à la main, de manière à répartir
également l'eau d'arrosage et à mêler autant que possible
les trois composants ; quand il juge le mélange suffisamment fait, il le verse dans une grande futaille auprès de lui,
et recommence la même opération sur 50 kilogrammes de
poudre en procédant de la même manière ; il continue sur
un nouveau chargement de 50 kilogrammes et termine par
un dernier mélange de la même quantité. L'ouvrier a donc
mélangé en quatre opérations 200 kilogrammes de poudre,
quantité correspondante à une trituration de binaire et au
chargement complet d'un moulin de 20 pilons.

Pour déterminer le mélange plus intime des trois composants, l'ouvrier fait passer deux fois consécutivement la
matière préparée comme ci-dessus à travers un grenoir en
toile métallique (perce à canon). Ce double tamisage a mis
la matière dans l'état convenable au battage des pilons.

Ce mélange à la main laisse beaucoup à désirer, aussi
convient-il de le remplacer par un mélange mécanique,
comme il a été dit plus haut.

Les 200 kilogrammes de matière, mélangée et préparée
comme ci-dessus, sont répartis en quatre sacs par les ouvriers qui les transportent au moulin à pilons. Chaque ouvrier chargé d'un sac le divise également entre cinq mortiers, et l'habitude lui permet de faire ce partage avec une
assez grande exactitude. La matière est bien tassée et nivelée
dans chaque mortier. Le maître garçon verse dans chacun
d'eux 3/5 de litre d'eau, et les ouvriers ont le soin de remuer la
matière dans chaque mortier, pour bien diviser cet arrosage,
et de la tasser fortement. Cela fait, le maître garçon donne
un mouvement lent à la roue de manière à ce que les pilons

ne battent que 25 coups par minute, et jusqu'à ce que la
matière ait pris un peu de consistance, et qu'elle commence
à tourner dans le mortier. Pendant le temps de cette mise
en train, chaque ouvrier, armé d'une spatule en bois, détache la matière des parois du mortier et la fait retomber
sous le pilon. Après cinq minutes de ce battage, le maître
garçon s'assure que la matière retombe et retourne suffisamment, et donne aux pilons le mouvement de 54 à 55
coups par minute.

La durée du battage est de sept heures et demie. On fait
cinq rechanges d'heure en heure, le premier se fait après
la première heure de battage et le dernier après la cinquième
heure. Immédiatement avant ce dernier rechange le maître
garçon fait dans chaque mortier un arrosage de 1/5 de litre
environ et le battage dure encore deux heures et demie sans
interruption. Ce dernier arrosage n'est pas toujours le même,
il varie suivant la saison et la température.

Les quantités d'arrosage ont été ainsi réparties pour
100 kilogrammes de matières :

Sur le binaire..............	6
Sur les matières réunies.... {	6
	2
Total p. 100 des arrosages....	14

La matière, après le battage, contient 5 p. 100 d'humidité en été et 7 p. 100 en hiver.

Sans vouloir nous répéter ici, nous renvoyons à la fabrication de la poudre de guerre, pour le mole d'opérer les rechanges, et nous rappelons les recommandations de soins et
de précautions que nous avons exposées.

Essorage. — La matière provenant des pilons doit être
essorée, avant d'être grenée, jusqu'à ce qu'elle ne contienne
plus que 5 p. 100 d'humidité.

Le grenage de la poudre de chasse provenant des pilons s'opère ordinairement avec des tamis isolés, mode que nous avons suffisamment exposé à l'article poudre de guerre. On comprend que le travail est le même, et que la perce des cribles ou grenoirs doit seule différer.

La matière essorée est d'abord passée par un ouvrier dans le guillaume muni du tourteau. Deux ouvriers travaillant côte à côte, et dont l'un alimente sans cesse le travail de son voisin, la passent dans des grenoirs (perce chasse fine). La poudre grenée est ensuite tamisée par trois ouvriers placés côte à côte, et armés chacun d'un tamis de toile de crin, dont la maille varie de grandeur ; le tamis le plus fin est le dernier par lequel passe la poudre. Après ce triple tamisage la poudre est égalisée dans un grenoir (perce chasse fine) et prête à subir l'opération du lissage.

Toutes les poudres de chasse sont lissées. L'opération du lissage consiste à enfermer la poudre grenée dans une tonne en bois mobile, montée sur un arbre horizontal, auquel une roue hydraulique donne un mouvement de rotation. La tonne de lissage a 1 mètre de diamètre et $2^m,50$ de longueur environ ; il arrive le plus souvent que la même usine contient deux tonnes à lisser, montées chacune sur leur arbre, mais mues à l'aide de courroies ou d'engrenages par la même roue hydraulique. Dans le mouvement de rotation, les grains de poudre glissent les uns sur les autres, se frottent, se lustrent, se lissent ; les angles disparaissent, le grain s'arrondit un peu, la matière se serre, se durcit, se condense : en résumé, après un certain temps de lissage, la poudre est brillante, résistante et plus dense. Cette opération demande des soins et de l'habileté de la part du maître poudrier ; l'expérience enseigne qu'il faut à la fois de la chaleur et de l'humidité, aussi le lissage est-il plus long en hiver qu'en été, et quelquefois il ne réussit pas ou réussit mal par excès ou pénurie d'humidité. Voici du reste comment il convient de lisser la poudre de chasse provenant des moulins à pilons.

La poudre doit être essorée, avant d'être lissée, de manière qu'elle ne contienne que 3 p. 100 d'humidité. Si cette dernière quantité était plus forte, la poudre lissée perdrait son lustre sur le séchoir. L'ouvrier verse dans la tonne du lissoir 600 kilogrammes de poudre grenée et essorée, et lui donne pendant les deux premières heures un mouvement lent de 10 tours par minute au plus : après ce temps il augmente la vitesse de rotation, de telle sorte que la tonne fasse 25 tours par minute. Le lissage dure douze heures, en conservant avec soin, sans interruption ou ralentissement, la vitesse de 25 tours. Après douze heures de lissage, l'ouvrier ralentit peu à peu le mouvement, afin que la poudre se refroidisse peu à peu ; la poudre ne doit être sortie de la tonne que lorsqu'elle est complétement froide. Cette dernière précaution est indispensable, car la poudre chaude exposée à l'air pourrait perdre son lustre.

La poudre lissée contient ordinairement des croûtes provenant du poussier qui s'est formé dans le mouvement de rotation, qui s'est humecté d'eau évaporée, qui s'est attaché à la tonne sous forme de croûte et qui s'est ensuite détaché dans le mouvement. On enlève ces ramandeaux en passant la poudre lissée dans un grenoir (perce-mine) et la poudre est prête à être séchée.

Le grenage de la poudre de chasse fine ne donne guère que 1/3 de grain et 2/3 de poussier. Ce dernier produit est battu de nouveau par les moulins à pilons, pour prendre de la consistance et pouvoir être grenée. Les poussiers sont secs ou humides, suivant qu'ils proviennent de l'époussetage ou du grenoir. Ordinairement on a le soin de les mélanger couche par couche dans une grande maie dans le grenoir, de manière que l'humidité se répartisse également et naturellement. Avant de les porter au moulin, il faut néanmoins les arroser de manière qu'ils contiennent 8 à 9 p. 100 d'eau : si les poussiers n'ont pas été mélangés, on arrose le poussier sec de 3 p. 100 et le poussier humide de 1/2 p. 100. La durée du battage est de deux heures sans interruption, sans rechange, sans arrosage. Il est inutile de dire que l'arrosage que nous avons prescrit plus haut n'est pas fixé invariablement, et qu'il doit être réglé selon l'état de la matière, et la température extérieure. Le mode de battage et les précautions à prendre sont les mêmes que pour les compositions.

Les poudres de chasse sont séchées soit à l'air, soit dans la sécherie artificielle, comme il a été dit.

La poudre sèche contient encore 1 p. 100 de poussier, dont on la dépouille en la tamisant avec soin dans un tamis de crin.

La poudre est ensuite égalisée dans un grenoir de chasse fine, mise en sacs et enfoncée dans des barils, pour être portée à l'atelier du pliage.

FABRICATION DE LA POUDRE DE CHASSE SUPERFINE AVEC LES MOULINS A PILONS.

La suite des opérations de fabrication est la même que celle relative à la poudre de chasse fine décrite ci-dessus.

La préparation des matières composantes est la même que celle pour la poudre de chasse fine. La seule différence est dans la nature du *charbon*. — On n'emploie que du charbon de bois de bourdaine ; comme on a reconnu à ce charbon des qualités précieuses de combustibilité, on a dû l'employer dans la fabrication d'une poudre supérieure.

Le pesage des matières composantes s'opère comme dans la fabrication de la poudre de chasse fine.

14.

La pulvérisation du soufre et du charbon est faite comme pour la poudre de chasse fine. L'arrosage est aussi de 6 p. 100 d'eau.

Le mélange des trois matières réunies est fait soit à la main, soit dans un mélangeoir, et arrosé de 6 p. 100 d'eau, comme nous l'avons dit précédemment pour la fabrication de la poudre de chasse fine.

La matière préparée comme ci-dessus est versée dans les mortiers, bien tassée et bien nivelée. Le maître garçon verse dans chacun d'eux 3/5 de litre d'eau, les ouvriers remuent activement à la main la matière pour bien mêler l'arrosage et la tassent fortement. Cela fait, le maître garçon donne un mouvement lent à la roue, de telle sorte que les pilons battent 25 coups par minute, jusqu'à ce que la matière ait pris un peu de consistance, et qu'elle commence à tourner dans le mortier. Pendant le temps de cette mise en train, chaque ouvrier, armé d'une spatule en bois, détache la matière des parois du mortier et la fait retomber sous les pilons. Après cinq minutes de ce battage, le maître garçon s'assure que la matière retombe et retourne suffisamment et donne aux pilons le mouvement de 54 à 55 coups par minute.

La durée totale du battage dans les mortiers est de vingt-deux heures ; mais elle n'a pas lieu consécutivement et sans interruption : après douze heures, la matière est grenée en chasse fine sans tamisage, rebattue en cet état pendant deux heures sous les pilons, grenée en chasse fine pour la seconde fois, rebattue pendant deux heures pour la deuxième fois, grenée en chasse fine pour la troisième fois et rebattue pendant deux heures pour la troisième fois, grenée pour la quatrième fois et rebattue pendant quatre heures pour la quatrième et dernière fois. En un mot, la matière est d'abord battue consécutivement pendant douze heures, puis trois fois de suite pendant deux heures à l'état de poussier et une dernière fois pendant quatre heures, en opérant pendant chacun de ces derniers battages un grenage en chasse fine sans tamisage.

Voici le tableau successif des opérations :

			{ Mise en train.
			{ Arrosage de 3/5 de litre d'eau par mortier.
Après la 1re heure de battage.			1er rechange.
—	2e	—	2e —
—	3e	—	3e —
—	4e	—	4e —
—	5e	—	{ Arrosage de 1/5 de litre par mortier.
			{ 5e rechange.
—	6e	—	6e —
—	7e	—	{ Arrosage de 1/5 de litre par mortier.
			{ 7e rechange.
—	8e	—	8e —
—	9e	—	{ Arrosage de 1/5 de litre par mortier.
			{ 9e rechange.
—	10e	—	10e —
—	11e	—	{ Continuation du battage,
—	12e	—	{ sans arrosage et sans rechange.

La matière ainsi battue subit encore et successivement les quatre opérations suivantes :

1° { Grenage en chasse fine sans tamisage.
{ Arrosage de 1 à 2 p. 100.
{ Battage pendant 2 heures et sans rechange.

2° { Grenage semblable.
{ Arrosage —
{ Battage —

3° { Grenage —
{ Arrosage —
{ Battage —

4° { Grenage —
{ Arrosage —
{ Battage pendant 4 heures; { arrosage, rechange } après les 2 premières heures.

Ces grenages successifs ont pour but de diviser la matière,

de favoriser le mélange, de manière qu'il devienne aussi intime que possible. Comme la poudre superfine a le même dosage et subit les mêmes manipulations que la poudre fine, et que d'un autre côté elle doit avoir une portée supérieure, on comprend qu'on ne peut arriver à cette supériorité, qu'en rendant le mélange aussi intime que possible par des procédés bien entendus.

Dans l'exécution des battages que nous avons sommairement exposés, il faut observer toutes les mesures de précaution que nous avons conseillées, en parlant de la fabrication de la poudre fine. Il est cependant quelques mesures particulières à la fabrication qui nous occupe et que nous allons détailler. On appelle ordinairement poussiers de superfine, la matière provenant des grenages et battages successifs que nous avons exposés : il y a donc un premier, un second, un troisième et un quatrième poussier. Le travail de chacun d'eux est le même que le travail ordinaire : il faut cependant, comme la matière est sèche et très-divisée, que le maître garçon surveille avec plus de soin le battage. Celui du quatrième et dernier poussier se fait ainsi : après les deux premières heures, le maître garçon fait faire le rechange, comme nous l'avons dit, après avoir fait l'arrosage, dont la quantité est laissée à sa disposition. C'est dans les deux dernières heures de battage que le maître garçon doit apporter le plus de surveillance. Il ne doit pas quitter le moulin et doit avoir les yeux sans cesse fixés sur les mortiers pour saisir l'instant précis où la matière *souffle*. On dit que la matière *souffle*, lorsqu'elle est dans un tel état de siccité et de division, qu'elle jaillit sous le pilon et qu'elle projette la matière en dehors du mortier. A peine un mortier souffle-t-il, le maître garçon se hâte de mettre son pilon en cheville, au fur et à mesure que le mortier correspondant a soufflé. Il doit avoir le soin également pendant la durée de cette opération de régler l'ouverture de la vanne de manière à conserver toujours le même mouvement à la roue. Quand le dernier pilon a été mis en cheville, le battage est terminé, et le maître garçon fait venir les ouvriers qui enlèvent la matière et la portent au grenoir.

On voit combien est longue et pénible la fabrication de la poudre de chasse superfine avec les moulins à pilons, et c'est ici que les usines à meules offrent un avantage bien réel pour la fabrication des poudres supérieures.

Les quantités d'arrosage ont été ainsi réparties pour 100 kilogrammes de matières :

Sur le binaire......................	6
Sur les matières composantes ..	6
	2
	2
	2
Sur les poussiers..............	2
	2
	2
	2
	26 p. 100

La matière après le battage ne contient pas plus de 5 pour 100 au plus. On ne fabrique qu'en été ordinairement.

La matière doit être essorée avant d'être grenée, jusqu'à ce qu'elle ne contienne plus que 4 pour 100.

L'opération du grenage se pratique de la même manière que pour la poudre de chasse fine et comme nous l'avons exposé. La perce des cribles employés offre la seule différence.

La matière essorée est d'abord passée par un ouvrier dans le guillaume muni du tourteau. Deux ouvriers travaillant côte à côte et dont l'un alimente sans cesse le travail de l'autre passent ensuite la matière dans des grenoirs (perce chasse fine) sans la tamiser. Deux autres ouvriers prennent cette matière grenée en chasse et la passent dans les grenoirs (perce chasse superfine). Cette dernière poudre ainsi grenée en superfine est enfin tamisée par trois ouvriers, placés côte à côte, et armés chacun d'un tamis de soie, dont le tissu varie de grosseur, le tamis le plus fin étant le dernier par lequel passe la poudre. Après ce triple tamisage, qui doit être fait avec le plus grand soin, et de telle sorte que le poussier soit complétement enlevé, la poudre est égalisée dans un grenoir (perce superfine) et prête à subir l'opération du lissage.

La poudre à lisser ne doit contenir que 3 pour 100 d'humidité, condition nécessaire pour assurer un bon lissage. Cette dernière opération se fait, pour la poudre de chasse superfine, comme pour la poudre de chasse fine ; la durée et la main-d'œuvre en sont les mêmes, et nous y renvoyons pour les détails. Néanmoins comme la poudre de chasse superfine est trop sèche après l'opération du grenage, il faut humecter les parois de la tonne à lisser, en la faisant tourner pendant une demi-heure avec une charge de 25 kilogrammes de poudre de mine.

La poudre lissée et refroidie est égalisée, pour en retirer les croûtes et ramandeaux, puis portée au séchoir.

Le poussier provenant du grenage de la poudre de chasse superfine est rebattu sous les pilons, pour prendre de la consistance et donner une poudre d'aussi bonne qualité. Les poussiers sont préalablement arrosés de 2 pour 100 d'eau, et battus sous les pilons pendant 4 heures. Après les 2 premières heures on fait un rechange et un arrosage s'il est nécessaire, et les mortiers doivent souffler à la fin du battage. Les poussiers battus sont portés au grenoir, et subissent les mêmes opérations que la poudre superfine dans la suite de la fabrication.

La poudre est séchée, soit au soleil, soit par une chaleur artificielle, comme nous l'avons exposé précédemment.

La poudre est époussetée avec le plus grand soin, comme

nous l'avons dit. Le tamis dont on se sert est en toile de soie très-serrée. La poudre époussetée est égalisée dans un égalisoir en superfine, mise dans des sacs et enfermée dans des barils de 50 kilogrammes, pour être ensuite transportée au pliage.

FABRICATION DES POUDRES DE CHASSE AVEC LA PRESSE HYDRAULIQUE.

Les poudres de chasse sont encore fabriquées par les procédés suivants :

1° Préparation des matières composantes.

2° Pesage des matières composantes.

3° Trituration du soufre avec moitié de son poids de charbon.

4° Trituration du salpêtre avec la quantité complémentaire de charbon.

5° Mélange dans le mélangeoir des deux binaires précédents.

6° Compression du mélange ternaire précédent sous la presse hydraulique.

7° Grenage.

8° Lissage.

9° Compression des poussiers sous la presse hydraulique.

10° Séchage, etc., etc.

POUDRE DE CHASSE FINE.

Le *salpêtre* est tamisé.

Le *charbon* de bourdaine obtenu par distillation est seul employé. On s'efforce de lui donner dans la carbonisation la teinte *rousse* qu'on sait être une qualité précieuse.

Le maître garçon, chargé du service de la composition,

pèse et met dans un nombre de baquets nécessaire les quantités isolées suivantes :

7^k,8 salpêtre, 4 kil. de charbon ;

10 kil. soufre et 5 kil. charbon.

Le surdosage en charbon est de 1 pour 100 de matière de poudre.

Les tonnes à triturer sont montées deux à deux sur un arbre horizontal mû à l'aide d'engrenages ou de courroies par une roue hydraulique ; elles sont faites en cuir fort, monté sur un châssis en bois ; elles ont 1^m,30 de diamètre, et sont animées d'une vitesse convenable à ce genre de trituration. On les charge de gobilles de cuivre, dont le choc, dans le mouvement de rotation, détermine la trituration des matières.

Le maître garçon verse dans chaque tonne 5 baquets de salpêtre et 1 de charbon, savoir :

39 kil. salpêtre et 4 kil. charbon.

Chaque tonne contient 70 kilogrammes de gobilles en cuivre. La vitesse de rotation est de 27 à 30 tours par minute, et la trituration (non compris le temps du chargement) dure sept heures. L'opération terminée, le maître garçon vide le binaire, en remplaçant la porte par un cadre grillé et faisant lentement tourner. Le mélange est très-intime et très-pulvérulent ; le salpêtre ne doit pas être en morceaux, comme il arriverait si la quantité de charbon était moindre.

Dans chaque tonne semblable à celle précédemment décrite, et munie de 70 kilogrammes de gobilles en cuivre, l'ouvrier verse le chargement précédemment fait de 10 kilogrammes de soufre et 5 kilogrammes de charbon, et donne au mouvement une vitesse de 20 à 23 tours par minute. La durée de la trituration (non compris le temps du chargement) est de

7 heures et 1/2. Au bout de ce temps les tonnes sont vidées, et le mélange a une teinte rousse bien marquée. Les baquets dans lesquels on a vidé les deux binaires précédents sont portés à la composition, pour y être pesés de nouveau de manière à représenter la quantité de 50 kilogrammes de poudre.

Le baquet contenant le binaire salpêtre et charbon est laissé intact, parce qu'il contient la quantité nécessaire de salpêtre. Quant au baquet contenant le binaire soufre et charbon, il est divisé en deux parties de poids égaux, et chacune de ces pesées partielles, réunie au binaire précédent, représente bien 50 kilogrammes de poudre, charge du mélangeoir.

Le mélangeoir n'est autre qu'une tonne garnie de cuir, en tout semblable à celles dans lesquelles on a fait les binaires. Il contient 70 kilogrammes de gobilles. Le maître garçon verse dans chaque mélangeoir 43 kilogrammes du binaire salpêtre et charbon, et $7^k,5$ du mélange soufre et charbon, de sorte que la tonne contient réellement la matière de 50 kilogrammes de poudre. L'ouvrier donne à la tonne une vitesse de 15 à 18 tours par minute, et la durée de l'opération (non compris le temps du chargement) est de *trois* heures. Après ce temps le mélange est convenablement fait ; les tonnes sont vidées, et la matière transportée dans l'atelier de la presse hydraulique.

La matière pulvérulente, ou plus clairement, le poussier est passé à travers un crible (perce chasse) pour le purger des petites gobilles ou débris qu'il a pu retenir. Le poussier recueilli dans une maie est arrosé à la main de 2 1/2 à 3 pour 100 d'eau, et bien mélangé. Néanmoins on évite de soumettre à la presse des poussiers primitifs seuls ; la matière se prend mieux en galette, quand on y mêle 1/3 environ de poussiers verts provenant du grenage. On a toujours le soin que le mélange soit humecté dans le rapport indiqué plus haut. Le même homme passe les poussiers dans un grenoir, les humecte et les retourne à la main pour répartir l'humidité ; on les laisse ensuite reposer pendant 24 heures, pour rendre cette répartition plus complète.

Le mélange ternaire pulvérulent, convenablement humecté, est fortement comprimé par la presse hydraulique sous forme de galettes, dures, compactes, résistantes qui donnent au grenage du grain de bonne qualité :

La presse hydraulique dont on fait usage se compose de deux parties très-distinctes : 1° de la pompe d'injection ; 2° de la presse proprement dite. Ces deux parties sont réunies par un tube d'injection ou de communication.

Pompe. — La pompe est contenue dans une caisse en fonte, qui en même temps sert de réservoir ou de bâche pour l'eau nécessaire à la manœuvre. Cette caisse a deux montants, qui supportent et maintiennent le levier de la pompe. Elle est couverte de deux plaques en fonte, pour empêcher les corps étrangers de tomber dans l'eau : à travers la première de ces plaques, passe une tige en cuivre, surmontée d'un écrou à oreille que l'on appelle la *clef* ; en la tournant de gauche à droite, on ferme la communication de l'eau entre le tube d'injection et l'intérieur du réservoir ; si on la tourne en sens contraire, on ouvre cette communication, ce qui alors fait revenir toute l'eau de dessous la presse dans le réservoir. Ainsi, avant de commencer à faire agir le levier pour presser, il faut fermer, et quand au contraire on veut desserrer la presse, il faut ouvrir avec la clef.

Le piston de la pompe est double, ou, pour mieux dire, il y a deux pistons l'un dans l'autre. Le premier, dont le diamètre est le plus gros, sert au commencement de la pression, où l'on n'a pas encore besoin de beaucoup de force ; mais dès que la matière présente une certaine ré-

sistance, on emploie le second à l'aide de la manœuvre
suivante :

La partie supérieure du corps de pompe porte un collet
mobile, qui se meut au moyen d'une poignée en fer. Ce
collet a deux échancrures pour le passage des deux oreilles
du piston. Quand on veut agir avec le gros piston, on
pousse la poignée contre l'arrêt qui se trouve sur la seconde plaque de fonte recouvrant le réservoir, et alors le
gros piston peut être monté. Si au contraire, on veut manœuvrer avec le petit piston, on abat le gros piston
jusqu'au bas, on replace la poignée du collet contre le mon-
tant du levier, et on enlève, dans ce moment seulement, la
petite clef à tête plate qui est dans la tige du piston, à
environ deux pouces au-dessous du collet. Alors on peut
agir avec le piston. Si, après avoir employé ce moyen, on
manquait encore de force, on l'augmenterait en changeant
et rapprochant de la tige le point de rotation du levier.

La manœuvre du collet demande beaucoup d'attention ;
mais, en cas d'erreur, il sera toujours facile de bien le replacer, en se rappelant qu'il doit laisser passer les oreilles
du gros piston lorsque l'on veut se servir de celui-ci, et
qu'au contraire il doit arrêter son mouvement pour que le
petit agisse. Chaque fois que l'on sera dans le cas de recommencer une pressée, on rétablira la machine dans la
première position, pour agir avec le gros piston.

Contre un des montants du réservoir est un petit tuyau
qui communique à la *soupape de sûreté*. Cette soupape est
formée d'un petit clapet conique, maintenu dans sa situation par une romaine, qui sert en même temps à déterminer la pression qu'on veut donner, au moyen d'un poids
courant sur les divisions qui y sont marquées. La sortie de
l'eau par la soupape indique, pour chaque position du poids
curseur, le maximum de pression, et par conséquent le
point où il faut cesser d'agir au levier.

Il faut avoir grand soin d'entretenir le mouvement de la romaine et du clapet, et s'assurer de leur mobilité avant de commencer le travail de chaque journée.

Il faut également avoir soin de graisser de temps en temps toutes les parties de la pompe qui sont exposées à des frottements.

Quand la pompe est restée pendant quelque temps sans travailler, la soupape d'entrée de l'eau dans le corps de la pompe, qui se trouve au bas et à l'extérieur, est quelquefois peu mobile; mais on la remet en état en la faisant jouer avec la main. Il en serait de même, si quelques corps étrangers venaient à s'y introduire.

Le réservoir doit toujours être plein d'eau, et n'être vidé que dans le cas de réparations à y faire, et pendant les gelées, ou bien pour changer l'eau lorsqu'il s'y est introduit des corps étrangers. Lorsque l'eau est congelée, on peut la faire dégeler avec de l'eau chaude.

Presse. — Les principales parties de la *presse* sont : 1° le corps de la presse; 2° le piston ; 3° le plateau en fonte, surmonté de son contre-plateau en bois ; 4° les deux montants; 5° le chapeau ou le sommier. L'inspection de ces objets les fait reconnaître dès la première vue.

Dans la partie supérieure du corps de la presse, et intérieurement, est fixé un cuir embouti, qui forme collet, et s'oppose à la sortie de l'eau poussée sous le piston par la pompe d'injection. C'est à ce cuir qu'est dû, non l'effet, mais le bon résultat de la presse ; et pour cela il est nécessaire qu'il ne se dessèche pas et qu'il conserve constamment sa forme, ce qu'on obtient, *en tenant toujours la presse un peu tendue pendant les jours de repos.* Lorsque la pompe agit, elle injecte de l'eau sous le piston par le tube de communication; l'eau soulève le piston, et par conséquent pousse de bas en haut le plateau ; opérant ainsi la pression contre le sommier qui est retenu par les deux mon-

tants, formés de plusieurs barres de fer, dont une bride à
écrou, placée au-dessus du sommier, empêche l'écartement.

Chargement. — La matière à presser est renfermée dans
une caisse quadrangulaire, dont un des côtés peut s'ouvrir
en deux parties, afin d'en faciliter le chargement et le déchargement. Le chargement s'opère en plaçant la matière
en couches entre des feuilles mobiles en cuivre. Le dessous
de la caisse est garni de galets pour en faciliter le mouvement, et pouvoir l'ôter ou l'enlever à volonté de dessus la
presse, et l'amener au point où elle doit être chargée et
déchargée. Dans le bas de cette caisse est un faux fond,
ayant des entailles en dessous. Ces entailles sont destinées
à placer le bout d'un levier en pied de biche, levier au
moyen duquel, et avec quelques secousses, on parvient
facilement à détacher les galettes de l'intérieur de la caisse.

Pour charger la caisse, l'ouvrier se place à l'extrémité
de la plate-forme, dont il sera parlé ci-après. A côté de la
plate-forme est une maie contenant la matière humectée
de 3 à 4 pour 100 d'eau, et même moins, si cela est possible.
(L'humectation devra se faire dans un autre local.) La caisse
étant ouverte, il met en place le faux fond, et par-dessus
une feuille en cuivre, puis replace la partie inférieure du
côté mobile ou de la portière. Cela fait, il prend dans la
maie une mesure de matière, qu'il verse dans la caisse, en
l'égalisant le mieux possible, soit avec la main, soit de
toute autre manière; après quoi il saisit une feuille de
cuivre, qu'il met verticalement en dedans et contre la portière, le petit côté en haut, et qu'il laisse tomber doucement sur la matière. Les feuilles ont la forme de trapèze,
afin que la matière puisse mieux se dépouiller dans sa
caisse. Cette première opération effectuée, l'ouvrier prend
une seconde mesure de matière pour former une seconde
galette, et continue ainsi, après avoir replacé à temps la

seconde partie de la portière, jusqu'à l'entier remplissage de la caisse. Le chargement est terminé par une feuille de cuivre recouverte d'un plateau mobile en bois ; après quoi l'ouvrier, poussant la caisse au delà de la planche à char- nière, relève cette planche pour entrer dans la plate-forme, à l'effet de conduire la caisse au milieu de la presse, de ma- nière que les galets soient en dehors du plateau. Cela fait, il forme des lits de chantiers, en les plaçant alternativement dans les deux sens, jusqu'à ce que l'intervalle entre le dessus de la caisse et le dessous du sommier soit rempli. Il doit avoir l'attention de bien placer les chantiers, afin qu'ils puissent entrer sans peine dans la caisse, quand la pression s'opérera. Tout étant bien arrangé, on fait agir la presse, après avoir fermé la clef, et avoir mis le poids de la romaine à la division indiquée par la nature du travail à exécuter, jusqu'à ce que la pression ait élevé la caisse de toute la hauteur des chantiers, et soit près de toucher le sommier. Si alors la soupape de sûreté n'indique pas que la pression désirée soit obtenue, on arrête la pompe, on ouvre la clef, la presse se détend, la caisse s'abaisse, et on peut de nou- veau replacer d'autres chantiers au-dessus des premiers pour faire une seconde pressée. Deux pressées doivent suffire pour obtenir la pression déterminée ; mais lorsque la soupape de sûreté indique que l'on est parvenu à ce point, on n'en doit pas moins continuer de donner huit à dix coups de piston, afin de tendre complétement la presse. La caisse reste ensuite une demi-heure sous la presse, après quoi on détend celle-ci, on enlève les chantiers et on ra- mène la caisse sur la table où elle a été chargée. On ouvre ensuite les portières, on ôte le reste des chantiers, le pla- teau et la première feuille de cuivre ; on place un levier dans les échancrures du fond mobile, en commençant par celle de derrière pour détacher les galettes qui sont enle- vées de dessus les feuilles de cuivre et placées dans des tines ou caisses, pour être portées au grenoir. Après l'enlèvement des galettes, on recharge la caisse de la même manière que ci-dessus.

Avec deux caisses le travail peut être rendu continu ; car,
pendant que l'une d'elles est sous la presse, l'ouvrier peut
décharger et recharger l'autre, et ainsi de suite.

C'est pour rendre le travail du platelage plus prompt et
moins fatigant, qu'on a imaginé de placer de chaque côté,
et à la hauteur du plateau de la presse, une plate-forme
portant une caisse de pression. Ces plates-formes sont composées de deux traverses, supportées par des montants, qui
sont placés sur dix semelles. Les traverses sont garnies en
dessus de tringles en cuivre, qui servent de guides au
mouvement des galets de la caisse, lesquels sont creusés en
gorge. A une des extrémités de la plate-forme est ajustée
une planche sur laquelle on peut faire arriver la caisse
pour la charger et la décharger. Cette planche se relève,
en tournant sur un pivot placé sous l'une de ses extrémités,
pour laisser passage à l'ouvrier, quand il veut pousser la
caisse sous presse ou la retirer.

Afin que l'ouvrier puisse travailler commodément, et former aisément les galettes, quand la portion supérieure de
la portière sera placée, il paraît nécessaire que le haut de
la caisse ne soit élevé au-dessus du terrain que de 1^m,30 à
1^m,40 au plus. C'est cette condition qui doit régler la hauteur à donner aux montants de la plate-forme, et la quantité dont la presse sera enfoncée dans le terrain, pour que
son plateau soit toujours de niveau avec les deux plates-formes. Par cette disposition, le tube d'injection se trouve un
peu enterré, ce qui sera d'ailleurs avantageux sous le rapport de sa conservation.

La mesure pour la formation des galettes peut être une
caisse ou un petit baril. Sa contenance dépend de l'épaisseur qu'on voudra donner aux galettes, ainsi que de l'état

où se trouvera la matière après avoir été humectée. Quelques essais auront bientôt fait connaître, dans les poudreries, les dimensions à donner à la mesure en question pour avoir des galettes de l'épaisseur indiquée ou reconnue la plus convenable, soit pour la qualité de la poudre, soit pour la facilité du travail. Ainsi, on pourra déterminer et avoir d'avance des mesures pour des galettes, qui, après la pression, devront avoir 10, 15, 20, 25, 30 millimètres, selon l'espèce de poudre, et même jusqu'à 50 millimètres, s'il s'agit de poudre de mine.

Quant à la pression, des expériences faites avec soin ont montré que celle qui paraissait la plus convenable pour obtenir une poudre d'une bonne conservation et en même temps d'une force satisfaisante, était de 50 kilogrammes environ par centimètre carré de la surface pressée. Or la surface de la galette étant de 2,240 centimètres supérieurs, et la pression totale, en plaçant le poids de la romaine à la dernière division, étant de 160,000 kilogrammes, si l'on divise ce dernier nombre par le premier, on aura 71^k,4 pour pression par chaque centimètre carré. C'est la plus forte pression qu'on puisse obtenir avec la caisse décrite ; mais on l'augmenterait, soit en diminuant la surface de la caisse ; ou bien, comme la construction de la presse peut encore le permettre, en augmentant le poids de la romaine jusqu'au poids déterminé par la formule, qui donnerait alors à la machine une pression totale de 180,000 kilogrammes, et pour la caisse actuelle, une pression relative de 80 kilogrammes par centimètre carré de surface.

Dans tous les essais qui seront faits avec cette machine, on doit toujours avoir en vue : 1° de fabriquer la poudre avec le moins d'humidité possible ; 2° de la rendre plus dure que celles actuellement fabriquées par les pilons, sans cependant trop diminuer sa force, comme il arriverait si l'on poussait trop loin la pression.

Les expériences ont démontré :

1° Que la dureté croît avec la pression ;

2° Que l'on obtient plus de grains d'une galette dure que d'une galette tendre ;

3° Que dans le fusil-pendule, la force de la poudre décroît quand la pression augmente au delà du terme indiqué ;

4° Que si l'on retire de galettes également pressées trois différentes grosseurs de grains, le fin grain sera plus fort au fusil-pendule que le moyen, et le moyen plus fort que le gros.

Les deux dernières circonstances se reproduisent lorsqu'on essaye les poudres à l'éprouvette Régnier, non en remplissant également les chambres, mais en y mettant des poids égaux de poudre. Elles sont changées si on remplit la chambre de l'éprouvette, ce qui tient aux différences de densité des poudres essayées.

Ces faits prouvent qu'à mesure que l'on veut augmenter la dureté d'une poudre de force déterminée, il faut diminuer la grosseur de son grain.

Service de la presse.—Deux ouvriers suffisent pour le service de la presse.

Avant le travail, on examine la soupape de sûreté de la pompe, et on donne quelques coups de piston pour s'assurer que la machine peut fonctionner.

On met dans chaque maie la quantité de poussier nécessaire pour deux pressées ; ce poussier aura dû être mouillé dans un autre atelier de 5 p. 100 d'eau environ, et moins, si on le peut. On place le devant de la caisse à charger, à 16 ou 20 centimètres du bord de la planche de la plate-forme ; on l'ouvre, on place le faux fond et une feuille de cuivre par-dessus. On pose la partie inférieure de la portière, puis on appuie contre cette partie, et, en dehors, le surplus des feuilles de cuivre nécessaires au changement de la caisse. Tout étant ainsi disposé, le poudrier remplit la mesure avec

15.

du poussier, l'arrose et la verse dans la caisse, où il l'égalise avec la main ou de toute autre manière. Il saisit ensuite une des feuilles de cuivre, la pose verticalement contre la portière en dedans, le côté inférieur touchant la feuille déjà placée; puis l'incline vers le derrière et la laisse tomber doucement sur le poussier. Il continue ensuite de former des galettes jusqu'à la hauteur de la première portion de la portière : alors là il place la partie supérieure de la portière, puis continue jusqu'à complet remplissage de la caisse, remplissage qu'il termine par une feuille de cuivre sur laquelle il met le plateau supérieur.

Aidé du servant, il pousse la caisse sur les traverses de la plate-forme, relève la planche, et, entrant dans la plate-forme, continue de pousser la caisse sur le plateau de la presse où elle est arrêtée par les deux taquets qui en déterminent la position, de manière à ce que les galets ne portent pas sur ledit plateau. Le poudrier place ensuite les chantiers, pour remplir l'espace entre la caisse et le dessous du sommier.

Cela fait, le servant se porte à la pompe, la fait agir, et quand les bords de la caisse sont près de toucher le sommier, le poudrier donne un signal, auquel le premier cesse de pomper et ouvre la clef pour rabaisser le plateau. Le poudrier alors remet de nouveaux chantiers pour faire une seconde pressée, et fait le signal pour commencer à remettre la pompe en jeu. On agit au levier jusqu'au moment où la soupape de sûreté indique que la pression désirée est obtenue; après quoi on continue de donner une douzaine de coups de piston pour tendre complétement la presse. Le servant se réunit alors au poudrier pour charger ensuite la seconde caisse. La première étant restée sous la presse environ une demi-heure, on détend la presse, on ôte les chantiers qui dépassent la caisse, puis on ramène celle-ci vers le bout de la plate-forme pour être déchargée; mais auparavant on place la seconde caisse sous la presse, et l'on opère la pression de la manière qui vient d'être indiquée. La presse étant tendue, on procède au déchargement de la première caisse ainsi qu'il suit :

On enlève d'abord les deux parties de la portière, ensuite les chantiers, le plateau supérieur et la première feuille de cuivre. Cela fait, on place dans l'ouverture du derrière de la caisse un levier en pince, dont le mouvement détache aisément les galettes. S'il n'en était pas ainsi, on manœuvrerait de la même manière avec le levier aux entailles du devant ; ce qui ne pourrait manquer de produire l'effet désiré. Les galettes étant ébranlées, le poudrier les retire avec les feuilles de cuivre, les détache et les fait tomber dans une petite caisse longue qui est posée pour ce moment sous le devant de la plate-forme. Après avoir nettoyé la caisse et la plate-forme, et fait enlever les galettes qui doivent être portées le plus tôt possible au grenoir, il se dispose pour recharger la caisse, opération qui se fait de la manière précédemment indiquée. Lorsque le chargement est fini, on retire la seconde caisse qui était sous la presse ; on replace la première, on décharge et recharge la seconde, et ainsi de suite. En procédant ainsi, on a toujours une caisse en pression, et l'autre en déchargement et rechargement.

La poudre provenant de la presse hydraulique se présente sous la forme de galettes dures et résistantes : le grenage peut se faire à l'aide de cribles en toile métallique mus à la main ; mais cette opération est fort longue, parce que la matière très-dure des galettes s'écrase difficilement sous le tourteau ; nous avons décrit ce mode, en parlant de la fabrication des poudres de chasse par les meules pesantes, et nous pouvons juger de ses lenteurs, en rappelant qu'un ouvrier ne peut pas faire, en 10 heures de travail, plus de 40 kilogrammes de poudre de chasse fine et 10 kilogrammes de poudre de chasse royale.

Il est bien plus avantageux de grener par des moyens mécaniques ; l'*écureuil* et le *grenoir mécanique* remplissent bien ce but ; néanmoins la dernière machine est généralement adoptée.

Le grenoir mécanique sera décrit plus loin ; quant à l'*écureuil*, voici en quoi il consiste.

C'est un tambour dont la partie cylindrique est en toile métallique. On y introduit une vingtaine de balles de bois de 3 à 4 centimètres de diamètre ; l'écureuil, en tournant sur son axe, détermine entre ces billes des chocs qui brisent la matière à grener qu'on y introduit successivement par une ouverture pratiquée au centre de l'un des fonds ; elle en sort par les mailles du tissu métallique, à mesure qu'elle arrive à la grosseur convenable, qui est celle des grains.

La galette très-dure, telle que celle qui provient de la pression du laminoir, ne peut être brisée par le choc des billes de bois ; la toile métallique est aussi trop fine pour supporter cette action. L'écureuil dont on se sert alors est formé de deux tambours concentriques d'égale hauteur ; la partie courbe du tambour intérieur est formée par une suite de liteaux laissant entre eux des jours de 2 à 3 millimètres ; celle du tambour enveloppant est un tissu métallique dont la maille a la dimension qui convient à la grosseur du grain que l'on veut avoir. Ils sont mis en communication par un raccordement tangentiel, et tel que, dans le mouvement, ce qui est dans l'enveloppe peut entrer dans le tambour intérieur, et que rien ne peut sortir du tambour intérieur qu'en passant par les intervalles laissés entre les liteaux. La galette primitivement concassée est jetée dans le tambour intérieur, comme dans l'autre écureuil ; elle s'y trouve en prise à l'action de 8 à 10 kilogrammes de balles d'étain de la grosseur de celles du fusil de munition : elle est immédiatement brisée, et les petits morceaux passent à travers les liteaux dans l'enveloppe métallique, qui elle-même donne passage aux grains qui s'y trouvent ; le reste rentre par l'effet du mouvement dans le tambour intérieur, où il est brisé de nouveau pour retourner sur la toile métallique, fournir une nouvelle quantité de grains, et ainsi de suite, jusqu'à la conversion complète en grains. Cet outil est d'un produit très-avantageux, il exige peu de dépense, il est préférable aux autres moyens de granulation, mais il doit le céder au grenoir mécanique.

Lissage, séchage. — La suite des opérations, telles que lissage, séchage, etc., est la même que pour les poudres suivantes.

FABRICATION DES POUDRES DE CHASSE AVEC LES MEULES LÉGÈRES.

Les poudres de chasse sont fabriquées par les procédés suivants que nous allons rapporter, et dont la suite est celle-ci :

1° Trituration du soufre et du charbon réunis ;

2° Mélange dans le mélangeoir du soufre, du salpêtre et du charbon ;

3° Compression du mélange ternaire sous les meules légères ;

4° Grenage ;

5° Lissage ;

6° Compression des poussiers sous le laminoir ;

7° Séchage.

Nous appelons *légères*, les meules du poids de 2,500 kilogrammes, pour les distinguer des meules *pesantes* du poids de 6,000 kilogrammes.

Le dosage officiel est :

Salpêtre...	78
Soufre................	10
Charbon	12
	100

mais celui réellement suivi est

Salpêtre.............	77
Soufre	9,5
Charbon	13,5
	100

POUDRE DE CHASSE FINE.

Le salpêtre est tamisé, comme il a déjà été dit.

Le charbon de bois de bourdaine est seul employé dans la fabrication des poudres de chasse ; il a été fait par distillation et a la teinte rousse, qualité que nous avons reconnue précieuse pour les poudres.

La première opération a pour but de disposer les éléments de la poudre à leur rapprochement et à leur mélange subséquent le plus intime, en commençant par les amener d'abord au plus grand état de finesse. Le salpêtre étant peu difficile à réduire lui-même à une grande ténuité, on se contente de faire subir cette première opération au soufre et au charbon, la durée du mélange ternaire suffisant ensuite pour mettre le salpêtre dans une condition semblable, tout en opérant la combinaison.

Des deux matières soufre et charbon, la dernière étant la plus difficile à réduire en poudre, il convient de faire durer la trituration davantage. A cet effet, on commence l'opération par ce produit seul, auquel, au bout d'un certain temps, on ajoute le soufre. La trituration de ces deux substances mélangées est avantageuse pour le résultat ; le soufre, commençant à faire prendre du corps au charbon, l'empêche d'échapper à l'action des gobilles, comme cela a lieu lorsqu'il est seul, et l'on obtient ainsi un mélange binaire dans lequel chaque élément est à un degré de ténuité qu'il n'aurait jamais pu atteindre isolément.

La pulvérisation s'opère à l'aide de petites gobilles de métal tournant dans une tonne, soit en bois, soit en tôle forte. La tonne dont on fait usage est cylindrique ; sa longueur est de 1^m,10, son diamètre 1^m,14 ; elle est placée horizontalement dans une cage en cuir qui ferme hermétiquement, et elle est traversée dans toute sa longueur par un axe en fer, au moyen duquel elle peut tourner sur elle-même. L'intérieur de la tonne est garni de douze côtes en bois faisant saillie de 2 centimètres, et destinées à faire sauter les matières mises dans la tonne et à les empêcher de glisser d'une manière continue. Une petite porte, armée de deux poignées en fer, et ayant 7 décimètres de largeur, sert à l'introduction et à la sortie des matières ; elle est fixée sur la tonne à l'aide de six boulons en cuivre à écrou. La charge en gobilles est de 150 kilogrammes ; elles sont toutes égales et de 5 millimètres de diamètre.

Pour commencer une opération, on pèse exactement 18 kilogrammes de charbon, tel qu'il provient de l'atelier de carbonisation, c'est-à-dire en morceaux d'environ un décimètre de longueur, et on les introduit dans la tonne de trituration ; on ajuste la porte, on la ferme au moyen des écrous, puis on donne de l'eau à la roue hydraulique, de manière à faire faire à la tonne 28 à 30 révolutions par minute. Le charbon se trouve alors réduit en poudre par les chocs successifs des gobilles, et sa finesse augmente avec la durée de la trituration.

Ce n'est qu'au bout de douze heures qu'on regarde la pulvérisation comme achevée. On arrête la roue, on ouvre la porte de la tonne, on y introduit 15 kilogrammes de soufre en morceaux, et, ayant bien fermé, on continue la durée de la trituration pendant six heures. A cette époque, la trituration du mélange binaire est terminée ; un litre de ce mélange pèse, terme moyen, 304 grammes.

Pour retirer le mélange de la tonne, on enlève la porte pleine, et on la remplace par une autre porte semblable dont les panneaux sont formés de toile métallique ayant cent mailles par pouce carré. En faisant faire à la tonne, munie de cette nouvelle porte, cinq ou six tours, on conçoit que toute la matière s'échappe au travers des mailles de la toile métallique, tandis que les gobilles y restent pour une opération subséquente.

La matière tombant de la tonne à pulvériser est reçue dans des barils, et portée à l'atelier de composition.

Il faut maintenant compléter le dosage, en ajoutant la quantité de salpêtre nécessaire. A cet effet, après avoir mis dans un boisseau $5^k,50$ du mélange binaire, on verse dessus $19^k,50$ de salpêtre ; le boisseau se trouve alors contenir 25 kilogrammes, savoir :

Salpêtre............	$19^k,50$
Soufre............	3 ,00
Charbon............	2 ,50
	25,00

Ayant ainsi préparé le nombre de boisseaux nécessaires pour la quantité de poudre que l'on veut préparer, il faut mêler intimement les substances élémentaires qu'ils renferment : c'est ce qu'on appelle le *mélange*.

Cette opération s'effectue par un procédé analogue à celui que l'on a déjà employé pour la pulvérisation préliminaire du soufre et du charbon ; avec cette différence, qu'au lieu de faire usage d'une tonne en bois ou en fer, ce qui aurait ici de graves inconvénients, on se sert d'une tonne en cuir.

Cette tonne, appelée *mélangeoir*, est formée de trois fonds verticaux de bois de chêne montés sur un arbre en bois, et dont l'écartement est maintenu par douze côtes en bois vissées sur les fonds. Toutes ces côtes sont ensuite recouvertes par un fort morceau de cuir, qui y est attaché, de manière à former ainsi un cylindre dont la surface convexe est en cuir, et qui présente dans son intérieur deux compartiments garnis de côtes en bois. La tonne a $1^m,20$ de diamètre et $1^m,20$ de largeur ; elle se ferme au moyen d'une porte vissée à écrous.

Pour opérer le mélange, on place d'abord dans chacun des deux compartiments de la tonne 60 kilogrammes de petites gobilles de bronze de 5 millimètres de diamètre, et l'on verse par-dessus les 25 kilogrammes de matière pesée dans le boisseau. On ferme la porte du mélangeoir, et à l'aide de la roue hydraulique qui est en communication avec l'axe de la tonne, on imprime à celle-ci un mouvement de rotation de 25 à 30 tours par minute. Le mélange des trois matières s'opère alors par le moyen des petites gobilles, et il devient de plus en plus intime, à mesure que le mouvement dure davantage.

Il y a deux époques bien distinctes dans le travail : d'abord pulvérisation des matières, pendant laquelle leur volume augmente; ensuite, lorsque la pulvérisation est parvenue à son terme , l'action continue des gobilles ne fait que rapprocher les particules, et leur donner du corps et de la densité.

Pendant toute la durée du mélange, il y a dégagement de chaleur; elle est néanmoins peu considérable ; elle varie suivant la température ambiante, et ne s'élève pas en général au delà de 40 à 48° centigrades.

Ce n'est qu'au bout de douze heures que l'on regarde l'opération comme terminée. On le reconnaît à l'état pâteux de la matière, à sa propriété de s'attacher aux parois du tonneau, et de ne former plus qu'une seule masse avec les gobilles : un litre pèse 357 grammes. Il convient alors de la retirer. Pour cela on agit comme nous l'avons déjà indiqué en parlant du mélange binaire, c'est-à-dire qu'après avoir enlevé la porte pleine, on la remplace par une autre en toile métallique, en faisant faire cinq ou six révolutions au tonneau ; toute la matière s'échappe à travers le tissu, et est reçue dans une maie à roulettes placée au-dessous. Il est presque inutile de dire que, pour éviter toute perte, la tonne ainsi que la maie sont contenues dans une grande cage garnie de basane, qui ferme hermétiquement.

Lorsque la matière est rassemblée dans la maie et que l'on juge que tout le poussier qui avait pu rester suspendu dans l'air a eu le temps de retomber, on tire la maie en avant, afin d'y faire un arrosage. Dans chaque maie, qui contient 50 kilogrammes de matière, on verse, avec un arrosoir, dont la pomme est percée de petits trous, un kilogramme, c'est-à-dire 2 p. 100 d'eau. On fait cet arrosage le plus lentement possible, en ayant soin de promener successivement l'arrosoir sur tous les points de la masse, et de remuer constamment la matière avec un petit rabot de bois, afin que l'humidité y soit uniformément répartie.

Cette opération étant terminée, on retire la matière avec une main de cuivre, on la met dans des barils, et on la porte à l'atelier *des meules*.

Le mécanisme de la compression est essentiellement composé de deux meules verticales en bronze (ou en fonte recouverte d'une bague de cuivre) reposant sur une plateforme circulaire en bois d'orme. Un arbre vertical, placé au centre de la plate-forme, reçoit les axes de chacune des meules, et en tournant sur lui-même, par le moyen d'un arbre de couche communiquant avec la roue hydraulique, il fait marcher les meules sur la plate-forme ; des petites *servantes* en bois, placées derrière les meules, ramènent sur leur piste et détachent ce qui aurait pu s'en écarter. Chaque meule a 1ᵐ,50 de diamètre, 0ᵐ,50 de large et pèse 2,500 kilogrammes.

Pour faire une charge de poudre sous les meules, on place sur la plate-forme 50 kilogrammes de matières arrosées, et on les répartit de manière à former partout une couche d'environ 5 centimètres d'épaisseur. On donne alors doucement de l'eau à la roue, afin de mettre les meules peu à peu et lentement en mouvement, et on augmente graduellement jusqu'à leur faire faire environ huit révolutions de la plate-forme par minute. On les laisse marcher sur la poudre avec cette vitesse pendant environ une heure, ou une heure et un quart, en ayant soin de ramener constamment sous les meules les parties qui s'échappent vers les bords, de remuer et retourner la matière, et de détacher ce qui pourrait rester adhérent. A cette époque, la matière, qui a déjà beaucoup diminué d'épaisseur et est devenue fort dure, commence à perdre de sa consistance, et donne lieu à peu de poussière. C'est un indice qu'elle a perdu la plus grande partie de son humidité, et il convient de l'arroser de nouveau. A cet effet, sans arrêter le mécanisme, on attache derrière l'une des meules un petit tube d'arrosage horizontal, percé de petits trous, et dont la partie supérieure est formée par un pet.t réservoir, dans lequel on verse de l'eau. On ouvre un robinet placé à la partie supérieure du tube, et l'eau se répand sur la masse en petits filets déliés. La quantité d'eau d'arrosage est d'un kilogramme pour 50 kilogrammes de matière. Lorsque cet arrosage est terminé, l'ouvrier retourne la matière à l'aide d'un petit ciseau garni de cuivre ; puis il ralentit le mouvement des meules, de manière à ce qu'elles ne fassent plus que quatre tours par minute. On les laisse ainsi agir pendant trois quarts d'heure, au bout desquels on les arrête. La galette est alors suffisamment humectée et assez dure pour être grenée. Son épaisseur est de 18 millimètres, et elle ne contient que 1/2 p. 100 d'eau. La galette de poudre ainsi obtenue est brisée en petits morceaux, avec le manche du ciseau, et portée à l'atelier de grenage, où elle est grenée comme on va l'indiquer.

Après avoir obtenu, par les meules, des galettes de poudre de consistance convenable, il s'agit de les grener. Cette opération ne peut être faite à la manière ordinaire sur de simples tamis découverts, parce que la matière étant beaucoup trop sèche et trop dure, les grenoirs se trouveraient presque aussitôt détruits, et le poussier donnerait lieu à une perte considérable. On est donc obligé de procéder au grenage dans des appareils tout à fait clos, et avec un grenoir d'une espèce particulière dit *grenoir mécanique*. Cette machine est formée d'un châssis octogone en bois, de 2^m,50 de diamètre, suspendu horizontalement, par le moyen de huit cordes, à 8 décimètres au-dessus du sol.

Au centre de ce châssis est un collet en cuivre, dans lequel s'engage la signolle d'un arbre vertical en fer dont l'extrémité supérieure est fixée au plafond, et l'extrémité inférieure est garnie d'une roue d'angle en fonte ; celle-ci engrène avec une autre roue montée sur un arbre mis en mouvement par la roue hydraulique. Lorsqu'on donne de l'eau à la roue, l'arbre vertical tourne lui-même, et imprime au châssis un mouvement de va-et-vient circulaire, d'un rayon égal à la courbure de la signolle. La vitesse du châssis est d'environ 70 à 75 révolutions par minute.

Sur ce châssis sont placés huit grenoirs multiples au moyen desquels la galette se trouve dans chacun d'eux brisée par le tourteau, grenée, égalisée et séparée du poussier. Le gros grain revient sur le tourteau, le poussier se rend d'un côté dans une recette fermée, et le bon grain dans un boisseau. Le seul soin qu'exige l'appareil consiste à alimenter le tamis et à vider les recettes et les boisseaux.

Pour bien comprendre le jeu de la machine, on remarquera que chaque tamis est divisé dans sa hauteur en trois
compartiments. Le compartiment supérieur est formé par
une plaque de bois de noyer percée de petits trous vasés par
le bas, et sur laquelle repose un tourteau de bois ; en deux
points opposés de cette plaque, on a pratiqué deux ouvertures, auxquelles sont adaptées deux petits plans inclinés
en cuivre, en forme d'augets qui viennent par leur extrémité inférieure toucher la surface du second fond distant de
3 centimètres du premier ; ce second fond est en toile
métallique, contenant 1600 ouvertures par pouce carré.
Enfin à 3 centimètres est un troisième fond en étamine de
soie. Tout le tamis repose sur la surface du châssis qui est
garnie de cuir ; et le compartiment supérieur est aussi recouvert par une toile qui, au moyen d'une manche en peau
communique à une petite trémie de bois, dans laquelle on
verse la matière à grener.

Lorsque le châssis est mis en mouvement et que l'on introduit de la galette dans le compartiment supérieur, le
tourteau qui repose sur la plaque de bois se meut circulairement sur cette plaque, concasse la galette et la réduit
en petits morceaux, qui passent à travers les trous et tombent dans le second compartiment garni de toile métallique.
Là, toute la portion qui est en grains assez fins pour traverser la toile, s'échappe, et il ne reste sur elle que les portions trop grosses ; mais ces portions, en vertu de la force
centrifuge imprimée au tamis, parcourent toute sa circonférence, vers laquelle, rencontrant les petits plans inclinés
dont on a parlé, elles remontent sur la plaque de bois, et
sont de nouveau soumises à l'action du tourteau. Pendant
que cet effet a lieu entre les deux compartiments supérieurs,
le mélange de grain et de poussier tombe sur le dia-
phragme d'étamine de soie ; tout le poussier traversant l'é-

tamine arrive sur le fond en cuir du châssis, et, par une manche de peau, est conduit dans une petite recette, tandis que le grain, bien nettoyé, qui demeure sur la soie, continue à parcourir la circonférence du tamis ; pour extraire ce bon grain resté sur l'égalisoir, on a encore mis à profit la force centrifuge ; à cet effet, on a percé la cerce du tamis, au niveau de l'étamine, d'une ouverture allongée ; à l'intérieur, cette ouverture porte une courte languette en cuivre, dirigée en sens contraire du mouvement de rotation ; les grains jetés vers la circonférence sont arrêtés par cette languette, passent par l'ouverture, et, au moyen d'une manche en peau, sont conduits dans un boisseau.

Ainsi, on obtient d'un seul coup le poussier et le bon grain très-bien séparés. 100 kilogrammes de galette de laminoir grenée de cette manière, produisent 52 kilogrammes de grain et 48 de poussier.

Les poussiers qui proviennent de ce grenage seraient trop secs pour être mis immédiatement en galette par le laminoir ; on les humecte pour les soumettre à cette machine, et pouvoir les grener de nouveau.

Le grain que l'on obtient par le mode de grenage que l'on vient de décrire est bien égal, et parfaitement séparé du poussier ; il faut dans cet état lui faire subir le *lissage*. Cette manipulation n'a pas seulement pour objet de donner à la poudre une surface polie et brillante, qui rend son aspect plus agréable ; mais elle est encore de la plus haute importance pour sa conservation, et pour communiquer au grain la densité d'où dépend essentiellement sa qualité.

Cette opération s'effectue dans une tonne cylindrique en bois nommée *lissoir*, ayant 2^m,70 de longueur et 1^m,20 de diamètre, divisée intérieurement en 5 compartiments, dont chacun a une porte particulière fermant avec des boulons de cuivre : l'arbre de la tonne est porté à ses deux extrémités sur des galets de cuivre, afin de rendre le frottement plus facile et plus doux, et il est en communication avec une roue hydraulique qui met le mécanisme en mouvement.

On met dans chaque compartiment du lissoir 100 kilogrammes de grain, tel qu'il vient d'être obtenu du grenage, et, après avoir fermé exactement les portes, on donne de l'eau à la roue. Il convient de ne donner au lissoir pendant les douze premières heures qu'un mouvement lent, qui n'aille pas au delà de 9 à 12 tours par minute. La poudre, par le mouvement de rotation du tonneau, roule continuellement sur elle-même, les points de contact se renouvellent, et les grains usent les uns contre les autres leurs aspérités et se polissent mutuellement. Au bout de douze heures, on augmente la vitesse de la tonne, en la portant graduellement jusqu'à 30 tours par minute; enfin, vers le dernier tiers de l'opération, qui dure en tout trente-six à quarante heures; on ralentit de nouveau le mouvement de la machine, afin que la poudre, qui s'est beaucoup échauffée dans le lissage, puisse se refroidir, car il est important de ne retirer la poudre du tonneau que lorsqu'elle est complétement froide; sans cette précaution elle est sujette à se délustrer et le grain devient friable.

Pendant tout le temps que dure le lissage, la densité de la poudre croît d'une manière constante; en prenant au gravimètre la densité à diverses époques, on a trouvé les résultats suivants :

Densité du grain mis au lissoir (grain)...			810
— après 4 heures de lissage		....	833
— — 8	—	....	846
— — 20	—	....	869
— — 25	—	....	878
— — 30	—	....	889
— — 42	—	....	893

Lorsque le lissage est terminé, on arrête le tonneau, on ouvre les portes; en lui faisant faire deux ou trois tours, toute la poudre tombe dans une grande trémie terminée par des poches en peau, qui la conduisent dans des barils.

On ne retire pas du lissage la totalité du grain mise en expérience; la chaleur développée faisant *suer* le grain, elle en empâte une petite quantité et forme ainsi une croûte humide, quelquefois assez épaisse, qui s'attache aux fonds verticaux de la tonne, et que l'on appelle *gale*. On enlève cette croûte après deux ou trois opérations, mais non pas chaque fois, parce que sa présence est favorable à un bon lissage, et que l'on reconnaît quelques différences entre les produits d'un lissoir neuf et ceux d'un autre qui a déjà servi. En général, de 100 kilogrammes de grains mis au lissoir, on retire, en grains lissés, 95 à 96 kilogrammes : le reste consiste en croûtes et gales que l'on repasse dans le cours du travail.

La poudre sortant du lissoir contient encore de 1 à 2 p. 100 d'humidité dont il faut la débarrasser par le *séchage*. Cette opération peut être faite de deux manières, soit par la chaleur solaire, soit par la chaleur artificielle.

Séchoir à l'air. — Le premier moyen que l'on emploie, toutes les fois que le temps le permet, est toujours regardé comme devant être préféré au second pour les poudres de chasse; il a l'avantage de ne jamais les délustrer, ce qui peut quelquefois arriver lorsque la chaleur est trop brusque. Le séchage à l'air s'effectue en exposant la poudre au soleil, sur des draps de coton supportés par des tables de bois. Il suffit en général de quatre heures de temps pour sécher la poudre; pendant cet intervalle on a le soin de retourner la couche avec des rabots en bois. Le thermomètre plongé dans la poudre s'y élève de 60 à 70 centimètres.

Sécherie artificielle. — Le séchage artificiel, auquel on a recours pendant la mauvaise saison, s'effectue dans une usine particulière nommée *séchoir*, au moyen de l'air échauffé par la vapeur d'eau.

La vapeur, produite par une chaudière placée à 50 mètres,

arrive dans la sécherie par un tuyau en cuivre qui la distribue à quatre gros cylindres creux placés horizontalement un peu au-dessus du sol. Leur longueur est de 1ᵐ,35 et leur grosseur de 0ᵐ,32. Chacun de ces cylindres renferme dans son intérieur dix-neuf tuyaux de 0ᵐ,05 de diamètre, qui sont soudés dans les fonds extrêmes du cylindre et le traversent dans toute sa longueur. On conçoit alors qu'en faisant arriver de la vapeur dans le gros cylindre, tous les petits tuyaux se trouveront échauffés, et qu'en poussant, à l'aide d'un ventilateur, de l'air froid à travers ceux-ci, l'air en sortira chaud. Tout cet appareil est placé dans une cage en bois, dont la partie supérieure est formée par un plan incliné en toile; c'est sur cette toile que l'on place la poudre, en couche de 10 à 12 centimètres d'épaisseur. L'air échauffé des cylindres, constamment poussé par le nouvel air froid que fournit le ventilateur, est obligé de s'échapper à travers la couche de poudre, et dans ce passage lui enlève son humidité. Il suffit en général de quatre heures pour sécher 400 kilogrammes de poudre; le ventilateur, qui est placé derrière la sécherie, est mis en mouvement par une roue hydraulique.

Nous avons décrit plus haut une autre sécherie artificielle, ainsi que le séchoir à l'air.

Lorsque la poudre est séchée, elle peut être regardée comme tout à fait achevée; cependant comme dans les diverses manipulations qu'elle a subies depuis son grenage, il a pu se former un peu de poussier et que quelques grains un peu gros ont pu se mêler aux autres, il convient de l'*égaliser* et de l'*épousseter*. Ces deux opérations, qui n'ont rien de particulier, se font à la main, en agitant la poudre sur des tamis de soie, dont la grosseur est appropriée au but qu'on se propose. On retire ordinairement de 500 kilogrammes de poudre mise au lissoir, 15 kilogrammes d'égalissures et 10 kilogrammes de poussier.

16

Après les diverses opérations dont on vient d'exposer la série, la poudre est tout-à-fait perfectionnée. Elle est d'un noir roux, dure à écraser, et ne laisse aucune trace noire, quand on la fait glisser sur le dos de la main. Sa densité varie de 850 à 920 grammes.

Les poussiers de chasse fine provenant soit du grenage, soit de l'époussetage, sont comprimés, sans arrosage, sous le laminoir, qui leur donne la consistance et la fermeté convenables, pour donner au grenage de la bonne poudre.

Laminoir. — Le laminoir est formé de trois rouleaux ou cylindres reposant les uns sur les autres. Les deux rouleaux extrêmes sont en cuivre et celui intermédiaire est en bois. Une toile sans fin s'engage entre les deux rouleaux supérieurs, une autre toile sans fin embrasse le cylindre inférieur; c'est sur cette toile que l'on place une couche de poussier de deux centimètres d'épaisseur. Lorsque la roue hydraulique donne le mouvement au cylindre inférieur, les autres rouleaux tournent aussi sur eux-mêmes, et la toile chargée de poussier est entraînée entre les cylindres, d'où elle sort comprimée par la pression qu'elle y a subie, et que l'on peut augmenter à volonté par un mécanisme de leviers chargés de poids. Parvenue un peu en avant des cylindres, la galette se brise par son propre poids et tombe dans une caisse. La couche de poudre est ainsi réduite en une galette extrêmement dure de 5 millimètres d'épaisseur; dans cette opération elle est soumise à une pression de 25,000 kilogrammes.

POUDRES SUPERFINE ET EXTRAFINE.

Les machines que l'on emploie pour la fabrication des poudres extrafine et superfine sont les mêmes que celles qui servent pour la poudre de chasse ordinaire; seulement, dans le cours du procédé, on introduit quelques modifications qui vont être indiquées.

D'abord on fait choix des meilleurs charbons, et c'est principalement de la bonne qualité de ce produit que dépend la supériorité de la poudre.

Celui que l'on destine à cette espèce de poudre devra toujours provenir de baguettes de bois parfaitement écorcées, et que l'on aura choisies parmi les plus minces. Après que la distillation du bois aura été conduite avec tout le soin possible, on examinera le charbon, en brisant entre les mains, une à une, chaque baguette dans toute sa longueur, on rejettera toutes les portions qui paraîtront trop dures et trop carbonisées.

Le charbon ayant été bien trié sera porté dans la tonne de pulvérisation préliminaire, et pulvérisé seul, pendant dix heures; après ce temps on y ajoutera le soufre, et on laissera encore tourner ce mélange pendant quatre heures.

Le binaire retiré de la tonne sera pesé par portions de 25 kilogrammes, sur lesquels on mettra 80 kilogrammes de salpêtre; le tout sera ensuite porté dans la tonne mélangeoir et soumis de nouveau à l'action des gobilles de bronze pendant douze heures.

Au bout de ce temps, la matière est arrosée dans la maie avec 4 p. 100 d'eau, puis portée sous les meules, où on l'étend en une couche égale de 50 kilogrammes par charge; on met les meules en mouvement, et après une heure, environ, on fait un arrosage à 4 p. 100; puis on laisse encore agir les meules pendant une autre heure : jusqu'à présent le procédé ne diffère en rien de celui de la poudre ordinaire; mais ici le changement commence.

Au lieu de tirer du grain de la matière qui a été passée sous les meules, on remet au contraire toute cette galette en pulvérin, en la repassant au mélangeoir, afin de lui faire subir une nouvelle action des meules.

A cet effet, ayant partagé la composition qu'on retire de dessus la plate-forme en portions de 25 kilogrammes, chacune, on les introduit dans le mélangeoir, où elles sont soumises à l'action des gobilles pendant quatre heures. Ce temps suffit pour détruire toute la galette qui s'était formée et réduire la totalité à l'état de poussier.

Ce poussier, qui se trouve en partie humecté, est encore reporté, comme ci-devant, sous les meules et arrosé à 4 p. 100. Au bout de deux heures on arrête les meules et on enlève la matière de dessus la plate-forme. Mais comme le poids seul des meules eût été insuffisant pour donner à la galette une dureté convenable à l'espèce de grain que l'on veut obtenir, il faut avoir recours à une pression plus forte, celle du laminoir, et pour pouvoir l'y soumettre, il faut amener la matière à une forme qui se prête à cette manipulation.

On y parvient en la faisant passer à l'aide du tourteau, à travers un grenoir monté sur une toile métallique de grosseur de chasse ordinaire. On recueille ensemble le poussier et le grain qui en proviennent et on porte le tout au laminoir, où on lui fait subir toute la pression dont il est susceptible. La galette du laminoir doit être d'une épaisseur bien égale, et ne présenter dans sa cassure et sur les faces aucune veine d'une teinte plus noire que les autres, ce qui serait l'indice d'une inégale répartition d'eau. Les galettes de cette nature donnent lieu à des grains d'inégale dureté, qui, s'enflammant moins promptement que les autres, produisent dans la poudre le défaut connu sous le nom de *crachement.*

Les galettes ainsi obtenues au laminoir sont grenées à la machine, comme la poudre de chasse ordinaire ; il n'y a de différence, qu'en ce que la toile métallique placée dans le tamis au-dessous de la plaque en bois est dans ce cas remplacée par un tissu de soie de la grosseur convenable pour le grain de poudre et qui est désignée dans le commerce par le nom de *barége* ou *filet* de *Vulcain.*

Le grain que produit cette opération est ensuite lissé et séché à la manière ordinaire, et toujours au soleil.

La poudre extrafine ne diffère de la superfine que par un grain plus fin, et une densité un peu supérieure.

FABRICATION DES POUDRES DE CHASSE SOUS LES MEULES PESANTES.

Deux meules verticales (*a*) fig. (40,41) en marbre dur, ou

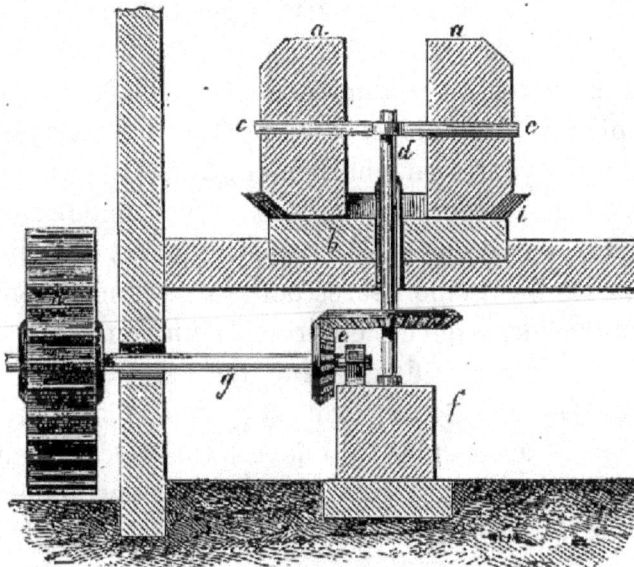

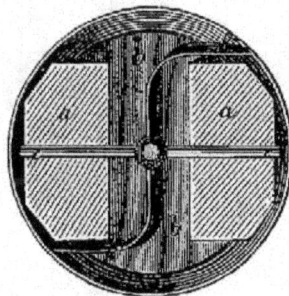

Fig. 40 et 41.

en cuivre, ou en fonte de fer, pesant 6000 kilogrammes, tournent sur un bassin en marbre, cuivre ou fonte (*b*); elles

16.

sont enfilées sur un essieu horizontal (c), qui les entraîne dans son mouvement : ce dernier est fixé à un arbre vertical (d), qui reçoit le mouvement de l'engrenage conique (e), placé dans la cave (f). L'arbre horizontal (g) sert d'axe à une roue hydraulique (h), qui donne le mouvement à tout le mécanisme. Une tourte en bois (i) retient la matière sur le bassin, deux herses en cuivre la ramènent sous les meules, et deux grattrives (k) nettoient celles-ci. Un arrosoir, fixé sur l'arbre (d), permet à l'ouvrier de distribuer sur la matière l'eau d'arrosage nécessaire.

Les matières composantes, soufre, salpêtre et charbon sont placés ensemble et sans préparation, sur les meules de manière à faire un chargement de 20 kilogrammes : les meules font dix tours par minute. L'écrasement ou plutôt la trituration est complète après quatre heures pour la poudre de chasse fine et cinq heures pour l'extrafine, y compris un rechange; l'arrosage est environ de un demi-litre répandu en plusieurs fois, suivant l'état de l'atmosphère et de la matière. On retire une sorte de galette fort dure, qui est transportée au grenier; là elle est concassée sur une table en bois en menus morceaux, et convertie ensuite en grains, soit sous le tourteau et à la main, soit au grenoir mécanique.

ÉPREUVES DES POUDRES.

Les poudres perfectionnées doivent subir certaines épreuves, propres à constater leur bonne qualité, leur force ou portée : elles doivent encore satisfaire à des conditions de densité, de dureté et d'hygrométricité également prescrites, et que nous examinerons successivement.

Les instruments de réception employés jusqu'à présent sont :

Le mortier-éprouvette ;

Le fusil-pendule et pendule balistique ;

L'éprouvette à ressort.

Dans plusieurs poudreries on a monté des canons balistiques ou suspendus, destinés à essayer les poudres à canon.

Les poudres de guerre, de mine et de commerce extérieur, sont essayées au mortier-éprouvette, puis au fusil-pendule.

Les poudres de chasse sont éprouvées au fusil-pendule et à l'éprouvette à ressort.

Nous avons déjà vu que la poudre devait nécessairement être essayée dans l'arme à laquelle elle est destinée. Le mortier-éprouvette est donc un mauvais instrument pour l'essai des poudres destinées au canon ou au fusil; il ne convient qu'aux poudres destinées aux armes à âme courte. Il est convenable par l'essai de la poudre de mine.

L'éprouvette à ressort est également un instrument vi-

cieux pour essayer les poudres de chasse destinées aux
armes longues, comme aux fusils. Cette vérité est tellement
évidente qu'une bonne poudre de chasse accusant une
portée supérieure au fusil-pendule, peut au contraire être
faible à l'éprouvette à ressort et réciproquement. Néanmoins jusqu'à nouvel ordre ces divers instruments sont en
usage, mais on devra surtout accorder confiance aux épreuves des poudres faites dans les fusils-pendules.

ÉPREUVES DES POUDRES AU MORTIER-ÉPROUVETTE.

Le mortier-éprouvette est en bronze; il pèse 115 à 120 kilogrammes environ; son diamètre intérieur à la bouche est
de 191 millimètres; le diamètre de la chambre est de 50 millimètres, et sa hauteur ou profondeur est de 65 millimètres.
Le mortier est fondu avec sa semelle, de manière qu'il se
trouve pointé juste à 50 degrés centésimaux. La semelle est
encastrée dans un madrier ou semelle en bois, et attachée bien ferme par les quatre coins avec quatre boulons
arrêtés par des écrous. Le mortier ainsi encastré est
posé sur une plate-forme de bois horizontale et bien unie,
sur laquelle il glisse par recul après le tir. Chaque mortier est muni de quatre globes en bronze, dont deux sont
mis immédiatement en service et les deux autres sont destinés à remplacer les premiers hors de service. Le globe
doit avoir 189 millimètres de diamètre juste et être bien
régulier; ses grands cercles doivent donc être égaux et il
importe beaucoup que celui qui est perpendiculaire à l'œil
ne varie pas de grandeur. L'œil est une cavité servant d'é-
crou dans laquelle se visse une sorte de clef destinée à ma-
nier le globe et à le placer dans le mortier. Le globe pèse
29 kil., 500 environ.

Le mortier et ses globes subissent par le tir des défor-
mations, qui altèrent la portée réelle des poudres : ainsi par

un long usage dans le mortier la lumière s'évase, l'arête de
la chambre s'égrène, le diamètre de la tranche de l'âme
grandit ; d'un autre côté le diamètre du globe diminue et des
éraillures plus ou moins profondes altèrent sa forme et sa
grandeur, ce qui occasionne une augmentation de vent pré-
judiciable aux épreuves. Des instruments particuliers tels
que lunettes, sondes, calibres de réception, permettent de
reconnaître et de mesurer ces altérations, mais on a jugé
avec raison que l'emploi d'une poudre type était le seul indice convenable, soit pour mettre au rebut les globes et les
mortiers, soit pour ramener les portées affaiblies des
poudres de fabrication courante à leurs portées réelles.

La poudre type est choisie parmi les poudres de guerre
(grain à canon) de bonne fabrication courante. Elle est con-
servée dans des bouteilles de verre ou des boîtes de fer-
blanc bien desséchées et hermétiquement fermées. La
quantité à conserver est de 25 kilogrammes pour chaque
mortier.

A peine un mortier neuf arrive-t-il dans une poudrerie,
qu'il faut choisir sa poudre type, dont l'emploi ou le tir successif accusera continuellement l'état des globes et du
mortier, pendant toute la durée des uns et des autres. A cet
effet on commence par tirer avec le mortier neuf six coups,
dont on retranche le premier, et la moyenne des cinq derniers coups donne la portée primitive de la poudre type
avec le mortier et les globes neufs en service.

Afin de reconnaître et de fournir les moyens d'apprécier
les dégradations successives des matières et pour obtenir
pendant tout le temps du service d'un mortier des portées
qui puissent se comparer, quel que soit l'état où il se
trouve, on fait après chaque série de vingt-cinq coups, tirés
avec quelque poudre que ce soit, une épreuve de deux
coups au moins de poudre type, dont la moyenne donne la
portée admise de cette même poudre. Cette dernière portée,

comparée à la portée primitive, sert à corriger les vingt-
cinq coups suivants de poudre de fabrication courante, jusqu'à l'épreuve suivante de la poudre type.

La manière de faire l'épreuve est la suivante :

On fait ordinairement une épreuve pour 5000 kilogrammes de poudre fabriquée. Les échantillons sont prélevés de
la manière suivante :

On indique un dixième du nombre des barils de 100 kilogrammes, et un vingtième du nombre des barils de 50 ki-
grammes contenant la poudre de guerre présentée à la
réception. Ces barils, pris au hasard, sont défoncés, et
dans chacun d'eux en prélève un échantillon du poids de
92 grammes représentant la charge du mortier. Chacun
de ces échantillons est renfermé dans un barillet ou
petite boîte en bois. On prend également dans chacun
des mêmes barils des échantillons de 15 grammes destinés
à l'épreuve au fusil-pendule comme nous le verrons plus
loin. Les barillets et flacons sont réunis dans une caisse
fermée, qu'on transporte au champ d'épreuve.

Le champ d'épreuve est un espace libre, dont l'axe ou
le milieu est la direction de la ligne du tir. Sa longueur
ordinaire, en la comptant du mortier, est de 300 mètres environ et sa largeur de 25 mètres. Les globes peuvent tomber dans l'espace compris de 180 mètres à 245 mètres, en
comptant les distances depuis le mortier. Ordinairement
des jalons en bois sont placés de distance en distance, de
10 mètres en 10 mètres par exemple, en ayant le soin de
distinguer celui placé à 200 mètres; cette disposition facilite le mesurage.

Le mortier et les globes sont d'abord examinés avec soin
à l'aide des instruments vérificateurs et note en est consi-
gnée au procès-verbal. La plate-forte est reconnue être bien
de niveau, et le terrain du champ d'épreuves sans pierres
apparentes, ayant été passé à la claie.

Les observations météorologiques sont consignées ainsi que les degrés du thermomètre, du baromètre, de l'hygromètre, l'état du ciel, la direction du vent et celle de la ligne de tir.

L'épreuve commence : à cet effet un groupe d'ouvriers stationne près du mortier, un autre à côté du champ d'épreuve. Le mortier est disposé sur la plate-forme, de manière que son axe ou la ligne de tir coïncide avec le milieu du champ d'épreuve. La charge est versée doucement et *tout entière* dans la chambre à l'aide d'un entonnoir ; le globe est placé avec précaution et sans choc sur la poudre ; la clef du globe est remplacée par la vis ; l'étoupille est introduite dans la lumière et un cri appelle l'attention des ouvriers stationnaires dans le champ d'épreuve, près de l'endroit où doit tomber le globe. A peine ceux-ci ont-ils répondu par un *cri*, un ouvrier enflamme l'étoupille avec un boute-feu, le coup part, et le globe lancé décrit une courbe parabolique facile à suivre de l'œil, et va tomber dans le champ d'épreuve, en s'enfonçant de $0^m,50$ à 1 mètre, dans la terre, suivant la nature du sol. Les ouvriers s'approchent aussitôt, creusent la terre qui recouvre le globe, mettent le globe à nu, le retirent avec une longue cuillère en fer pour ne pas l'endommager, remettent la terre en place et plantent au même endroit un piquet portant un numéro correspondant à celui du coup tiré. Le globe, essuyé avec soin avec du foin, est transporté dans un panier par un ouvrier auprès du mortier pour être tiré de nouveau. Pendant cette opération le mortier a été chargé de nouveau avec le deuxième globe, et l'épreuve continue de la même manière.

On tire ordinairement un coup par 1000 kilogrammes de poudre présentée à la réception. Le premier coup avec globe ne compte pas, c'est ce qu'on appelle le coup du *flamber*. On a tiré après le *flamber*, les coups de poudretype, s'il est nécessaire, et viennent ensuite les coups de poudre à essayer.

Les coups étant tous tirés, on se transporte sur le champ d'épreuve, et à l'aide des piquets numérotés plantés à l'endroit de la chute des globes, on mesure facilement les longueurs des portées. Ces portées réelles sont notées avec soin, et les mêmes portées corrigées le sont également ; ces dernières sont celles qui font foi dans la réception. Les portées moyennes, pour la réception, doivent être les suivantes :

POUDRE DE	Guerre neuve..........	225 mètres.
	Guerre radoubée.......	210 —
	Mine.................	180 —
	Commerce extérieur	200 —

ÉPREUVE DES POUDRES AU FUSIL-PENDULE ET AU PENDULE BALISTIQUE.

On éprouve au fusil-pendule les poudres de guerre, de commerce extérieur et de chasse.

Nous avons dit que la meilleure épreuve pour constater les qualités des poudres relativement à leur emploi, était de les essayer dans les armes mêmes avec lesquelles elles doivent être employées. C'est ainsi qu'il convient d'éprouver la poudre à canon dans le tir au canon, et la poudre à mousquet dans le fusil d'infanterie, les poudres de chasse dans le fusil de chasse. Ces instruments sont ainsi disposés : un canon de fusil est suspendu horizontalement de manière à pouvoir osciller librement; il est chargé de la quantité de poudre nécessaire et d'une balle de plomb. En face de ce fusil et dans la direction de son axe est placé le pendule balistique qui n'est autre qu'une masse de plomb également suspendue. Le fusil est tellement placé que son axe prolongé va rencontrer le centre du pendule. Le feu est mis à la poudre, et la balle chassée va frapper la masse de plomb qu'elle met en mouvement, après avoir également fait mouvoir par recul le fusil suspendu ; les deux masses, fusil et pendule, oscillent ainsi chacune de leur côté et font marcher un petit index destiné à faire connaître l'amplitude des oscillations, desquelles on déduit, à l'aide de formules, la vitesse initiale de la balle.

CALCUL DES VITESSES INITIALES.

Par le pendule balistique. — Les vitesses des balles au moment où elles frappent le pendule balistique sont calculées au moyen de la formule suivante employée par Hutton,

$$V = \frac{c \, \sqrt{(pGK \times bi^2)\,(pG \times bi) \times g}}{biR}$$

dans laquelle,

$V =$ la vitesse cherchée.

$c =$ la corde de l'arc du recul du pendule.

$p =$ le poids du pendule.

$G =$ la distance du centre de gravité du pendule à l'axe de rotation.

$K =$ la distance du centre d'oscillation à l'axe de rotation.

$i =$ la distance du point frappé par la balle à l'axe de rotation (ou l'impact).

$b =$ le poids de la balle.

$R =$ le rayon de l'arc sur lequel se mesurent les cordes et qui est décrit par l'extrémité de la pointe du curseur du limbe.

$g =$ la force de la pesanteur.

Le calcul des vitesses peut se simplifier dans chaque épreuve en prenant des balles de même poids; le fusil donnant un tir régulier, l'impact étant souvent le même, on n'a plus dans ce cas qu'à multiplier les cordes par un coefficient calculé à l'avance pour chaque impact.

On obtiendra la distance du centre d'oscillation à l'axe de rotation, en observant que, pour deux pendules situés dans un même lieu, ces distances sont entre elles comme les carrés des durées des oscillations : ainsi a étant la longueur du pendule à secondes dans un lieu, t la durée d'une oscillation de ce pendule égale à 1 ; T la durée d'une oscillation du pendule balistique, on aura pour la distance du centre d'oscillation de ce dernier $K = a \dfrac{T^2}{t^2}$.

Par le fusil-pendule. — Les vitesses initiales peuvent également être déduites du recul du fusil-pendule au moyen de la formule suivante, qui s'applique au tir de toutes les bouches à feu,

$$V = \frac{2 \sin 1/2A \quad \dfrac{m'G'\sqrt{gK}}{i} \quad - \mu \times 420^m.}{m \times \dfrac{c'^2}{c''^2} \times \dfrac{\mu}{2}},$$

dans laquelle,

V, est la vitesse cherchée.

A est l'arc du recul du pendule observé en degrés et minutes sur le limbe.

m', le poids du pendule (y compris le poids du canon).

G', la distance du centre de gravité du pendule à l'axe de rotation.

y, la force de la pesanteur.

K', la distance du centre d'oscillation à l'axe de rotation.

i', la distance de l'axe du canon à l'axe de rotation.

μ, le poids de la charge.

m, le poids du projectile (y compris le poids de la bourre, papiers ou rondelles).

$\dfrac{c'}{c''}$ le rapport du calibre de l'arme à celui du projectile.

Ordinairement deux canons de fusil sont mis simultanément en service. On tire dix coups par épreuve, quelle que soit la quantité de poudre à essayer ; les cinq premiers coups sont tirés avec un des canons et les cinq autres avec le second canon ; la moyenne donne le résultat définitif de l'épreuve.

Le poids de la charge est de 10 grammes dans l'épreuve de la poudre de guerre et de commerce extérieur et de 5 grammes dans celle des poudres de chasse.

Nota. Il convient de ne pas rester dans la salle d'épreuve au moment de l'explosion, parce que le tir peut projeter au loin des éclats de plomb ; les limites inférieures de vitesse initiale de la balle, comptées au pendule balistique, sont les suivantes :

POUDRE DE			
	Guerre..................	450 mètres.
	Commerce extérieur......	300 —
	Chasse..	fine.........	330 —
		superfine	350 —
		extrafine.....	375 —

ÉPREUVE A L'ÉPROUVETTE A RESSORT DITE DE RÉGNIER.

L'éprouvette à ressort sert encore à faire l'épreuve des poudres de chasse ; nous ne répéterons pas ici que c'est un instrument vicieux, tant parce qu'il a l'inconvénient d'une âme courte, que parce que le ressort lui-même est loin d'offrir une résistance constante dans la suite de son service.

L'éprouvette se compose d'un ressort en acier, dont une des branches porte à son extrémité une petite chambre en cuivre avec bassinet destiné à loger la poudre, et l'autre branche porte un obturateur en acier tellement disposé qu'il ferme hermétiquement l'ouverture de la chambre. La branche munie de la chambre porte également un limbe en cuivre avec divisions, et un index ou petit curseur en cuir destiné à indiquer le rapprochement des branches. Le limbe porte trente divisions, représentant autant de kilogrammes au moyen desquels s'est faite la graduation, en ajoutant un crochet et un anneau, l'un à l'œil de l'obturateur et l'autre à l'extrémité de l'arc de division. La chambre a $0^m,006$ de diamètre et $0^m,018$ de hauteur; elle contient environ un gramme de poudre.

Pour charger l'éprouvette il faut presser le ressort par les deux extrémités, pour que l'obturateur puisse découvrir l'embouchure de la chambre ou canon : on les maintient dans une position fixe par une petite broche en fer que l'on place dans un petit trou. On verse la poudre, sans secousse ni choc, mais lentement, au moyen d'une carte pliée ou d'un petit couloir ou main en fer-blanc, dans le canon qu'on remplit exactement : on ratisse l'embouchure avec une lame de cuivre, sans aucune secousse qui pourrait tasser la poudre et en introduire des quantités inégales dans la série des épreuves, et on laisse tomber doucement l'obturateur. On place l'index en cuir contre la branche du ressort, on met une étoupille avec un peu de poudre dans la lumière, on suspend l'éprouvette à l'extérieur, et on enflamme avec le boute-feu. La poudre en brûlant repousse l'obturateur; les deux branches sont vivement rapprochées, et l'une d'elles pousse devant elle l'index qui indique sur l'arc de division la quantité de mouvement imprimé à l'obturateur, et par conséquent l'effort de la charge éprouvée. On note le nombre de degrés, auxquels correspond la nouvelle position de l'index.

On tire cinq coups par chaque épreuve, quelle que soit la quantité de poudre à éprouver.

Une poudre type de qualité supérieure et de chaque espèce de poudre de chasse sert de terme de comparaison dans l'épreuve des poudres de même nom.

Les poudres de chasse doivent donner à l'éprouvette à

ressort un nombre de degrés qui ne doit pas être inférieur
de plus de un degré et demi à celui fourni par les poudres
types de même espèce.

ÉPREUVES DE DENSITÉ DE LA POUDRE.

Nous avons suffisamment fait connaître toute l'importance
à attacher à la densité de la poudre; nous savons que
c'est une qualité précieuse à l'aide de laquelle on peut modifier profondément les effets de la poudre. On conçoit dès
lors tout l'intérêt des épreuves de densité.

On distingue deux sortes de densité; la densité gravimétrique et la densité réelle.

Densité gravimétrique. — La densité gravimétrique ne
donne point la densité de la poudre comparée à celle de
l'eau, autrement dit la densité réelle, mais seulement le
rapport entre les densités de poudres diverses. En d'autres
termes, la densité gravimétrique ne donne pas le poids d'un
volume de poudre, en représentant par un le poids d'un
volume égal d'eau, mais seulement le poids de diverses
poudres sous le même volume ou leur densité relative. Il
suffit de peser des volumes égaux de poudre, car il est évident que de deux poudres dont les grains sont de même
forme, de même grosseur et dans un même état de siccité,
celle qui à volume égal aura le plus de poids, sera la plus
dense.

L'instrument à l'aide duquel on prend la densité gravimétrique se compose d'une mesure cylindrique en cuivre,
de la capacité exacte d'un litre, surmonté d'un entonnoir
mobile garni d'une soupape. Les poudres mises dans l'entonnoir, tombant toujours de la même hauteur et par un
orifice de même grandeur, se tasseront également dans le
litre, et, si elles sont arrasées exactement, on pourra être
certain d'avoir toujours le même volume.

L'opération pour déterminer le rapport de densité ou de pesanteur spécifique apparente demande un peu d'attention et s'exécute facilement par les procédés suivants :

1° Faire bien sécher et bien épousseter la poudre à soumettre à l'expérience.

2° Placer le litre, surmonté de son entonnoir, sur une table solide.

3° Remplir entièrement l'entonnoir avec la poudre.

4° Ouvrir la soupape, et ne la fermer que lorsque la poudre aura déversé sur les bords du litre.

5° Enlever doucement l'entonnoir.

6° Arraser soigneusement avec la racloire.

7° Peser ensuite le litre ainsi rempli.

8° Enfin soustraire du poids total celui du litre gravé sur la poignée pour avoir celui de la poudre contenue.

Ce poids de la poudre sera l'expression de la densité gravimétrique.

Cette opération devra se répéter au moins trois fois pour chaque poudre, afin d'avoir la moyenne des trois résultats obtenus.

Densité réelle. — La densité réelle est fort importante à connaître, parce qu'elle fournit une donnée précieuse pour estimer la qualité d'une poudre. Nous répétons que la densité réelle est la densité de la poudre rapportée à celle de l'eau. Dire que la densité réelle d'une poudre est 1,50, c'est dire que cette poudre pèse, à volume égal, une fois et demie le poids de l'eau, c'est dire que 1 litre de cette poudre pèse 1500 grammes, puisque un litre d'eau pèse 1000 grammes.

On a proposé divers procédés pour obtenir la densité réelle de la poudre, soit avec le mercure, soit avec des huiles, ou autres substances. Le mode adopté résulte de l'emploi de l'eau saturée de salpêtre ; il est pratiqué comme il suit, quoiqu'il n'offre pas encore toutes les garanties nécessaires d'une rigoureuse exactitude.

Un vase cylindrique en verre, d'un diamètre égal sur toute sa hauteur, dont les bords sont bien dressés, reçoit un obturateur en verre dépoli, bien dressé sur sa surface et pouvant tenir hermétiquement fermé le vase qu'il recouvre. Le diamètre du vase est de $0^m,08$ et sa hauteur de $0^m,12$.

Prendre exactement le poids du vase et de son obturateur avec une bonne balance et noter ce poids.

Remplir exactement le vase d'eau distillée, le recouvrir de l'obturateur, de manière à ce qu'il ne reste aucune bulle d'air dans le vase. On y parviendra, en remplissant le vase de manière que l'eau en surmonte les bords et en faisant glisser l'obturateur sur le vase un peu incliné.

Essuyer extérieurement le vase et l'obturateur, sans soulever ce dernier, pour ne pas introduire d'air.

Peser exactement; noter le poids obtenu. Déduire de ce poids celui du vase vide et de l'obturateur et on a le poids P de l'eau distillée qui remplit le vase.

Vider le vase et l'essuyer parfaitement, ainsi que l'obturateur.

Prendre de l'eau saturée de nitrate de potasse, telle qu'elle est prescrite pour les essais du salpêtre; remplir le vase de manière à pouvoir glisser dessus l'obturateur, ainsi qu'il a été dit pour l'eau distillée, sans laisser de bulle d'air.

Essuyer avec précaution le vase et l'obturateur.

Peser exactement. Ce poids obtenu, diminué du poids du vase et de l'obturateur, donne le poids P' de l'eau saturée qui le remplit.

Verser les trois quarts de l'eau saturée.

Peser exactement 100 grammes de poudre sans poussier.

Verser lentement la poudre dans l'eau saturée. Il est important d'agir ainsi, afin que l'air contenu entre les grains de poudre s'échappe facilement, lorsque la poudre est versée; remplir le vase d'eau saturée; placer l'obturateur de manière qu'il ne reste point d'air dans l'intérieur.

Après avoir bien essuyé le vase et l'obturateur, peser exactement.

Du poids obtenu, retrancher celui du vase, de l'obturateur et celui de la poudre; on obtient ainsi le poids de l'eau saturée qui, avec la poudre, remplit le vase.

Retrancher ce poids de celui P' de l'eau saturée obtenu ci-dessus, et la différence donne le poids p' de l'eau saturée qui occupe le même volume que la poudre.

Alors le poids P' de l'eau saturée remplissant le vase; le poids P de l'eau distillée, le poids p' de l'eau saturée déplacée par la poudre, sont les trois premiers termes d'une proportion, dont le quatrième est le poids désigné par p de l'eau distillée qui a été déplacée par la poudre.

Ce poids p est au poids de la poudre (100 grammes) comme la pesanteur spécifique de l'eau distillée qui est I est à la pesanteur spécifique cherchée de la poudre.

Les densités sont ordinairement les suivantes :

DENSITÉ AU GRAVIMÈTRE.

	guerre .	à canon	0^k,800
		à mousquet.....	0 ,790
POUDRE DE	mine		0 ,770
	commerce extérieur		0 ,770
	chasse .	fine	
		superfine	0 ,880
		extrafine	

DENSITÉ RÉELLE.

Guerre........................	1 ,52
Chasse........................	1 ,70

ÉPREUVES DE DURETÉ.

L'épreuve de dureté à laquelle les poudres sont soumises a lieu ainsi qu'il suit :

Enfermer dans un baril de 12 kilogrammes un échantillon

de 8 kilogrammes de poudre à canon ou de poudre à mousquet. Mettre ce baril de 12 kilogrammes dans un de 50 kilogrammes. Ils seront fermés ainsi qu'il est prescrit pour les barils et chapes ordinaires des poudres de guerre.

Placer les barils sur un plan incliné à 15° ayant un mètre de largeur, construit en madriers garnis de tasseaux et muni de chaque côté d'un rebord de $0^m,12$ de hauteur pour empêcher les barils de tomber. Les tasseaux, placés à 1 mètre de distance les uns des autres, ont $0^m,035$ de hauteur.

Faire rouler, en les abandonnant à eux-mêmes, les barils du haut en bas de ce plan incliné, de manière à leur faire parcourir 1000 mètres.

Cette opération terminée, ouvrir les barils, tamiser la poudre pour en séparer le grain, le peser, retrancher le poids obtenu de 8 kilogrammes et la différence donnera le poussier produit par le roulement des barils. Au moyen de ce résultat, évaluer la quantité de poussier pour 100 kilogrammes.

ÉPREUVES D'HYGROMÉTRICITÉ.

La quantité d'humidité que les poudres peuvent absorber est déterminée ainsi qu'il suit :

Prendre un échantillon de 100 grammes de chaque espèce de poudre et placer cet échantillon sur un petit plateau de tôle muni d'un rebord de $0^m,005$ de hauteur, et ayant la forme d'un trapèze.

L'épaisseur de la couche ne dépassera pas deux millimètres.

Placer les plateaux dans un baquet rempli d'eau jusqu'à $0^m,16$ des bords et suffisamment grand pour qu'il y ait autour des plateaux une surface d'eau double de la leur.

Les plateaux sont posés sur des briques de dimensions convenables, placées au-dessus les unes des autres, de ma-

17.

nière que le dessous de chaque plateau se trouve à 0^m,027 au-dessus de la surface de l'eau.

Un couvercle en planches de chêne, joignant bien exactement avec tout le pourtour du baquet, est placé dessus. Il est garni de peau de mouton à la partie qui porte sur les bords du baquet et il est chargé de poids, pour empêcher que l'air ne pénètre dans l'intérieur.

Le baquet est déposé dans un lieu frais, dont la porte ferme bien, afin d'éviter tout mouvement d'air pendant l'exposition des poudres à l'humidité.

Après 24 heures, peser les échantillons et tenir note de l'augmentation des poids de chacun d'eux; répéter cette opération après 2,4,6,8, etc., jours, jusqu'à ce qu'ils n'augmentent plus sensiblement de poids; écrire les résultats sur le registre des épreuves à la colonne.

Enfin déterminer la quantité d'humidité que les poudres contiennent en sortant du magasin. Prendre pour cela et peser un échantillon de 100 grammes, ayant séjourné plusieurs mois dans un magasin sec; le faire sécher et le peser de nouveau, la différence de poids donnera la quantité d'eau que les 100 grammes de poudre contenaient.

Inflammabilité de la poudre. — Nous devons à M. l'ingénieur Violette les considérations suivantes sur l'inflammabilité de la poudre. Nous le laissons parler :

1° Les charbons de bois, préparés aux températures comprises entre 150 et 432 degrés, décomposent le salpêtre à la température de 400 degrés;

2° Les charbons de bois, préparés aux températures comprises entre 1000 et 1500 degrés, ne décomposent le salpêtre qu'à une chaleur supérieure à 400 degrés, sans doute voisine du rouge ;

3° Le soufre décompose le salpêtre à une température un peu supérieure à 432 degrés;

4° Le soufre s'enflamme spontanément dans l'air à la température de 250 degrés ;

5° Les charbons de bois faits aux températures comprises entre 150 et 400 degrés, mélangés de soufre, brûlent avec lui dans l'air à la température de 250 degrés ;

6° Les charbons de bois faits aux températures comprises entre 1000 et 1500 degrés, mélangés de soufre, ne brûlent pas dans l'air à la température de 250 degrés ; le soufre s'enflamme seul.

ANALYSE DE LA COMBUSTION DE LA POUDRE.

La détermination thermométrique de l'inflammabilité des divers éléments de la poudre nous permet d'expliquer les phénomènes successifs de sa combustion. Si l'on chauffe lentement et graduellement de la poudre, on voit à 250 degrés le soufre prendre feu et brûler avec flamme ; cette inflammation fait rougir le charbon qui se combine aussitôt avec le salpêtre. Au sein de cette déflagration, dont la température est fort élevée, le soufre, non encore brûlé, décompose le salpêtre et ajoute à l'effet de la combustion générale. Cette succession de phénomènes n'est que la traduction des faits précédemment constatés.

COMBUSTIBILITÉ DE LA POUDRE.

D'après ce qui précède, la poudre devrait s'enflammer à 250 degrés, le soufre servant, pour ainsi dire, à l'allumer ; c'est, en effet, ce que j'ai constaté sur de la poudre faite avec le charbon le plus inflammable. La poudre sans soufre, composée de salpêtre et de charbon, est beaucoup moins combustible, et ne s'enflamme qu'à 340 degrés, température à laquelle le charbon prend feu dans l'air.

J'ai cherché à déterminer directement la température

nécessaire à la déflagration de diverses poudres provenant
de la fabrication courante dans les poudreries. A cet effet, la
poudre a été projetée sur la surface d'un bain d'étain, dans
lequel plongeait la boule d'un thermomètre, et contenue
dans un petit creuset en porcelaine chauffé par une lampe
Carcel à huile, qui permettait de régler très-facilement la
température ; une lame de verre recouvrait complétement le
creuset, à l'exception d'une très-petite ouverture par laquelle on introduisait la poudre ; la transparence du verre
laissait voir la déflagration.

J'ai constaté les résultats suivants :

COMBUSTIBILITÉ DES POUDRES.

NUMÉROS.	ESPÈCE DE POUDRE.	TEMPÉRATURE qui produit la déflagration.	
		Poudre en grains anguleux.	Poudre pulvérisée.
1	Mine.....................	270°	265°
2	Guerre..................	276	266
3	Chasse fine.............	280	268
4	Chasse extrafine........	320	270

Le n° 3 a été fait avec du charbon noir, provenant des
chaudières, et sous les pilons ; il est à gros grains.

Le n° 4 a été fait avec du charbon roux, provenant des
cylindres de distillation, et sous les meules pesantes à Esquerdes ; ses grains sont très-petits.

On ne voit pas sans étonnement que le n° 4, fait avec du
charbon très-roux et très-inflammable, est moins combustible que le n° 1, fait avec du charbon noir moins combustible.
Cette différence dans la combustibilité ne pourrait-elle pas
être attribuée en partie à la quantité très-différente de sou-

fre qui existe dans le dosage de ces poudres? En effet, les nos 1, 2, 3, 4 contiennent 20, 12,5, 10, 9 p. 100 de soufre, et la poudre la plus combustible est celle qui renferme le plus de soufre, qui est, de tous les éléments constitutifs, le plus combustible. La grosseur du grain a sans doute aussi de l'influence.

Il résulte du tableau précédent que :

1° La combustibilité des poudres en grains varie avec leur dosage ; l'inflammation a lieu entre 270 et 320 degrés.

2° La combustibilité des poudres en poussière ne varie pas avec le dosage ; elle paraît constante et se produit entre 265 et 270 degrés.

3° La combustibilité des poudres varie avec leur état granuleux ou pulvérulent. Les poudres en grain sont moins combustibles que celles en poussière.

Il est d'autres causes qui déterminent l'inflammation de la poudre.

L'étincelle électrique enflamme la poudre, sans doute par la chaleur qu'elle lui communique.

Le choc brusque détermine aussi l'inflammation, sans doute aussi parce qu'il produit la chaleur nécessaire. Il se pourrait cependant qu'en rapprochant les molécules élémentaires, il les plaçât à la distance où elles peuvent et doivent s'attirer et se combiner. On enflamme facilement un tas de poudre en tirant sur lui à balle.

Combustion. — La poudre en brûlant donne naissance aux produits suivants :

Acide carbonique,
Oxyde de carbone,
Azote,
Vapeur d'eau,
Sulfure de potassium.

M. Gay-Lussac a déterminé la proportion de ces produits

en faisant brûler la poudre grain à grain et recueillant avec
soin le gaz. Il a retiré de 900 grammes de poudre les volumes de gaz suivants calculés à la température de 0° et à la
pression de 0^m,76 de mercure.

        238,5 litres acide carbonique, ou 53 p. 100
         22,5 litres oxyde de carbone, ou 5 —
        189,0 litres d'azote.......... ou 42 —
        ――――――
        450

Il s'en faut de beaucoup que les gaz produits par la combustion soient à la température de 0° ; il est très-probable
qu'ils sont exposés au contraire à une chaleur énorme :
si nous la supposons de 1200 degrés, évaluation sans
doute bien inférieure à la réalité, les volumes gazeux croî-
tront considérablement par dilatation, et les 450 litres ci-
dessus, calculés à la température de 0°, occuperont pendant
la combustion le volume de 1800 litres. Comment s'étonner
de la force prodigieuse de la poudre, en songeant qu'un litre
de poudre se convertit par la combustion en 1500 litres environ et au moins de produits gazeux.

Il faut remarquer cependant que la nature et la proportion
des gaz produits ne sont pas toujours celles que nous avons
signalées, et que l'une et l'autre varient par une foule de
causes, telles que la pression, le mode de combustion, sa
lenteur ou son activité, le dosage, le grain, la densité.

Causes qui font varier la qualité des poudres. — La poudre
varie de qualité par plusieurs causes que nous allons successivement examiner, savoir : le choix des matières premières, leur dosage, leur mélange, la granulation et la
densité.

Le soufre et le salpêtre sont dans un état de pureté qui ne
permet pas de leur attribuer de l'influence.

Influence du charbon. — La qualité du charbon est loin

d'être constante, et son influence sur celle de la poudre est considérable. Un charbon dur et très-calciné donne des poudres peu inflammables; un charbon léger, peu calciné et hydrogéné, donne des poudres d'une inflammation facile. Aussi a-t-on le soin de réserver pour les poudres inférieures les charbons durs, noirs, vernissés, calcinés, obtenus soit dans les chaudières, soit dans les cylindres de distillation, tandis qu'on réserve pour les poudres supérieures le charbon roux obtenu par distillation, c'est-à-dire un charbon léger, très-inflammable, peu cuit, comme imparfait et retenant encore une certaine portion de substances hydrogénées.

Il est certain qu'un charbon léger et inflammable donne une poudre d'une facile inflammation. Or cette dernière qualité pourrait être un défaut grave, si on ne pouvait la corriger par la densité et par la grosseur du grain.

On a proscrit l'emploi du charbon distillé pour la confection de la poudre de guerre, parce que, dit-on, ce charbon trop léger donne à la poudre une vivacité d'inflammation qui altère les armes. On a également proscrit la fabrication de la poudre de guerre par les meules, comme donnant un produit trop divisé, trop parfait, trop inflammable, et on a jugé convenable de conserver l'emploi des moulins à pilons. Mais il s'en faut beaucoup que cette grande question des poudres brisantes soit complétement résolue. Il est vrai que le charbon roux donne une grande vivacité d'inflammation à la poudre, mais il est vrai aussi qu'on peut modérer, affaiblir presque à volonté cette inflammabilité en augmentant la densité de la poudre, et il est encore vrai qu'on peut également affaiblir la vivacité d'inflammation d'une poudre trop légère en augmentant la grosseur du grain. Nous reviendrons d'ailleurs sur ce sujet important.

En résumé, le charbon le plus léger, le plus inflammable, le plus roux, est le meilleur, en ayant le soin de donner à la poudre une densité et un grain convenables.

A ces considérations nous ajouterons celles que nous trouvons consignées dans les Mémoires de M. l'ingénieur H. Violette.

« En considérant la nature variée des charbons qu'on peut obtenir par l'action d'une chaleur variable, on voit combien est incertain le dosage ordinaire des poudres, et qu'il est permis d'attribuer au charbon la raison majeure des différences des portées de celles-ci. Ainsi la poudre de chasse fine ou ordinaire doit contenir, pour 100 parties, 10 de soufre, 78 de salpêtre et 12 de charbon. Mais quel charbon ? Ce mot est trop vague et comprend des substances bien différentes ; car le charbon noir provenant des *chaudières*, le charbon noir provenant de la *distillation* dans les cylindres, le charbon roux, à raison de 30 parties pour 100 kilogrammes de bois, le charbon très-roux à raison de 40 parties pour 100 kilogrammes de bois, sont des corps essentiellement différents et qui méritent à peine le même nom. Il existe des titres dans la qualité des charbons ; ceux au titre de 15, 20, 25, 30, 35 et 40, c'est-à-dire ceux dont on a retiré depuis 15 jusqu'à 40 parties, de 100 parties de bois, ne peuvent être considérés comme substances semblables, et, à poids égal, composer invariablement le dosage de la poudre. Comment s'étonner que la poudre de chasse faite dans une poudrerie, avec du charbon à 20 pour 100 au plus, et provenant des chaudières, n'offre pas les mêmes qualités que la même poudre faite dans une autre poudrerie avec du charbon au titre de 30 ou 40 pour 100 ! Il est probable que, sous le même poids, l'un des deux charbons offre plus de principes carbonés et hydrogénés, et que réellement dans ces deux établissements le dosage n'est pas le même. Ce sont là des considérations sérieuses qui ont motivé mon travail sur la véritable composition des divers charbons employés dans la fabrication des poudres : l'analyse élémentaire de ces corps, faite par les moyens si précis qu'emploie la chimie pour celle des matières organiques, a signalé en effet des différences qu'on était loin de soupçonner et qui offrent un grand intérêt dans les recherches sur l'amélioration des poudres. »

Plus loin, il continue ainsi :

« En considérant la nature variée des charbons qu'on peut obtenir par l'action d'une chaleur variable, on remarque combien est incertain le dosage réel des poudres. On prescrit, par exemple, que la poudre de chasse fine ou ordinaire soit composée de 78 de salpêtre, 10 de soufre et 12 de charbon; mais quel charbon? Ce mot est trop vague, et comprend des substances bien différentes. »

« En effet, sera-ce du charbon noir contenant 84 p. 100 de carbone, comme on l'emploie dans certaines poudreries? Sera-ce du charbon roux contenant 68 ppour 100 de carbone, comme on l'emploie dans d'autres poudreries? En un mot, les poudres de chasse sont faites en France avec des charbons contenant des quantités de carbone variables entre 84 et 68 pour 100. Autrement dit, le dosage réel, malgré la prescription du règlement, peut présenter jusqu'à 16 p. 100 de différence dans le carbone. Comment s'étonner alors que ces poudres ne présentent pas des résultats constants et semblables dans leurs effets balistiques, puisqu'elles n'ont pas réellement la même composition? La variation, méconnue ou négligée jusqu'à présent, des charbons dans leur titre en carbone explique suffisamment, selon moi, les variations des portées des poudres, mais encore celles des dosages adoptés par les différents peuples, et dont je joins le tableau : »

TABLEAU.

DOSAGE DES POUDRES EN USAGE CHEZ DIFFÉRENTS PEUPLES.

PAYS.	POUDRE à CANON.			POUDRE à MOUSQUET.			POUDRE de CHASSE.		
	Sal-pêtre.	Soufre.	Char-bon.	Sal-pêtre.	Soufre.	Char-bon.	Sal-pêtre.	Soufre.	Char-bon.
Angleterre...........	76,0	10,0	15,0	76,5	9,00	14,5	79,7	7,8	12,5
	75,0	8,0	17,0	78,0	9,25	12,5	78,0	8,5	13,5
	76,0	9,5	14,5	78,0	8,5	13,5	78,0	8,0	14,0
Autriche...........	70,0	16,0	17,0	»	»	»	»	»	»
Bade et Berne.......	76,0	11,0	13,0	75,5	11,3	13,2	80,0	12,0	14,0
	76,0	10,0	14,0	76,0	10,0	14,0	76,0	10,0	14,0
Chine...............	61,5	15,5	23,0	»	»	»	»	»	»
	75,7	9,9	14,4	»	»	»	»	»	»
Espagne.............	76,5	10,8	12,7	»	»	»	»	«	»
France..............	75,0	12,5	12,5	75,0	12,5	12,5	78,0	10,0	12,0
Hambourg...........	72,0	14,0	14,0	»	»	»	»	»	»
Hanovre............	71,3	10,8	18,0	»	»	»	»	»	»
Hesse (grand-duché)..	74,4	10,6	15,0	73,7	10,7	15,6	»	»	»
Hesse-Electorale.....	73,4	13,3	13,3	»	»	»	»	»	»
Hollande............	70,0	14,0	16,0	»	»	»	»	»	»
Italie (Milan)........	76,0	12,0	12,0	»	»	»	»	»	»
Pologne.............	80,0	8,0	12,0	»	»	»	»	»	»
Portugal	75,7	10,7	13,6	»	»	»	»	»	»
Prusse.............	75,0	11,5	13,5	»	»	»	»	»	»
Russie.	71,0	11,5	17,5						
	75,0	10,0	15,0	80,0	8,7	11,3	80,0	8,0	12,0
Saxe...............	75,5	8,2	16,3	76,5	10,5	13,0	»	»	»
Suède.............	75,0	9,0	16,0	»	»	»	»	»	»
Wurtemberg	75,0	12,0	13,0	74,5	10,7	14,8	»	»	»

« Ces éléments n'ont pas été adoptés par le caprice, mais comme la conséquence d'expériences consciencieusement faites ; chacun a opéré à son insu avec des charbons différents, et a déterminé la proportion la plus convenable des éléments de la poudre avec le charbon dont il disposait. Si l'on recommençait tous ces essais avec des charbons de titre connu en carbone, il est très-probable que toutes ces variations disparaîtraient pour laisser place à un seul et unique dosage, espèce de combinaison définie, donnant les meilleurs résultats balistiques, et variable seulement, s'il le fal-

lait, avec la nature de l'arme. La direction des poudres fait
connaître, chaque année, les portées balistiques des poudres
fabriquées par les diverses poudreries, et signale toujours
des différences notables, quoique les instruments de fabrication soient les mêmes ; on remarque aussi, dans le même
établissement, des variations dans le tir de la même poudre ; c'est parce que les procédés de carbonisation varient
d'un établissement à un autre, et que, dans la même poudrerie, le procédé en usage, soumis à la routine aveugle de
l'ouvrier, ne donne pas des charbons constants et homogènes. »

« J'ai signalé la véritable étude qu'il restait à faire, celle
de la recherche des dosages capables de donner l'effet balistique maximum avec des charbons de titre connu. Pour
prouver combien cette voie nouvelle est large et sûre, j'ai
procédé aux expériences suivantes : j'ai fait préparer, sous
les meules pesantes d'Esquerdes, des lots de 20 kilogrammes
de poudres de chasse superfine, chacune à des dosages variables, et j'ai obtenu les résultats suivants :

ÉPREUVE DES POUDRES DE CHASSE FABRIQUÉES AVEC DES DOSAGES
VARIABLES.

NUMÉROS des lots.	DOSAGE OU MATIÈRES COMPOSANTES pour 100.			TITRE du charbon en carbone pour 100.	VITESSE de la balle au pendule balistique.
	Salpêtre.	Soufre.	Charbon.		
1	78	10	12	68	357^m
2	72	9	19	63	350
3	72	10	18	68	355
4	71	10	19	68	361
5	71	10	18	68	363
6	71	9	20	68	370
7	71	11	18	85	337

« Le n° 1 est le dosage réglementaire. »

« La vitesse de la balle doit être, d'après le règlement, de 330 mètres, pour que la poudre soit reçue et livrée à la consommation. On ne voit pas sans étonnement que le n° 6, dans lequel on a remplacé 7 parties de salpêtre par l'addition de 8 parties de charbon, et la soustraction de 1 partie de soufre, donne une poudre supérieure à la poudre réglementaire. Le n° 5 donne également une très-bonne poudre; mais si l'on remplace, dans ce dernier dosage, le charbon au titre de 68 par du charbon au titre de 85, la même poudre n'est plus acceptable. C'est un exemple frappant de l'influence considérable du titre du charbon, et de la raison de tous les dosages essayés jusqu'à ce jour. Ainsi, le dosage n° 5, excellent pour la poudrerie d'Esquerdes, eût-il été, avec raison, reconnu insuffisant pour la poudrerie de Saint-Médard par exemple, parce que, dans le premier établissement, on emploie du charbon au titre de 68 p. 100, et que, dans l'autre, on se sert de charbon au titre de 85 pour 100. »

« Ces dosages, je me hâte de le dire, ne sont pas proposés comme convenables; ils n'ont été essayés et consignés que pour prouver la possibilité et l'opportunité de modifier les dosages, en consultant le titre du charbon. Le mélange du soufre et du salpêtre donne, par la déflagration, des produits constants, identiques. Pourquoi le mélange du soufre, du charbon et du salpêtre ne jouirait-il pas de propriétés semblables? Je sais bien qu'on m'objectera que les nouvelles poudres peuvent être brisantes, peuvent être hydrométriques, peuvent ne pas être assez résistantes, etc. Mais ce sont là des difficultés à vaincre, plutôt que des empêchements sérieux. »

« Il conviendrait d'abord de rechercher quel est le dosage capable de donner le plus grand effet balistique, puis de corriger le dosage, si la pratique l'exige, soit par une modification dans les nombres, soit par des conditions de fabrication. Il faut d'abord faire de la poudre théorique, pour ainsi dire, sans préoccupation de ses emplois, et consulter ensuite, pour la modifier, s'il y a lieu, les conditions imposées par son usage. Cette marche semble simple et rationnelle, et doit conduire à un véritable progrès dans la fabrication des poudres. »

Influence du mélange des matières composantes. — La poudre est d'autant plus parfaite que le mélange des matières composantes est mieux fait. Comme la combustion de la poudre résulte de la combinaison de ses éléments, il faut que ces éléments soient parfaitement mélangés pour qu'ils puissent se combiner atome à atome, il faut que la molécule de salpêtre touche celle de charbon et celle de soufre, il faut que les substances se groupent trois à trois, il faut enfin que la masse soit parfaitement homogène dans toutes ses parties, il faut, en un mot, que deux grains de poudre du même poids contiennent aussi les mêmes quantités de soufre, salpêtre et charbon.

Or ce mélange dépend de la perfection des machines à triturer et à mélanger. Le moulin à pilons, la tonne à gobilles et les meules sont également employés. Il semble cependant que les meules pesantes ont un avantage signalé, puisqu'elles offrent le moyen de fabriquer en moins de temps et avec plus de facilité des poudres jouissant de qualités diverses et déterminées.

Des expériences qu'il serait bon de rappeler avec grand soin ont semblé établir ce fait extraordinaire, qu'il ne conviendrait pas de pousser le mélange des matières à la dernière limite, et qu'une poudre dont le mélange serait aussi parfait que le voudrait la théorie serait brisante. Cela semble difficile à croire, lorsqu'on sait que la vivacité de combustion peut être réglée, régularisée, modérée soit par la densité, soit par la dimension du grain.

Influence de la densité. — La densité de la poudre a une influence immense sur sa qualité, et c'est parce qu'on a mé-

connu longtemps cette influence, que les opinions ont été
aussi diverses que les expériences dans l'emploi de la
poudre.

Si nous supposons deux poudres de fabrication identique,
mais de densités différentes, nous reconnaissons que la poudre la moins dense s'enflamme plus vite, que la combustion
s'opère dans un moindre temps, que l'explosion de la masse
entière est, en un mot, complète et instantanée, tandis que
la poudre plus dense s'enflamme plus difficilement, que sa
combustion est plus lente, progressive, que les grains s'enflamment pour ainsi dire les uns après les autres, que l'explosion, en un mot, est graduée et progressive. Ces principes
seront facilement appréciés par l'examen suivant de l'emploi ou de l'action de la poudre dans les armes.

La poudre destinée à lancer un projectile doit exercer son
action sur ce dernier, de telle sorte que cette action ait lieu
successivement et progressivement, tant qu'il est dans
l'arme, et qu'elle cesse lorsque le projectile sorti de l'arme
est hors de son atteinte. On a cru longtemps que la poudre
la plus vive, la plus instantanée était la plus forte, et c'était
une grande erreur; en effet, la poudre trop vive réagit fortement sur l'arme, l'altère ou la brise, sans donner une
grande vitesse au projectile, qui n'a pas eu le temps pour
ainsi dire de se mouvoir, tandis que la poudre de combustion plus lente déplace lentement pour ainsi dire le projectile,
développe et accroît sa force au fur et à mesure que se meut
le projectile, et l'a développée toute entière lorsque le projectile a quitté l'arme.

La vivacité de combustion de la poudre doit donc varier
avec la nature de l'arme à laquelle elle est destinée; et
comme la vivacité de la poudre est en raison inverse de
la densité, comme elle décroît ou augmente à mesure que
la densité croît ou diminue, nous pouvons dire que la poudre destinée aux armes à âme courte, mortier, doit avoir

une densité faible, et que la poudre destinée aux armes à âme longue, canon, fusil, doit avoir une densité forte.

Ces assertions nous expliquent les singulières anomalies dont on ne pouvait se rendre compte jadis. Une poudre donnant une portée supérieure au mortier éprouvette, en donnait une très-faible au fusil, et réciproquement; en effet, dans le premier cas, la poudre trop légère convenait à l'arme à âme courte, et, dans le second cas, la poudre trop dense ne convenait qu'à l'arme à âme longue. Il résulte que la poudre doit être essayée dans les armes auxquelles elle est destinée. Les nécessités de la guerre empêchent de faire deux sortes de poudre, l'une plus légère pour les mortiers, les mines, et l'autre plus dense pour les canons, et cependant l'avantage serait incontestable quant aux portées.

La poudre de mine, dont l'inflammation doit être instantanée, doit avoir une densité faible, ce qui est en effet recommandé.

Influence de la dimension du grain. — Si la densité a de l'influence sur la qualité de la poudre, le grain en a également, et cette vérité sera bien sentie par le principe suivant.

La grosseur du grain doit être en raison inverse de la densité, c'est-à-dire qu'une poudre très-légère, celle de mine par exemple, doit avoir des gros grains, et que la poudre très-dense, celle de chasse royale, doit avoir des grains très-petits.

Il existe une relation nécessaire entre la vivacité de combustion de la poudre et la grosseur du grain. Si nous supposons la densité égale, la poudre à grains fins s'enflammera plus vite, parce que les grains sont plus voisins, se touchent mieux, parce qu'ils sont séparés par un moindre vide ; tandis que la poudre à gros grains brûlera plus lentement, le feu se communiquant moins rapidement entre des grains plus gros, plus espacés et peut-être aussi plus difficiles à élever à la température nécessaire à la combustion.

Puisque le grain et la densité ont de l'influence sur la vivacité de combustion de la poudre, on comprend qu'il existe nécessairement entre eux une relation capable de produire le meilleur résultat. Et cette relation, nous l'avons formulée en disant que la densité doit être en raison inverse de la grosseur du grain.

Il est au reste facile de corriger un de ces deux éléments par l'autre. Une poudre fabriquée, celle à canon par exemple, est-elle trop dense, conservez un peu de grain à mousquet qui lui rendra de l'inflammabilité ; est-elle trop légère, purgez-la du grain à mousquet, en ne conservant absolument que le gros grain à canon.

La poudre de mine trop dense doit conserver un peu de fin grain qui lui rende sa facilité de combustion.

La poudre de chasse extrafine très-dense doit être convertie en grains très-fins qui rendent l'inflammation plus rapide.

C'est au chef d'atelier intelligent à faire varier, soit la densité, soit la grosseur du grain, de manière à conserver à la poudre la même portée dans les armes auxquelles elle est destinée.

Nous donnerons ci-après le tableau des dimensions des trous ou mailles des grénoirs.

TABLEAU DES DIMENSIONS DES PERCES RONDES ET CARRÉES ADOPTÉES POUR LES GRÉNOIRS SOIT EN PEAU, SOIT EN TOILE MÉTALLIQUE.

DÉSIGNATION DES ESPÈCES par leur emploi.		DIAMÈTRE des perces rondes des peaux.	MESURE du côté des trous carrés des toiles métalliques.
		millim.	millim.
Crible à charbon..................		10 »	8,55
Guillaume......................		8 »	6,80
Poudre de mine......	grénoir et sur égalisoir....	4 »	3,40
	sous égalisoir..	2,50	2,10
Poudre à canon et commerce extérieur....	grénoir et sur égalisoir....	2,50	2,10
	sous égalisoir.	1,40	1,20
Poudre à mousquet et chasse grosse......	grénoir et sur égalisoir....	1,40	1,20
	sous égalisoir.	0,60	0,50
Poudre de chasse ordinaire...........	grénoir et sur égalisoir.....	1 »	0,85
	sous égalisoir.	0,50	0,50
Poudre superfine....	grénoir et sur égalisoir....	0,50	0,50
	sous égalisoir.	tamis.	toile de crin.

		SÉRIE DES TAMIS ADOPTÉS.	
Nᵒˢ 7.......		10ᵐ	8ᵐ,55
6......		8	6 ,80
5.......		4	3 ,40
4......		2 ,50	2 ,10
3... .		1 ,40	1 ,20
2.......		1	0 ,85
1......		0 ,60	0 ,50
		0 ,50	0 ,50
		tamis.	»

ANALYSE DE LA POUDRE.

Plusieurs procédés d'analyse de la poudre ont été successivement proposés. Il est facile de séparer par des lavages le

18

salpêtre qui se dissout si facilement dans l'eau, mais il est plus difficile de séparer le soufre et le charbon qui forment le résidu solide du lessivage.

Le procédé suivant exécuté avec soin permet de reconnaître la quantité de chacune des matières composant un poids déterminé de poudre. En quelques mots, il consiste à partager une certaine quantité de poudre bien sèche en 3 lots de poids égaux, à lessiver l'un avec de l'eau pure pour en séparer le salpêtre, à traiter l'autre par une solution de potasse qui dissout le soufre, pour en séparer le charbon; enfin à faire déflagrer doucement le 3e avec un mélange de carbonate de potasse, de nitre et de sel marin, pour convertir le soufre en acide sulfurique facile à doser par une dissolution de chlorure de bayrum. Voici au reste le détail des procédés :

On commence par dessécher une certaine quantité de poudre, pour connaître le degré d'humidité qu'elle contient. On opère ordinairement sur 100 grammes. L'appareil dont on se sert est un large vase plat en cuivre à double fond. Entre les deux fonds on verse de l'eau bouillante par une petite ouverture latérale, et cette chaleur suffit pour dessécher complétement la poudre étendue avec soin et en couche mince sur le fond supérieur. On remue de temps en temps la poudre avec une barbe de plume ou un petit agitateur, en ayant le soin de ne pas projeter de grains ou de poussier. On s'assure que la poudre est sèche, lorsqu'elle est dure, coulante, non adhérente. En exposant une glace ou un miroir froid au-dessus de la poudre, on le voit se ternir au moindre contact de l'humidité, et rester clair et limpide, au contraire, si la dessiccation est complète. La différence entre le poids primitif et celui de la poudre sèche donne la quantité d'eau contenue dans 100 parties. Il convient de faire deux ou trois opérations de ce genre, pour avoir un résultat moyen et digne de confiance.

Il faut immédiatement prendre plusieurs échantillons de 10 grammes et 5 grammes de la poudre sèche, destinés aux opérations ultérieures.

Du salpêtre. — On prend 10 grammes de poudre bien sèche, et on la pulvérise avec soin dans un mortier bien propre de verre, de porcelaine ou de silex, avec un pilon de même matière. Lorsque le grain de la poudre est complétement réduit en poussier, on le met dans une fiole, qu'on remplit aux trois quarts environ d'eau distillée, et on fait bouillir pendant quelque temps ce mélange. On le verse ensuite sur un filtre de papier joseph, qu'on a eu le soin de bien sécher au feu et de peser exactement. La première mise d'eau étant filtrée, on en fait passer successivement de nouvelles, jusqu'à ce qu'en recevant sur la langue la dernière goutte de liqueur sortant de l'entonnoir, on soit bien assuré qu'elle n'a plus aucune espèce de saveur, et que c'est bien alors l'eau distillée telle qu'on l'emploie. On lave tout le tour supérieur du filtre, en dedans et en dehors, et le filtre en entier, en y versant avec la bouteille à laver de nouvelle eau jusqu'aux bords de l'entonnoir. On fait sécher au feu une capsule de verre ou de porcelaine bien nette, et on la pèse avant qu'elle soit totalement refroidie. On réunit dans cette capsule la liqueur du lavage, et on la met à évaporer. Lorsque cette opération est avancée, il faut ne pas la quitter. On a soin, en se servant à cet effet d'un tube ou d'une petite spatule de verre, de ramener à mesure, dans la liqueur qui reste, le salpêtre mis à nu sur les parois de la capsule. Enfin, lorsque le salpêtre commence à se former, on remue continuellement, de manière qu'il vienne à l'état de siccité complète, sans adhérer au vase ni à l'instrument avec lequel on le tourne. On retire alors la capsule du feu, et, avant qu'elle se refroidisse tout à fait, on la pèse avec le salpêtre qu'elle contient. On retranche ensuite de ce poids total celui déjà connu de la capsule, et on a le poids net du sel sans aucune perte, si rien n'a été négligé de l'attention minutieuse qu'exige la conduite de cette évaporation.

En évaporant l'eau salpêtrée dans une capsule ou vase ouvert, il est bien difficile d'éviter la projection de quelques parties de salpêtre. Il est préférable de faire cette évaporation dans une fiole à long col, à verre blanc, dite fiole à médecine, de capacité convenable, pour que l'eau la remplisse à moitié : on comprend que l'évaporation sera plus lente, mais la perte de matière sera impossible, puisqu'on est dispensé de la remuer pour faciliter l'évaporation. On peut chauffer avec une petite lampe soit à alcool, soit à huile ; mais ce qui importe essentiellement, c'est de chauffer fort peu, de manière à entretenir une très-légère ébullition. Il est bon d'envelopper la fiole et son col d'une feuille de papier roulé en forme de cône pour éviter le refroidissement.

Le résidu en soufre et charbon, resté sur le filtre après l'extraction du salpêtre, est séché avec précaution à un feu très-doux, en tournant continuellement le filtre, afin qu'il ne soit pas trop promptement saisi par la chaleur dans aucune de ses parties, et pour éviter qu'il n'y ait pas commencement de sublimation du soufre. On le pèse alors encore chaud, si l'on veut chercher dans ce poids du résidu, dont il faut soustraire celui du filtre, une concordance avec le poids du salpêtre déjà trouvé, quoique l'opération n'en dût pas moins être suivie, si ce rapport ne se rencontrait pas rigoureusement.

On prend 10 grammes de poudre bien sèche et on les introduit dans une fiole. On a préparé une dissolution de 15 grammes de potasse à l'alcool et même à la chaux, après l'avoir filtrée dans une quantité d'eau distillée suffisante pour que cette dissolution ne marque que 5 degrés au plus à l'aéromètre de Baumé, ou 7 environ à celui pour le nitre.

On partage cette dissolution en deux ou trois portions à peu près égales. On met la première dans la fiole avec la poudre, et on fait bouillir pendant quelque temps. On verse alors le tout sur un filtre de papier-joseph, préalablement séché au feu et pesé. Il passe une liqueur d'un jaune doré très-intense. On fait ensuite bouillir seule la seconde, et de même la troisième portion de la dissolution de potasse, si on l'a divisée ainsi, et on les verse l'une et l'autre sur le résidu resté sur le filtre. La liqueur n'est plus aussi colorée, et souvent, dès le second lavage, elle passe telle qu'elle y a été mise. Alors on lave avec de l'eau distillée, jusqu'à ce que des gouttes de la liqueur sortant de l'entonnoir, mises sur la langue, ne manifestent plus aucune saveur soit sulfureuse, soit salpêtrée, ou mieux jusqu'à ce qu'une goutte d'eau de lavage évaporée sur un verre ne laisse pas de tache. On lave encore avec de l'eau distillée tout le tour supérieur du filtre en dedans et en dehors, et le filtre entier en y versant de l'eau jusqu'aux bords de l'entonnoir. On l'en retire, lorsqu'il est bien égoutté, pour le mettre tout plié sur du papier brouillard, en l'y retournant de temps en temps; puis, quand il est ainsi bien essoré, on l'étend sur ce papier jusqu'à ce que le résidu soit bien sec. On présente ensuite le filtre à un feu doux en l'y tournant continuellement, et jusqu'à ce qu'on reconnaisse que la dessiccation est complète; on pèse le filtre avec le résidu encore chaud; et, en retranchant du poids total celui connu du filtre, on a le poids net du charbon.

On prend 5 grammes de poudre bien sèche, et on les mêle avec un poids égal de sous-carbonate de potasse pur ou au moins ne contenant pas d'acide sulfurique; on pulvérise exactement le mélange dans un mortier, et on ajoute ensuite 5 grammes de nitre et 20 de chlorure de sodium. Le mélange étant rendu bien intime, on l'expose, dans une capsule de platine, sur des charbons ardents; la combustion

du soufre se fait tranquillement, et bientôt la masse devient
blanche. L'opération est alors terminée ; on retire la capsule
du feu, et, quand elle est refroidie, on dissout la masse saline dans l'eau, on sature la dissolution avec de l'acide nitrique ou de l'acide hydro-chlorique bien pur, et on précipite
l'acide sulfurique qu'elle contient par le chlorure de baryum.

Il y a deux manières de faire cette précipitation : la première, qui est généralement suivie, consiste à mettre dans
la dissolution un léger excès de chlorure de baryum, et à
recueillir le sulfate de baryte produit. Ce procédé exige de
nombreux lavages qu'on ne peut faire qu'à de longs intervalles, parce que le sulfate de baryte ne se dépose que lentement, surtout vers la fin de l'opération, époque à laquelle
ce sel reste souvent en suspension, et passe même à travers
les filtres les plus épais. Si on lave le sulfate de baryte sur
un filtre, nouvel inconvénient ; il faut détacher le sulfate du
filtre, ou les peser ensemble ; et, dans l'un ou l'autre cas, on
peut commettre facilement une erreur, surtout si l'on n'est
pas très-exercé.

L'autre manière de précipiter l'acide sulfurique, que l'on
propose ici d'accepter, consiste à prendre une dissolution
titrée de chlorure de baryum, c'est-à-dire dont on connaît
la proportion exacte en poids de chlorure de baryum et
d'eau, et de verser cette dissolution dans celle qui contient
l'acide sulfurique, jusqu'à ce qu'il ne fasse plus de précipité.
Quand la précipitation approche de son terme, on doit ajouter le chlorure de baryum par gouttes seulement ; on attend
que le liquide soit éclairci avant d'en ajouter une nouvelle
quantité ; ou bien, si l'on veut accélérer l'opération, on filtre
une portion de la liqueur dans une petite éprouvette très-
nette, et l'on verse une goutte de chlorure de baryum dans
la liqueur filtrée. Le même filtre peut servir pendant toute
l'opération. Il n'est pas à craindre ici que le sulfate de ba-

ryte passe à travers le filtre : cela n'a lieu que lorsque l'eau
ne contient plus en dissolution, ou presque plus, de matières
salines, car les sels s'excluant en général les uns les autres
de la même dissolution, le sulfate de baryte se trouve exclu
du liquide, et précipité, quand celui-ci contient une certaine quantité de substances salines. La plupart des sels
peuvent servir pour cet objet ; mais, quand on doit peser le
sulfate de baryte, il faut prendre un sel volatil qu'on puisse
expulser par la chaleur, comme le nitrate ou l'hydro-chlo-
rate d'ammoniaque.

La quantité d'acide sulfurique, et conséquemment celle
du soufre, est donnée par le poids du chlorure de baryum employé ; car le nombre équivalent, ou le poids de l'atome du
soufre étant 20,116, et celui du chlorure de baryum cristallisé 152,44, il suffira de faire cette proportion : 152,44 : 20,
116 :: le poids du chlorure de baryum employé est à un quatrième terme, qui sera la quantité de soufre cherchée. Ce
procédé, qui peut être généralisé, et dont l'utilité se fera facilement sentir dans le cas où le sulfate de baryte ou tout
autre précipité entraîne avec lui quelques substances étrangères, peut donner un résultat exact à un cinq centième
près, et même à un millième ; mais, comme on doit verser la
dissolution de chlorure de baryum goutte à goutte, et qu'a-
vec un flacon cela est très-difficile, d'autant plus que les
bords du goulot resteraient chaque fois mouillés de la dissolution, il est nécessaire de se servir d'une pipette formée par
une petite boule portant deux tubes droits opposés, et dont
l'un est effilé, pour qu'on puisse modérer plus facilement
l'écoulement du liquide, en appliquant l'index sur l'ouverture de l'autre tube. Le tube effilé traverse un bouchon de
liége destiné à fermer le petit flacon qui contient la dissolution, afin d'empêcher toute évaporation ; on remplit la pipette par aspiration ; on applique aussitôt le doigt sur son
extrémité supérieure, et on la retire avec la précaution de

ne jamais lui faire toucher le goulot du flacon pour ne pas y
déposer du liquide : le flacon contenant la dissolution doit
être léger, et ne contenir au plus que le double de la quantité de dissolution présumée nécessaire pour opérer la précipitation, afin de moins charger la balance qui doit en
faire connaître le poids, et obtenir par conséquent plus de
précision. On pèse le flacon avec sa pipette et son bouchon
avant la précipitation, et on le pèse de nouveau après. On
ne doit pas compter la dernière goutte, et on doit même
prendre la moitié de celle ajoutée avant et qui a terminé la
précipitation. Pour faire cette correction, on fait tomber de
la pipette 50 gouttes, par exemple; on en prend le poids,
et on le divise par 50 pour avoir celui d'une goutte.

LES FEUX D'ARTIFICE.

(PAR M. SPILT.)

Le mot *Artifice*, dans l'acception qui lui est donnée, mérite une explication. Si nous consultons le code de la langue, le Dictionnaire de l'Académie, nous trouvons qu'*artifice* se prend plus ordinairement pour ruse, déguisement, fraude, et comme exemple le dictionnaire ajoute : méchant artifice, détestable artifice, artifice grossier, user d'artifice, un procédé plein d'artifice, etc. Il y a loin de cette acception à celle qui nous occupe : le feu d'artifice est un feu préparé *avec art*, on peut même dire un feu artificiel, du mot latin *artifex*, un ouvrier, un artisan.

Les auteurs qui se sont occupés de pyrotechnie sont généralement d'accord pour déclarer que la composition des feux d'artifice constitue un art moderne résultant de la découverte de la poudre à canon. Historiquement, c'est une erreur que nous relèverons en passant. Le feu grégeois, ou feu grec, n'était autre chose qu'un feu d'artifice, dont on se servait pour brûler les navires ennemis, à grande distance, et dont la force augmentait par le contact de l'eau. L'ingénieur syrien Callinique, qui vivait sept siècles avant l'ère chrétienne, est l'inventeur de ce feu grégeois, dont la composition n'a jamais été bien déterminée, mais qui devait avoir pour base le soufre et le salpêtre.

Plus tard nous voyons Claudius, dans un poëme composé pour célébrer le consulat de Manlius Théodoric (fin du IVe siècle), inviter les Romains à faire éclater leur joie par des témoignages publics, et il dit : « Que le théâtre mobile où est l'arti-

« *fice* soit d'abord rabaissé ; que dans toute son étendue on fasse
« rouler des flammes ; que le feu *serpentant* légèrement de tous
« côtés *forme mille ondulations circulaires;* que les bois s'en
« trouvent enduits, sans en être *endommagés*, les flammes les
« effleurant avec trop de rapidité pour leur nuire. »

Voilà bien de la véritable pyrotechnie. Seulement Claudius
ne nous fait pas connaître la matière combustible employée.

Du reste, les Chinois excellaient, à l'époque du voyage de Ma-
carthey (1792-1794), dans l'art des feux d'artifice qu'ils disaient
connaître depuis plus de mille ans, et plusieurs de nos feux
portent à juste titre le nom de feux chinois, puisqu'ils sont
imités de ceux qui se pratiquent depuis un temps immémorial
en Chine et dans l'Inde.

Dans les anciennes réjouissances françaises on faisait des feux
de joie, dont l'élément était le bois. C'est sans doute à cette
catégorie que devait appartenir la *Salamandre de feu*, emblème
de François Ier, qui fut lancée en l'air lors de la célèbre entre-
vue du Drap d'or (1520).

Le premier feu d'artifice (avec poudre) dont nous ayons
trouvé la mention est celui qui fut tiré en 1606 dans la plaine
de Fontainebleau, aux frais du duc de Sully.

Rappelons encore, avec le *Dictionnaire des Dates,* que la pré-
sentation de la haquenée au pape par le roi de Naples (céré-
monie qui ne fut abolie qu'en 1783) donnait lieu à de très-
beaux feux d'artifice.

MATIÈRES PREMIÈRES.

NITRE, SOUFRE, CHARBON.

Arrivons maintenant aux feux d'artifice tels qu'on les compose aujourd'hui, et notons cette remarque du Dictionnaire technologique : « La composition des feux d'artifice constitue un art qui a fait beaucoup de progrès en peu de temps et a atteint bientôt sa perfection. Créé longtemps après la formation des corps de métiers, l'*exercice en est toujours demeuré libre* : c'est peut-être *la cause de ses perfectionnements rapides.* »

Le nitre, le soufre, le charbon, c'est-à-dire les éléments constitutifs de la poudre, auxquels on ajoute des limailles de fer, d'acier, de cuivre, de zinc, du régule d'antimoine, du sulfate de strontiane, des nitrates de baryte, de minium, de la poudre de lycopode, etc., forment la base de tous les feux d'artifice, mélangés diversement et combinés dans des proportions différentes d'après les couleurs, la durée, l'intensité, la hauteur, l'intermittence, etc., des feux que l'on veut obtenir.

Après le traité si savamment écrit et en même temps si pratique de M. le major Steerk, nous n'avons plus rien à dire sur la fabrication du nitrate de potasse et le mélange avec le soufre et le charbon. Il importe cependant que l'artificier se rappelle la manière d'agir de ces trois substances : le nitrate de potasse ne brûle pas, il se décompose et fournit l'oxygène nécessaire à la combustion des autres matières ; le soufre seul s'enflamme à une température assez basse, mais brûle très-lentement ; le charbon brûle beaucoup plus rapidement, mais il faut une haute température pour le mettre en ignition.

De ces données il résulte :

Qu'un mélange de salpêtre et de soufre brûlera lentement et sans détonation ;

Que si l'on mêle du nitrate de potasse avec du charbon seul, une chaleur considérable sera nécessaire pour enflammer les

matières, mais, avant ce terme, le nitrate de potasse fondra et
rejettera à sa surface le charbon, *qui brûlera superficiellement* et
presque *sans détonation ;*

Qu'il n'en sera pas de même si le mélange des trois matières
est fait dans des proportions convenables, c'est-à-dire dans celles
voulues pour des poudres de guerre : ce mélange étant plus
combustible, l'inflammation sera plus instantanée et il y aura
détonation.

L'artificier possède donc les éléments qui lui permettent de
modifier ses combinaisons. Il se rapprochera du mélange qui
constitue les poudres de guerre, lorsqu'il voudra produire des
pièces bruyantes sans feu durable ; — lorsqu'il voudra des compositions moins explosives produisant des feux d'une certaine
durée, il diminuera la dose de salpêtre en augmentant celle
du soufre ou du charbon ; — lorsqu'enfin il voudra seulement
produire des effets brillants sans se préoccuper de détonation, il
affaiblira de plus en plus la quantité de salpêtre.

LES LIMAILLES.

Les limailles ont longtemps joué le rôle principal dans la
pyrotechnie : c'est aux diverses espèces de limaille qu'on avait
recours pour varier et colorer les feux et les rendre plus brillants : ce n'est guère que depuis une quarantaine d'années
qu'on a commencé à employer les agents chimiques, dont nous
parlerons plus loin, pour obtenir des effets plus vifs, des feux
plus éclatants et plus diversifiés.

Les limailles les plus généralement employées sont au nombre de sept : celles de fer, d'acier, de fonte, de cuivre, de zinc,
de laiton et de mica.

Limaille de fer. — Cette limaille, comme les autres du reste,
est prise dans les ateliers où se traitent les métaux. La première condition est de bien les nettoyer, c'est-à-dire de les purger des corps étrangers qui peuvent s'y trouver mêlés. Les
meilleures sont celles provenant de la grosse lime : on les choisit
longues et point rouillées; plus elles sont longues et plus belles
sont les étincelles qu'elles produisent. Au moyen de tamis à

perces différentes on les divise en trois sortes, grosses, moyennes et fines.

Nous avons dit que la limaille ne doit point être rouillée, lorsqu'on en fait le triage; il faut éviter aussi le rouillage lorsqu'elle est entrée dans la composition d'une pièce : à ce sujet nous indiquerons plus loin un procédé de *vernissage* qui convient à toutes les limailles métalliques.

Les limailles de fer donnent des étincelles blanches mêlées de rouge.

Limaille d'acier. — Elle est préférable à celle provenant du fer : l'acier contenant du carbone, elle produit un feu plus brillant avec plus d'étincelles. On la divise également en trois sortes, d'après leur grosseur.

Limaille de fonte. — Ces limailles sont prises chez les tourneurs en fonte qui les désignent sous le nom de *tournures* ou de *copeaux*. On se borne ordinairement à deux grosseurs, la forte et la fine.

La fonte s'emploie aussi *pilée.* Cette variété s'obtient en concassant d'abord, en pilant ensuite des morceaux de marmite ou de fourneaux de fonte.

La limaille et la fonte pilée donnent des étincelles éclatantes qu'on utilise principalement dans les feux chinois : elles forment ce qu'on nomme les fleurs de jasmins.

Limaille de cuivre. — On s'en sert pour obtenir des flammes vertes. Depuis quelque temps on emploie aussi du cuivre en poudre impalpable préparé par voie humide, mais alors la couleur a une teinte bleuâtre.

Limaille de zinc. — Le zinc produit une flamme bleue et des perles de même couleur. Cette limaille s'oxydant rapidement à l'air, M. Tessier y a substitué une *poudre de zinc vernie.* Voici son procédé.

« Il faut au préalable réduire le zinc en poudre. Pour cela on le met, soit dans une petite marmite en fer, munie de son couvercle, soit plus simplement dans une cuiller de ce même métal, et on l'expose à l'action du feu. Il est préférable, cependant, d'employer un vase couvert, si on le peut, parce que, dans un vase non clos, une partie du zinc s'oxyde aisément par l'action simultanée de l'air et du calorique. Pendant ce temps-

19

là, on met quelques charbons incandescents dans un mortier
de fer, afin de l'échauffer ; puis, au moment où le zinc entre
en fusion, et même avant qu'il ait atteint ce degré, on ôte le
charbon du mortier, et on y verse le métal, qu'on triture aussitôt avec le pilon, afin de le diviser le plus possible. C'est
vers le 205° centigrade que le zinc possède le moins de cohé-
sion et se laisse le moins pulvériser. On pourrait donc si l'on
maintenait le mortier à cette température, réduire la totalité
du zinc en poudre très-fine ; mais lorsqu'on opère en petit,
et sans l'appareil nécessaire à cet effet, la température du
métal baissant rapidement, on n'en peut pulvériser qu'une
quantité variable, et on est obligé de recommencer plusieurs
fois l'opération, après avoir séparé, au moyen du tamis (1),
n° 5, toute la portion qu'on destine à la vernissure. Pour en-
duire la poudre zincique, on la pèse, on la met dans une poêle
plate en tôle, et on y incorpore la dixième partie de son poids
d'huile de lin non cuite ; puis, la poêle étant placée sur un
feu assez vif, on agite sans cesse la masse avec une cuiller de
fer. Bientôt elle s'échauffe ; la couleur du zinc, de gris qu'elle
était, roussit peu à peu ; il se dégage une fumée âcre et nau-
séabonde ; le métal devient de plus en plus roux, en même
temps qu'il forme avec l'huile une sorte de fonte très-difficile
ou même impossible à diviser avec la cuiller. C'est à ce moment-là qu'il faut retirer le vase du feu pour verser son contenu dans le mortier de fer. La masse, en se refroidissant, se
laisse facilement diviser par le pilon en triturant et en pilant
alternativement. » (*Chimie pyrotechnique.*)

Limaille de laiton. — Le laiton se compose ordinairement de
deux parties de cuivre et d'une partie de zinc. La poudre provenant de ce mélange donne des feux bleus.

Limaille en poudre de mica. — Connue dans le commerce sous
les noms *d'or de chat* et de *poudre d'or*, cette substance donne
diverses couleurs d'après les mélanges qu'on y associe, ou,
pour parler plus exactement, elle donne à tous ces mélanges
un éclat métallique brillant. On l'emploie dans les soleils pour
produire la couleur jaune d'or.

(1) Voir page 332, l'article *Tamis.*

Oxydation des diverses limailles. — M. Chertier a indiqué le procédé suivant pour rendre les limailles inoxydables.

On met dans une poêle à frire ordinaire la quantité de limaille ou de fonte que l'on veut préparer, sur laquelle on verse ensuite le dixième de son poids d'huile de lin. La poêle étant exposée sur un feu un peu vif, on agite en tous sens la limaille avec une spatule, afin que l'huile se répande uniformément dans toute la masse. Bientôt une fumée épaisse et d'une odeur repoussante commence à se dégager ; la limaille change de couleur, devient brune, puis noirâtre. On active alors la manœuvre de la spatule, pour empêcher le plus possible l'agglomération des parcelles métalliques. Si le feu a trop d'activité, on en éloigne de temps en temps la poêle. Au bout d'un instant, le dégagement de la fumée se ralentit et cesse tout à fait : à ce moment-là la limaille est vernie et sa couleur est d'un beau noir luisant.

Ce procédé, nous l'avons dit, a une grande importance pratique, parce qu'il permet de conserver les diverses espèces de limailles.

AUTRES MATIÈRES ACCESSOIRES.

Nous nous bornerons à indiquer ici les matières en usage depuis longtemps : nous consacrerons un chapitre spécial aux nouveaux agents chimiques employés dans les feux d'artifices.

Succin. — Le succin, ambre jaune, karabé ou électrum est le bitume le plus pur, le plus transparent, le moins charbonneux et le seul qui donne à l'analyse l'acide concret nommé acide succinique.

Le succin doit être pilé et passé dans un tamis de soie. Il ne s'emploie que pour les feux de lance et donne une couleur jaune.

Hydrochlorate de soude ou *sel commun.* — On doit l'amener à un état complet de siccité et le pulvériser. Il donne une belle couleur jaune, mais on ne peut l'employer que lorsque l'air n'est pas chargé d'humidité.

Litharge. — La litharge, on le sait, est un oxyde de plomb obtenu par la coupellation de ce métal dans des fours à réverbères qui en extraient l'argent qu'il peut contenir. Ce produit reste au fond de la coupelle pendant que l'argent surnage en forme d'écume.

En pyrotechnie la litharge produit les feux rayonnants des soleils ; on la substitue à la poudre de mica.

Alcool. — L'alcool est employé pour la confection des torches et pour lier les compositions destinées à être mises en pâte. Il entre aussi dans la composition des étoupilles de communication.

Il convient d'observer que l'emploi de l'alcool qu'on peut diluer à volonté est préférable à celui des eaux-de-vie du commerce ou de l'esprit-de-vin, qui contiennent très-souvent des mélanges nuisibles pour les effets que l'on veut produire.

Noir de fumée. — Il s'obtient par la combustion incomplète de matières résineuses. C'est un excellent divisant. Il active et détermine souvent la déflagration de certains mélanges. Il développe une couleur rouge avec la poudre, une couleur rose avec les compositions où domine le salpêtre. La pluie d'or est produite par le noir de fumée.

Lycopode, mousse terrestre, pied de loup, ou *soufre végétal.* — Cette substance sert sur les théâtres à produire des flammes vives et brillantes imitant les éclairs ; on l'emploie aussi pour les flammes qui sortent des flambeaux des furies.

Camphre. — Le camphre, lorsqu'il est tant soit peu chaud, s'enflamme facilement et s'éteint difficilement. Il brûle dans la neige et même dans l'eau. Ses propriétés devaient le faire employer en pyrotechnie. Il produit une flamme très-blanche et une fumée d'une odeur douce qui masque la mauvaise odeur des autres substances.

Gomme laque ou *résine laque.* — C'est un divisant : la gomme aide à la combustion des mélanges dans lesquels elle entre. Pour l'obtenir en poudre, on place successivement dans un vase des couches de salpêtre et des couches de feuilles de gomme laque. Ce vase est placé sur un autre renfermant du sable et placé sur un feu très-vif. A mesure que le sable s'échauffe, la laque fond en s'incorporant le salpêtre ; on divise la pâte obtenue en morceaux qu'après refroidissement on pile dans un mortier. On emploie aussi un alcoolé de résine laque obtenu en faisant dissoudre dans de l'alcool à 90° centigrades, la dixième partie de son poids de résine blanche. Cet alcoolé est principalement employé dans la composition des étoiles.

Gomme arabique.—Employée pour sa force adhésive, surtout dans la composition des pastilles. Elle se remplace avantageusement par la *dextrine*, modification de l'amidon, produite par l'action des acides ou celle de la diastase. La dextrine, dissoute dans l'eau, forme un mucilage plus ou moins épais.

Empois. — Sert à lier les matières qui doivent être mises en pâte.

Sucre. — Jusqu'à ces derniers temps le sucre a été employé comme divisant et pour produire des feux bleus ; mais il est à remarquer que les flammes qu'on obtient du sucre sont sans éclat et sans reflet. D'ailleurs cette substance est d'un prix assez élevé.

Antimoine ou *sulfure d'antimoine.*—L'antimoine, nommé tour à tour *plomb des philosophes, plomb des sages, Protée* (à cause de la variété des couleurs qu'il prend au feu), *loup dévorant, Saturne qui dévore ses enfants,* par la raison qu'il dévore, à la fonte, tous les métaux avec lesquels on le mélange ; *bain de soleil,* parce qu'il purifie l'or ; *dernier juge,* parce qu'il sépare l'or d'avec d'autres métaux ; *plomb noir,* ou *Marcassile de Saturne,* à cause de sa couleur, et enfin, *racine des métaux, lion rouge de Paracelse* et *lion oriental de Basile Valentin,* a été longtemps employé pour produire les lances bleues. Il s'agit ici, bien entendu, du *régule* d'antimoine ; quant au *sulfure* d'antimoine, ou antimoine cru, il sert à la composition des étoiles blanches et il a l'avantage d'être très-combustible.

PRODUITS CHIMIQUES PROPREMENT DITS D'UN EMPLOI RÉCENT.

Nous avons énuméré les matières qui, avec la poudre, le salpêtre et le charbon, ont longtemps constitué la base de tous les feux de la pyrotechnie. Nous classons à part les produits qui vont suivre parce qu'ils constituent, en quelque sorte, les éléments d'une pyrotechnie nouvelle, dont les principales applications, sinon les premières, sont dues à M. Chertier. Les deux nouveaux agents chimiques qui vont ouvrir la voie sont le *chlorate de potasse* et l'*azotate de strontiane*.

Chlorate de potasse.—Découvert par Bertholet (1786), ce sel (1), représenté par KO, ClO⁵, a donné le moyen de faire brûler des mélanges combustibles avec diverses colorations, pourpres, vertes, bleues, etc., mélanges que le salpêtre n'avait pu jusqu'alors mettre en combustion.

Le chlorate de potasse s'obtient en faisant passer un grand excès de chlore à travers une dissolution de potasse à la chaux; peu soluble à froid, il se dépose au fond du vase sous des formes lamelleuses. Il entre dans la préparation de la poudre fulminante et des allumettes dites oxygénées.

Puisqu'il est devenu un des éléments principaux de la pyrotechnie, il importe que l'artificier puisse se rendre compte des falsifications dont le chlorate est trop souvent l'objet. Pour en reconnaître la pureté, il est nécessaire de le faire fuser sur des charbons ardents en pétillant. « Séché, pulvérisé et mêlé à une demi-partie de soufre, il doit s'enflammer au contact d'un tube imprégné d'acide sulfurique à 66° et la solution ne doit, en aucune façon, précipiter le nitrate d'argent ; enfin, traité par l'acide sulfurique, il ne doit pas donner lieu à un dégorgement de gaz acide nitrique ou hydro-chlorique. » (Roussel aîné.)

Nous recommandons aux amateurs de n'en conserver qu'en petite quantité, lorsqu'ils l'auront employé dans des mélanges où il entre des substances très-combustibles. Ces mélanges, développant beaucoup de calorique, seraient susceptibles de s'enflammer spontanément.

Strontium et ses dérivés.—Le *strontium* est un métal qui, uni à l'oxygène, constitue la strontiane. Il est blanc, brillant, solide, plus pesant que l'eau. Ce métal a été découvert par Davy. La

---

(1) L'équivalent du chlorate de potasse est 1532,50.

KO oxyde de potassium = 589,30 ; ClO⁵ (acide chlorique formé d'un équivalent chlore = 443,20, et de 5 équivalents oxygène = 500) 943,20 ; ensemble 1532,50.

strontiane a été découverte à Strontian, ville d'Écosse, où on la trouve à l'état de sulfate. L'équivalent du strontium est 548.

Le carbonate de strontiane donne de très-beaux rouges, mais ayant moins de reflet que ceux produits par l'azotate de strontiane. Il faut se garder d'employer l'azotate de strontiane tel qu'il est livré par le commerce, à l'état cristallisé, mais il faut d'abord le priver de son eau de cristallisation.

Nous avons cité plus particulièrement le chlorate de potasse et l'azotate de strontiane, parce que ces deux substances sont en quelque sorte le point de départ des perfectionnements apportés à la pyrotechnie, mais nous devons faire remarquer que la plupart des chlorures, des fluorures, des sulfures, des azotates et des chlorates ont également trouvé leur emploi, comme on le verra plus loin par la composition de quelques feux colorés.

OUTILS. — CARTONNAGES.

La plupart des pièces d'artifices se composent d'une enveloppe extérieure, *cartouche*, en papier ou en carton, dans laquelle le mélange combustible est introduit.

Les outils employés sont les suivants :

Baguettes. — On doit avoir des baguettes rondes de diverses épaisseurs, d'après le diamètre de la cartouche qu'on veut faire. Cette baguette, pour la commodité de l'opération, doit dépasser d'une dizaine de centimètres la longueur de la cartouche.

Varlope. — La varlope, assez semblable à celle des menuisiers, sert à comprimer la cartouche, lorsqu'elle a été roulée sur la baguette. La varlope ne doit avoir ni ciseaux ni cavité pour en recevoir, mais elle doit être munie d'une poignée et d'un bouton.

Molette. — Sert à broyer les matières.

Étrangloir. — Espèce de ciseau à entailles qui sert à *étrangler* les cartouches, opération sur laquelle nous reviendrons, en expliquant l'emploi d'une *machine à étrangler*.

Il faut en outre des *maillets* ou *masses* de différentes grosseurs, des *tamis* avec des *perces* différentes, c'est-à-dire dont les mailles sont plus ou moins serrées, ce qui permet de passer les substances au degré de ténuité voulu, et des *mortiers*, préférablement en bois.

Les *tamis* sont généralement en soie. Il importe à l'artificier de choisir les perces afin d'obtenir les poudres les plus fines qui donnent les plus beaux effets.

On désigne les tamis par le nombre de fils qui se trouvent compris parallèlement dans un espace de 27 millimètres. On nous demandera peut-être pourquoi le commerce a adopté comme étalon un espace de 27 millimètres? — C'est que 27 millimètres sont l'équivalent d'un pouce des anciennes mesures. La loi a pu obliger les industriels à ne faire usage que des mesures métriques; mais la routine, au lieu d'accepter franchement le nouveau système et d'indiquer les tamis par le nombre de fils compris parallèlement dans un espace de 20, de 25 ou de 30 millimètres, — ce qui eût facilité les vérifications, — continue à se servir du pouce, — tout en le convertissant pour la forme en 27 millimètres.

Voici maintenant l'explication des numéros adoptés.

N° 1 (le plus fin)	150	fils par 27 millimètres.
2	140	—
3	100	—
4	90	—
5	70	—
6	50	—
7 (le plus gros)	25	—

Ce dernier tamis est ordinairement en crin, en fil de fer ou en laiton.

Il est bien entendu que, pour les artificiers de profession, il faut des outils qui puissent donner économiquement les mêmes résultats sur une plus grande échelle; les indications que nous donnons s'adressent plus spécialement aux artificiers amateurs; mais il est facile d'appliquer en grand les notions que nous avons réunies pour des essais sur une petite échelle.

Les *cartons* devront être de différentes épaisseurs (de deux, de trois, de quatre et d'un plus grand nombre de feuilles collées les unes sur les autres), d'après les pièces auxquelles elles sont destinées.

La *colle de pâte*, qui sert à coller les cartons, consiste en une bouillie de farine détrempée.

Les *mèches* se composent de plusieurs fils de coton réunis ; le nombre de fils dépendra de l'épaisseur des pièces.

Enfin l'*étoupe* a sa place dans l'atelier de l'artificier, pour recevoir les compositions pâteuses ; nous devons mentionner encore l'*alcool*, qu'on ajoute à plusieurs mélanges, comme nous l'avons déjà dit.

CARTOUCHES.

Nous avons indiqué les substances et les matières accessoires employées par l'artificier, nous avons énuméré les outils qui lui sont indispensables. Voyons-le maintenant à l'œuvre.

La *cartouche* ou *fusée*, nous croyons l'avoir dit, est un cylindre creux de carton destiné à recevoir les compositions pour les jets de feux.

L'artificier commence par couper le carton à la hauteur que la cartouche doit avoir, hauteur qui varie avec les effets qu'il veut produire ; on ne laisse au carton que la largeur voulue pour couvrir la circonférence, c'est-à-dire un peu plus du tiers du diamètre qu'aura la cartouche. Nous avons dit que la hauteur varie, mais il est d'usage que la hauteur ne dépasse pas six à huit diamètres de la fusée.

Pour former la cartouche, il étend le carton enduit de colle sur une table ; il place au bord la baguette et enroule ainsi sur celle-ci le carton qui était déployé. La colle produit bientôt une adhérence qui devient plus forte, lorsque la cartouche a été serrée dans la varlope. Lorsque la cartouche commence à sécher, et que les bouts sont très-rapprochés, il commence par l'*ébarber*, c'est-à-dire couper les bavures des bouts ; puis il procède à l'*étranglement*.

Étranglement des cartouches.—Cette opération consiste à placer autour de la cartouche un nœud très-serré à peu près à un de-

mi-diamètre du bout. Il y a diverses manières de faire cet étranglement.

« Il faut, dit M. Audot, dans son *Art des feux d'artifice*, il faut
attacher à un clou bien tenu dans un poteau de muraille une
corde proportionnée à la force de la cartouche, et la lier par
l'autre bout à un rouleau de bois que l'on se passe entre les
cuisses ; on savonne la corde, et on passe la cartouche dessus ;
on lui fait faire un tour, et on serre en faisant tourner la cartouche jusqu'à ce que l'ouverture soit presque entièrement fermée. Lorsque la cartouche est étranglée, on lie fortement avec
plusieurs tours de menue ficelle, pour éviter que le carton reprenne sa première forme. »

On le voit, il s'agit là d'un étranglement tout primitif. Il est
préférable de faire usage de l'étrangloir dont nous avons déjà
parlé, et dont voici la figure qu'il suffit de regarder pour
comprendre l'opération.

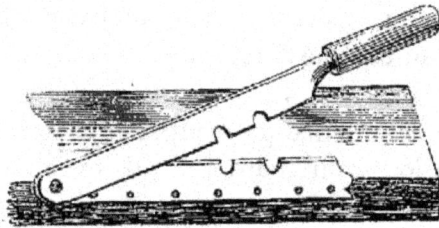

Fig. 1. — Étrangloir.

Nous avons dit qu'on doit lier fortement la cartouche avec
plusieurs tours. Ce mode de serrage porte le nom de *nœud
d'artificier*, bien que ce ne soit pas un nœud proprement dit,
puisque le serrage s'opère en passant trois boucles dans la
gorge (partie étranglée), absolument comme dans le nœud de
tricot (*fig.* 2).

Les artificiers, pour les cartouches de plus fort diamètre, emploient une machine représentée *fig.* 3, et qui est fort
simple.

Lorsque la cartouche a été ébarbée, on fait un tour de corde
autour du bout, on appuie sur la pédale A, et on fait tourner

en même temps la cartouche B sur son axe pour qu'elle s'é-
trangle également: on a eu soin de savonner la corde pour ne
pas déchirer le carton, et d'introduire, dans le bout à étrangler,
une baguette qui ne doit entrer qu'à la profondeur d'un demi-

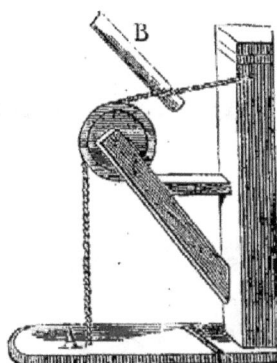

Fig. 2. — Nœud d'artificier. Fig. 3. — Machine à étrangler les cartouches.

diamètre de manière à y former une petite calotte. On serre ensuite la gorge avec une ficelle au moyen du nœud de l'artificier, comme nous l'avons indiqué plus haut.

Il nous reste encore à parler d'un accessoire, l'*étoupille*, longue mèche de coton filé, enduite de poudre et de gomme
arabique qui lui donne de la consistance. L'étoupille est renfermée dans un tuyau de papier qu'on nomme *conduit*. Elle est
destinée à communiquer le feu aux pièces qui doivent partir
ensemble, et sert aussi de communication entre les pièces
qui finissent de brûler et celles qui doivent partir après.

Pour préparer l'étoupille, on fait fondre un peu de gomme
arabique dans de l'eau ; la dissolution est versée dans de l'eau-
de-vie chauffée de 50 à 60° ; la liqueur est versée dans de la
poudre écrasée, et on forme une pâte dans laquelle on place la
mèche jusqu'à ce qu'elle soit bien imbibée. On fait des mèches
de différentes grosseurs.

Enfin l'*amorce* est de la poudre humectée et d'abord broyée,
réduite en pâte ; quelques parcelles de cette pâte servent à

coller et à retenir l'étoupille dans la gorge des fusées. — On peut se servir aussi de poussier de poudre ordinaire en y ajoutant de la dextrine dans la proportion de 3 pour 1, en l'humectant avec de l'alcool.

DIVERSES PIÈCES D'ARTIFICE.

On divise ordinairement les feux en trois catégories.

A. Feux qui produisent leur effet sur le sol.
B. Feux qui produisent leur effet dans l'air.
C. Feux qui produisent leur effet *sur* ou *sous* l'eau.

A cette nomenclature il convient d'ajouter :

D. Les feux de salon.
E. Les feux de théâtre.

Nous passerons rapidement en revue ces diverses catégories.

A. — Feux qui produisent leur effet sur le sol.

Décrivons d'abord la manière de charger les cartouches pour les fusées, et remarquons que généralement il convient de comprimer les charges aussi fortement que possible afin de modérer la rapidité de la combustion.

Dans ce but l'artificier se sert d'un *culot* (*fig.* 4) dont la broche est en fer, et d'une baguette creuse par un bout afin que la broche puisse y entrer librement. Après l'opération de l'étranglement décrite plus haut, il y introduit la baguette et il pose le tout sur la pointe de la broche qu'il fait pénétrer dans la gorge de la cartouche en frappant quelques coups : cette opération porte le nom d'*asseoir la cartouche*, on retire ensuite la baguette pour mettre une petite charge d'argile d'un centimètre de hauteur pour les fusées ayant moins de deux centimètres de vide intérieur. On tasse la terre au fond de la fusée en donnant encore quelques coups sur la baguette ; on verse ensuite avec une cuiller ou un entonnoir de petites parties

Fig. 4. — Culot.

de la composition destinée à produire l'effet qu'on veut obtenir. Chaque charge doit être refoulée à l'aide d'une baguette pleine et d'un maillet. La pesanteur du maillet et le nombre de coups doivent varier d'après les forces des cartouches. Enfin la *cartouche est fermée* par une dernière charge de terre glaise lorsqu'elle ne doit pas, en finissant, communiquer le feu à une autre cartouche, ou par de l'amorce en cas contraire.

La cartouche ainsi chargée et fermée, on *l'emmèche* en mettant une mèche dans la gorge et on la garnit d'un *bonnet*, en papier brouillard, attaché soit avec de la colle, soit avec de la ficelle dans l'étranglement de la fusée. Le bonnet a une double destination : il reçoit la mèche de communication et il garantit la cartouche contre l'effet des étincelles que les autres jets pourraient faire jaillir sur elle.

FEUX FIXES :

LANCES, PÉTARDS, SAUCISSONS, MARRONS, GERBES, FLAMMES.

Lances.—Les lances de *service* sont de petites cartouches faites de papier que l'on roule sur une baguette de 7 millimètres de diamètre. Un des bouts se coupe en quatre à la hauteur de

7 millimètres et forme une espèce de culasse. On charge la lance avec la baguette seulement. Après foulement on met de l'amorce. Les lances de service, placées au bout d'une baguette, servent à mettre le feu aux pièces d'artifice. Leur longueur et leur grosseur sont variables : ordinairement elles ont 5 millimètres de diamètre et 32 à 40 centimètres de longueur.

Pour les charger, on emploie la composition suivante :

LANCES BLANCHES.

Nitrate de potasse..................	16 parties.
Soufre...........................	8 —
Poussier de charbon...............	3 —

Lances de couleurs. — Elles servent à la décoration. Ce sont des cartouches qui, d'après la composition avec laquelle on les a chargées, donnent des flammes de diverses couleurs; elles servent à former des dessins variés sur les pièces fixes et aussi sur les pièces mobiles. On observe de les placer horizontalement.

Voici les compositions qui étaient généralement en usage il y a quelques années.

Lances jaunes : salpêtre, 16 parties; poussier de poudre, 16; soufre, 4; succin, 4; poix-résine, 3.

Lances roses : salpêtre, 16 parties; noir de fumée, 2; poussier, 3.

Lances blanches : salpêtre, 16 parties; soufre, 8; poussier, 3.

Lances bleues : salpêtre, 16 parties; antimoine, 8.

Lances vertes : salpêtre, 16 parties; soufre, 6; vert-de-gris, 6; antimoine, 6.

Il convient d'observer que ces différentes compositions brûlent plus ou moins vite; il est donc indispensable de modifier la longueur des lances afin qu'elles s'éteignent en même temps. On recommande généralement les proportions suivantes : pour les jaunes, 54 millimètres; pour les roses, 85; pour les blanches, 108; pour les bleues, 121, — le diamètre restant le même.

En faisant usage des agents chimiques récemment employés en pyrotechnie, on obtiendra des couleurs plus vives et plus éclatantes. Voici quelques-unes des compositions indiquées par M. Tessier, dans sa *Chimie pyrotechnique* (1).

Lances rouges (longueur 62 mill.) : chlorate de potasse, 10 parties ; carbonate de strontiane, 3 ; résine laque, 2. — Cette composition donne une flamme *ponceau* avec un éclat et des reflets magnifiques.

On obtient un rouge magnifique, couleur très-éclatante, éblouissante, en employant 20 parties de chlorate de potasse, 6 de carbonate de strontiane, et 3 de colophane (longueur 69).

Lances roses (longueur 57) : Chlorate de potasse, 8 ; azotate de potasse, 2 ; craie, 3 ; résine laque, 2. — Très-joli rose, combustion parfaite.

Il se produit une couleur beaucoup plus vive et ayant beaucoup d'éclat, en prenant : chlorate de potasse, 20 ; oxalate de strontiane, 6 ; résine laque, 4 ; oxychlorure de cuivre, 1. (L'oxychlorure peut être remplacé par le sous-sulfate de cuivre.)

Lances lilas (longueur, 137) : chlorate de potasse, 24 ; soufre, 8 ; carbonate de strontiane, 3 ; cuivre en poudre, 2. — Cette composition donne un lilas foncé et une flamme très-éclatante.

Lances bleues (longueur, 58) : chlorate de potasse, 26 ; sous-sulfate de cuivre, 4 ; sulfate de potasse, 4 ; oxychlorure de cuivre, 6 ; chlorure de plomb, 2 ; résine laque, 4 ; soufre 1. — Fort beau bleu, flamme très-pure ; combustion parfaite.

On peut beaucoup varier les compositions des lances bleues, ainsi : 3 parties de chlorate de potasse, 1 de soufre et 1 de carbonate de cuivre, donnent une couleur très-vive, à flamme bleue avec reflet rose.

Lances vertes (longueur 43 mill.) : chlorate de potasse, 80 ; azotate de baryte, 150 ; chlorure de plomb, 60 ; résine laque, 38 ; sulfure de cuivre, 12 ; noir de fumée léger, 1.

Avec 6 parties de chlorate de baryte, 2 de protochlorure de

---

(1) Tous les dosages étant calculés pour un diamètre de 0m,007, nous nous bornerons à indiquer la longueur des tubes.

mercure, 1 de résine laque, on produit une flamme vert d'émeraude très-éclatant (longueur, 51).

Lances blanches (longueur, 63) : azotate de potasse, 16; soufre, 7; antimoine 4; minium, 1.

Lances jaunes (longueur, 44) : chlorate de potasse, 24; sulfate de baryte, 8; pollen de pin, 4; soufre, 2; bicarbonate de soude, 5.

On obtient le jaune d'or en employant : chlorate de potasse, 34; carbonate de strontiane, 6; sulfate de strontiane, 5; bicarbonate de soude, 4; colophane, 6; soufre, 2 (longueur, 54 millimètres).

Nous croyons devoir reproduire ici quelques détails que M. Tessier a donnés sur la préparation des lances colorées.

« Les lances sont de petits tubes de papier, chargés de compositions produisant des flammes diversement colorées, et avec lesquels on forme des dessins variés sur les pièces fixes et mobiles.

« Pour charger les lances, on se sert d'entonnoirs de fer-blanc. Les dimensions de ces entonnoirs ne sont pas absolues; toutefois il est bon que leur forme ne soit pas trop évasée, afin que la composition glisse aisément dans le tube. Leur douille, de 3 millimètres de longueur, doit avoir, pour diamètre extérieur, le diamètre exact de la lance à son intérieur. On voit d'après cela que, si l'on a à charger des lances de 6, 7 et 8 millimètres de diamètre, il faut avoir des entonnoirs différents pour chacun de ces calibres. Une baguette de fer ou de cuivre, d'un diamètre beaucoup plus faible que celui de l'intérieur de la douille, et longue d'environ 4 décimètres, sert à tasser dans la cartouche les compositions qu'on verse successivement dans l'entonnoir : il suffit pour cela de la soulever et de l'abaisser alternativement. — Lorsqu'une lance est chargée, le vide laissé à son extrémité par la douille qu'on a dû y faire pénétrer tout entière, est rempli avec de la pâte d'amorce; on ne l'étoupille pas.

« Nous venons de citer différents calibres de lances : ces petits artifices doivent, en effet, varier de diamètre, selon les dimensions des pièces auxquelles elles sont destinées, et surtout suivant la distance qui, au moment de leur combustion, devra les séparer des spectateurs. Une différence d'un ou deux millimètres, en plus ou en moins, sur le diamètre, suffit pour augmenter ou diminuer considérablement l'éclat de ces artifices. Appliquée à certaines compositions, cette différence peut même, quelquefois, déterminer ou empêcher leur déflagration. — Ainsi tel dosage, qui brûlera parfaitement dans un tube de 7 millimètres de diamètre, se consumera ordinairement mal et avec une flamme petite, terne, irrégulière, dans des tubes de 5 et même de 6 millimètres. A ces inégalités de déflagration se joignent aussi d'autres causes, telles que le degré de compression de la matière, la qualité du papier, l'épaisseur des tubes, etc., etc..... »

Nous nous sommes un peu étendu sur la composition des lances de couleurs, parce qu'elles constituent le principal élément des décorations. Lorsqu'on veut reproduire des temples, des palais, etc., c'est avec ces lances qu'on représente les dessins; on les fixe sur des châssis en bois (imitant l'architecture du monument) à l'aide de clous d'épingle sans tête, qui doivent saillir au moins d'un centimètre. Des *conduits*, partant de chaque lance, viennent se réunir dans une ou dans plusieurs mèches, d'après l'étendue du monument à représenter, et les personnes qui tiennent ces mèches y mettent simultanément le feu à un signal donné.

La décoration est complétée par des *cordes de couleur* qui représentent les parties circulaires de l'édifice, les devises, etc.; ces cordes ont été préalablement trempées dans une composition de 2 parties de nitre, 16 de soufre, 1 d'antimoine, 1 de gomme de genièvre. On ne leur donne qu'une grosseur de 3 à 4 millimètres. On obtient une mèche bleue pour décoration, en prenant : soufre en bâton, 32 parties; vert-de-gris cristallisé en poudre, 2 ; régule d'antimoine, 1. Après avoir trempé les mèches dans cette composition, on les saupoudre de pulvérin pour servir d'amorce.

Pétards.— La détonation des pétards est l'accompagnement obligé des lances de décoration; aussi chaque lance est ordinairement munie d'un pétard à son extrémité.

Les pétards sont simplement des cartouches remplies de poudre, fermées par un bout, et amorcées de l'autre. Ils se composent de deux cartes sèches roulées l'une sur l'autre et recouvertes d'un morceau de papier que l'on colle tout autour. Après les avoir chargés, on les perce du côté de la poudre avec un poinçon, jusqu'au quart de leur longueur, et on place une étoupille fine attachée avec de la pâte d'amorce. Celle-ci, lorsque la lance arrive à sa fin, prend feu, et le pétard éclate.

Les pétards peuvent aussi être employés séparément : alors ils sont uniquement destinés à produire du bruit pendant la déflagration d'une pièce, ou entre deux pièces consécutives.

Les *saucissons* sont une simple variante des pétards; ce sont des pétards entourés de ficelles, ce qui renforce le bruit de leur détonation.

Le *marron*, quoique de construction différente, appartient à la même catégorie : il consiste dans une petite caisse formée de plusieurs épaisseurs de papier et remplie de poudre. On

Fig. 5. — Marron.

ferme cette caisse en la couvrant de plusieurs rangs de ficelle, et on enduit le tout de colle-forte. Un trou fait à l'aide d'un poinçon permet de faire communiquer à la poudre l'étoupille qui dépasse de 3 à 4 centimètres (*fig.* 5).

Flammes. — L'artificier a longtemps été réduit aux *flammes de Bengale*, lorsqu'il voulait produire des feux de couleur sur une grande échelle. Donnons-en d'abord la composition : nitrate de potasse, 7; soufre, 2; antimoine, 1; on tasse fortemment cette composition dans des terrines et on y place quelques morceaux de mèche avec de l'étoupille, garnie d'un conduit. Cette composition donne une clarté semblable à celle du jour.

Voici quelques-unes des compositions dont on se sert aujourd'hui. Naturellement le lecteur reconnaîtra les éléments que nous avons indiqués pour les lances à feux colorés.

Flammes blanches : salpêtre, 32 parties; soufre, 8; régule d'antimoine, 12; minium, 11; chaque matière, pulvérisée séparément et bien amalgamée ensuite, est versée sur la terrine sans être foulée.

On obtient une très-belle flamme à grand reflet, en prenant : azotate de potasse, 32; soufre, 15; antimoine, 12; minium, 10; dextrine, 1.

Flammes jaunes : nitrate de strontiane, 36; oxalate de soude, 8; soufre 3; gomme laque, 2.

Autre composition : azotate de baryte, 24; soufre, 8; bicarbonate de soude, 4; colophane, 2; craie, 1; chlorate de potasse, 12. M. Tessier, qui indique cette composition, ajoute qu'elle donne un jaune clair à flamme très-éclatante et avec beaucoup de reflet.

Flammes vertes. Chlorate de potasse, 8 parties; nitrate de baryte, 80; calomel, 20; soufre, 16; noir de fumée, 4; gomme laque, 2.

On obtient un vert un peu clair, mais très-brillant, avec la composition suivante, plus compliquée, il est vrai, mais donnant de très-beaux reflets : azotate de baryte, 80; soufre, 20; chlorhydrate d'ammoniaque, 4; résine laque, 2; noir de fumée, 2; sulfure de cuivre, 1; chlorate de potasse, 20.

Pour le vert-émeraude, on peut obtenir une flamme très-pure avec chlorate de baryte, 12; protochlorure de mercure, 5; résine laque, 2.

Flammes bleues. Les flammes de cette couleur s'obtiennent très-facilement : il suffit d'ajouter à 72 parties de salpêtre 30 parties de charbon léger, parfaitement pulvérisé, et 84 parties de zinc.

On aura un bleu plus brun et des flammes allongées et brillantes en prenant : azotate de baryte, 20; sulfate de potasse, 15; sous-sulfate de cuivre, 20; soufre, 33; chlorure de plomb,

2 ; chlorate de potasse, 64. Il convient de comprimer fortement la matière.

Un bleu magnifique aux flammes éblouissantes est donné par : azotate de baryte, 20 ; soufre, 33, oxychlorure de cuivre, 18 ; sulfate de potasse, 17 ; chlorure de plomb, 2 ; chlorate de potasse, 64.

Flammes rouges. Il y a un grand nombre de formules pour obtenir cet effet. Nous nous bornerons à en indiquer quelques-unes.

Chlorate de potasse, 9 ; nitrate de strontiane, 72 ; soufre, 24 ; sulfure de cuivre, 9 ; calomel ; 18, gomme laque, 3.

M. Varinot indique la composition suivante : azotate de stron-tiane anhydre, 450 parties ; soufre, 125 ; noir de fumée, 25 ; chlorate de potasse, 72.

Veut-on arriver au cramoisi, on prend : azotate de strontiane anhydre, 29 ; soufre, 13 ; chlorure de plomb, 2 ; sulfure de cui-vre, 10 ; résine laque, 1 ; chlorate de potasse, 15.

Pour la nuance rose, on se bornera à prendre : azotate de potasse, 2 ; craie, 3 ; résine laque, 2 ; chlorate de potasse, 9.

Enfin, pour le lilas, on obtiendra de bons effets en compri-mant fortement le mélange suivant : azotate de potasse, 23 ; sous-sulfate de cuivre, 10 ; craie, 2 ; sulfure de cuivre, 5 ; soufre, 20 ; chlorate de potasse, 45.

CONFECTION DES PRINCIPALES PIÈCES D'ARTIFICE.

Après avoir donné la formule des compositions généralement employées, nous allons indiquer les principales pièces d'arti-fice et la manière de les confectionner.

Patte d'oie.—C'est une pièce élémentaire composée de trois cartouches qu'on dispose suivant les rayons d'un même cercle formé par un rond de planche plein ou découpé. On charge les cartouches de 16 parties de poussier de tonneau et de 4 parties de charbon gros et fin; si l'on veut un feu plus brillant, on y ajoute 4 parties de limaille d'acier (*fig*. 6).

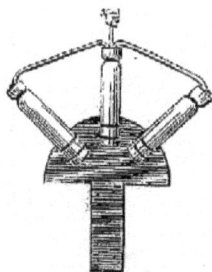

Fig. 6. — Patte d'oie.

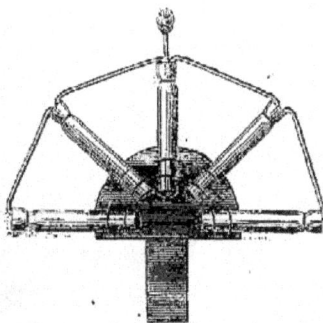

Fig. 7. — Éventail.

Si, au lieu de trois cartouches, on en met cinq, on a l'*éventail* (*fig*. 7).

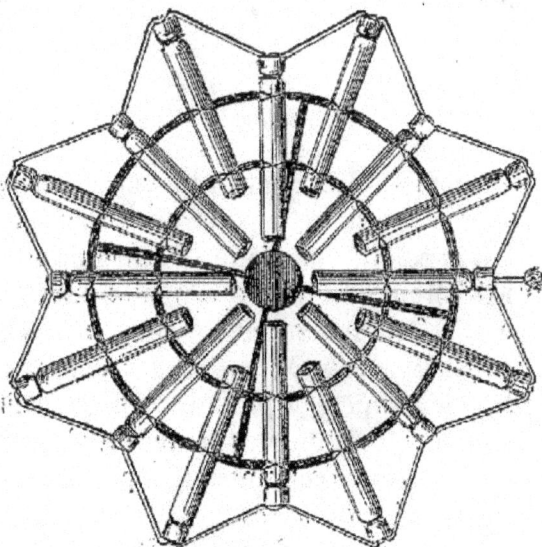

Fig. 8. — Gloire.

Les *gloires* se construisent de la même manière, avec des cartouches plus grandes (*fig*. 8, et 9, page suivante).

Enfin les *soleils fixes* sont une autre combinaison des mêmes éléments (*fig.* 10, page suivante).

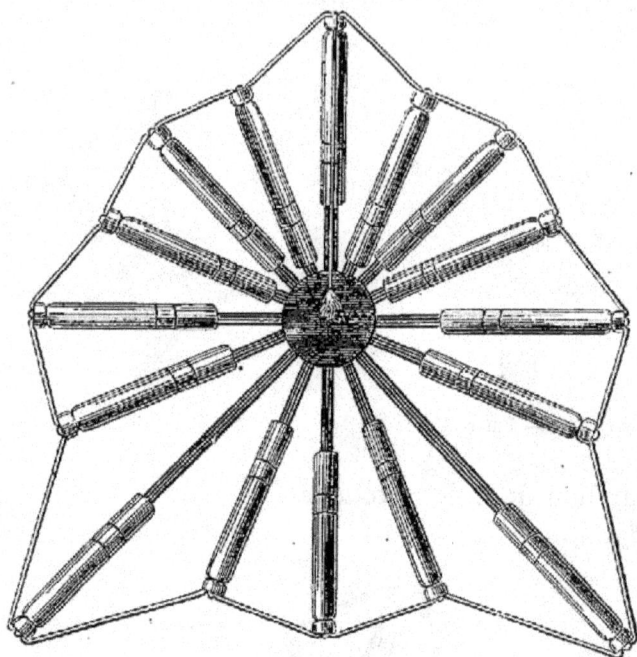

Fig. 9. — Gloire, autre combinaison.

On obtient un soleil fixe à deux reprises ou changements, en intercalant sur la circonférence intérieure de la charpente, entre les gerbes du soleil, une série de cartouches portant une composition différente, et qui, lorsqu'elles arrivent à la fin, communiquent le feu aux cartouches de l'autre série.

Pour les *soleils tournants*, on a soin de varier la composition des cartouches de manière à produire des effets différents. On observe généralement de finir par le feu dit chinois, dont voici la composition : poussier de tonneau, 16 parties ; salpêtre, 12 ; soufre, 8 ; charbon, 4 ; fonte, 10.

Les soleils tournants se composent d'un rouage garni extérieurement de jets qui lui donnent un mouvement de rotation. On obtient de très-beaux effets en disposant plusieurs soleils sur un même axe horizontal, ou en les plaçant sur des axes verticaux.

Nous mentionnerons encore les *caprices*, les *palmiers*, les *girandoles*, les *mosaïques* : ce sont des variantes que chacun peut construire, en adoptant la forme qu'il préfère.

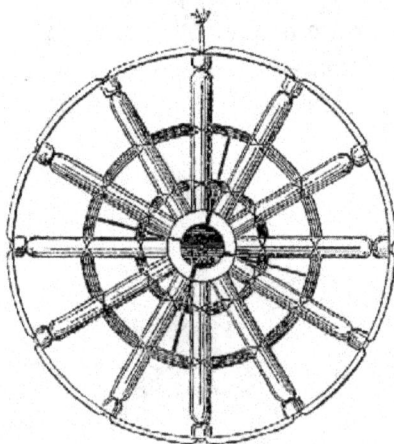

Fig. 10. — Soleil fixe.

Le caprice est une pièce à plusieurs changements, qui se termine par un effet de jet d'eau à deux nappes. Le caprice tourne sur un pivot qui entre dans toute la longueur de la pièce du milieu.

Les girandoles sont des caprices, mais ayant plus d'étendue. On y adapte des cercles tournants, garnis de jets posés les uns horizontalement, et les autres obliquement comme ceux des caprices.

« On peut, dit M. Audot, dans son *Art des feux d'artifice*, y adapter un, deux et jusqu'à trois cercles tournants, garnis de jets posés les uns horizontalement et les autres obliquement comme ceux des caprices. On garnit le haut de gerbes d'une plus forte proportion que les jets inférieurs, et on en place ainsi une ou plusieurs. On peut aussi garnir cette partie de chandelles romaines, ou d'une gerbe terminée par un pot à feu. Mais il faut essayer et calculer la durée des gerbes supérieures verticales pour qu'elles finissent en même temps que les autres. On varie aussi les feux, comme on fait pour les soleils tournants. Il faut remarquer que, pour donner aux girandoles la force de tourner, on ne peut faire partir moins de deux jets à la fois, non deux jets qui se suivent, mais opposés l'un à l'autre sur le cercle. »

On appelle *pièce pyrique* une pièce d'artifice qui en contient plusieurs sur le même axe, qui, soit fixes, soit tournantes, prennent feu d'elles-mêmes, en se succédant l'une à l'autre.

Un mot encore sur les *étoiles fixes* (*fig.* 11) qui jouent un

Fig. 11. — Étoile fixe.

grand rôle dans les réjouissances publiques. On construit une charpente de cinq ou sept rayons sur lesquels on cloue un lattis et sur lequel on fixe des lances.

Voici trois compositions recommandées pour les étoiles fixes :

		Plus vive.	De couleur.
Salpêtre	16	12	0
Soufre	4	6	6
Poussier de poudre	4	12	16
Antimoine	2	1	2

B. — Des feux qui produisent leur effet dans l'air.

Fusées volantes.— Aucune modification importante n'a été apportée depuis longtemps dans la préparation de cette fusée : nous pouvons donc nous borner à copier textuellement les indications du *Dictionnaire technologique* : ces fusées, qui s'élèvent avec une vitesse prodigieuse, sont une des plus belles pièces d'artifice. Employées avec profusion, elles forment ces immenses bouquets de feu qui couronnent ordinairement une fête brillante.

« Les fusées volantes exigent dans leur composition beaucoup de précision et de soins. La cartouche A (*fig.* 12) est pareille à celle des autres jets, sauf la proportion de sa longueur, et l'attention qu'il faut avoir à la bien coller et à la *varloper* longtemps ; mais elle se charge d'une manière différente. Les fusées volantes devant partir avec rapidité, il faut que la composition puisse s'enflammer à la fois presque dans toutes ses parties, et donne lieu à un dégagement considérable de feu et de fluides élastiques capables de les lancer en un instant à une grande hauteur dans l'atmosphère. Pour atteindre ce but, il suffit de laisser un vide intérieur B, dans la cartouche, à mesure qu'on la charge comme on le voit dans la fig. 12, qui représente une fusée chargée. Par ce moyen très simple, la fusée prend feu au moment du départ dans presque toute sa longueur.

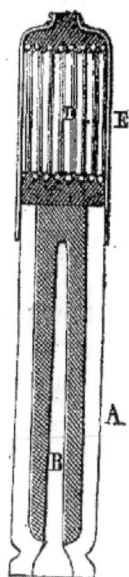

« On voit en B l'emplacement et la forme de la broche à l'aide de laquelle on pratique ce vide, que les artificiers appellent *âme* de la fusée. La forme conique qu'elle présente exige qu'on emploie, pour refouler la charge, des baguettes creuses, dont les trous s'ajustent successivement aux diverses grosseurs de la broche. C'est seulement par le bout de la fusée, qui est plein, que l'on se sert de baguettes pleines qu'on appelle *massifs*.

Fig. 12.
Fusée volante.

« Pendant tout le temps du chargement, on tient la fusée dans le *moule*, qui est un tube cylindrique creux. Par ce moyen, la cartouche se tient bien droite, et elle ne risque pas de ployer sous les coups de maillet.

« Sur la dernière charge, on met un tampon en papier C, lorsque les fusées ont plus de 3 centimètres de calibre, et on perce ce tampon de quelques trous avec un poinçon, afin que le feu puisse se communiquer à la *garniture* D, qu'on met par-dessus.

« La cartouche de la fusée étant chargée, il s'agit d'y ajuster le pot qui doit contenir la garniture, c'est-à-dire les serpenteaux, les marrons, les étoiles, etc. Ce pot est un tube de carton E, plus gros que le corps de fusée et qui a le tiers de sa longueur. On le pose, après qu'on l'a étranglé par le bas, sur le bout de la fusée, où on le fait tenir avec de la colle et de la paille de papier. On le remplit de garniture, par-dessus laquelle on met un tampon de papier F ; enfin on recouvre le tout d'un *chapiteau* de carton en forme de cône, que l'on colle solidement à l'extérieur du pot. Cela fait, il ne reste plus qu'à amorcer la fusée en introduisant dans l'âme un bout de mèche que l'on y assujettit avec de la pâte d'amorce.

« La baguette qu'on ajuste aux fusées volantes pour les diriger est en osier, en roseau ou en sapin ; elle doit être d'une grosseur et d'une longueur telles que le centre de gravité du tout se trouve à 6 ou 8 centimètres en avant de la gorge de la fusée. »

Quelques artificiers, afin de prévenir les accidents qui peuvent résulter de la chute des baguettes, les remplacent par des *ailettes triangulaires*, au nombre de trois ou de quatre, fixées le long et à l'arrière de la cartouche. La fusée est alors tirée au moyen d'un tube évidé. Lorsqu'on se sert de baguettes, ce qui est le mode le plus usité, on place la fusée sur un clou à crochet, à l'endroit où est la mèche, et on la dirige par le bas en faisant entrer le bout de la baguette dans l'anneau d'un piton.

Voici la composition dont on se sert ordinairement pour charger les fusées volantes :

	Diamètre intérieur.		
	1,89 cent.	1,89 à 3,16 cent.	4,21 cent.
Nitre..................	16 parties.	16 parties.	16 part.
Charbon................	7	8	9
Soufre.................	4	4	4
Feu brillant.			
Nitre..................	16	16	16
Charbon................	6	7	8
Soufre.................	4	4	4
Limaille fine d'acier......	3	4	5

Feux chinois.

Nitre...................	16	16	16
Charbon................	4	5	6
Soufre.................	3	3	4
Tournure de fonte.......	3 (grosse)	4 (moyenne)	5 (fine.)

Les *garnitures* que l'on met dans le pot des fusées volantes sont les étoiles, les marrons, les saucissons, les serpenteaux, etc. Nous n'avons plus à y revenir.

Les *fusées à parachute* sont une variante d'invention moderne. Ce parachute consiste dans un morceau de jaconas de 50 à 60 centimètres de diamètre, qu'on plisse comme un parapluie et qu'on roule sur lui-même dans la longueur après l'avoir rattaché par des fils à un anneau placé sur la fusée. Ce parachute se déploie spontanément lorsque la fusée descend.

Bombes. — Ce sont des sphères creuses, en carton, de différents calibres, qu'on remplit de composition et qu'on lance avec un mortier ou un tube. Les garnitures dont elles sont munies prennent feu dans l'air : on construit aussi des bombes en cuivre laminé.

Chandelles romaines. — Ce sont des jets de feux qui lancent des étoiles l'une après l'autre. Leur préparation est très facile : ce sont des tubes dans lesquels on fait entrer une composition dans laquelle, de distance en distance, on insère des étoiles reposant sur une *chasse* ou charge de poudre.

Pour les chandelles mêmes, on prend : nitre, 16 parties; charbon, 6 ; soufre, 3. Cette composition convient pour les chandelles au-dessous de 2 centimètres; pour celles qui sont plus fortes on augmente les proportions de charbon et de soufre. Quant aux étoiles qui s'insèrent dans les chandelles, on prend : nitre, 16; soufre, 7; poudre fine, 5.

Pour étoiles rouges, M. Tessier indique 65 parties chlorate de potasse, 46 sulfate de strontiane, 10 résine laqué, 2 dextrine.

Pour les étoiles lilas on prend : chlorate de potasse, 160; fluorure de calcium, 120; soufre, 80; sulfate de cuivre, 20; dextrine, 9.

Nous renvoyons du reste les lecteurs aux compositions qui ont été indiquées pour les lances et les flammes de Bengale : les mêmes éléments donneront les mêmes résultats. C'est à l'artificier qu'il appartient de varier les proportions d'après les effets qu'il veut obtenir : l'expérience est ici comme toujours le meilleur des guides.

C. — Feux qui produisent leur effet sur l'eau.

Ces artifices se préparent de la même manière que les feux qui produisent leur effet sur terre ; on doit seulement avoir le soin de les soutenir sur l'eau, c'est-à-dire de les lester en les garnissant de flotteurs en liége. On les place aussi sur des jattes de bois, ou bien on y adapte des rondelles et des cartouches creuses. Il est en outre important de revêtir toutes les pièces d'une couche de suif fondu qui sera appliqué au pinceau.

Les *soleils d'eau* sont des fusées attachées circulairement et bout à bout autour d'une sébile en bois léger qu'on recouvre de papier pour empêcher l'eau d'y entrer. La sébile doit être lestée de manière à entrer dans l'eau jusqu'à la moitié.

Les *plongeons* sont des cartouches de même genre que celles employées sur terre : seulement on y introduit des couches de pulvérin qui, en prenant feu, font plonger de temps en temps le jet.

D. — Feux de salon.

Les feux de table étaient une des réjouissances de nos ancêtres. La mode en est passée. Seulement quelques personnes semblent vouloir la ressusciter. On emploie pour feux de table des *pastilles* qui produisent des feux d'artifices en miniature.

La pastille simple est un petit soleil tournant formé d'un tube de papier renfermant une composition et qui est roulé sur lui-même et frisé sur une rondelle de bois. Ce bouton est percé d'un trou central servant à recevoir l'axe sur lequel la pastille doit tourner. On fait des pastilles simples avec des tubes de 5, 6 et 7 millimètres de diamètre intérieur. M. Tessier, qui s'est beaucoup occupé des pastilles, indique plusieurs compositions parmi lesquelles nous choisirons les suivantes :

Poussier, 16 parties ; litharge, 1. Produit plusieurs feux en brûlant, mais particulièrement des rayons et des étincelles rougeâtres.

Poussier, 8 ; laiton, 1 ; zinc verni, 6. Donne une couleur bleue.

Poussier plombique, 17; limaille d'acier porphyrisée 2. Produit un effet magnifique : des faisceaux de rayons blanc d'argent sont formés par des milliers d'étincelles qui, arrivées à une certaine distance du disque de la pastille, s'épanouissent en une superbe auréole.

La pastille *diamant* consiste en deux tubes, l'un disposé comme dans la pastille simple, l'autre plus court chargé d'une composition de feu coloré. Comme effet, il se produit deux cercles de feux.

Nous avons enfin à mentionner les *serpents de Pharaon*, composés de sulfocyanure de mercure associé au nitrate de potasse qui joue le rôle de corps comburant. Lorsque la pastille a pris feu, il se forme un serpent qui déroule ses anneaux et atteint une certaine longueur.

E. — Feux de théâtre.

Incendies.— Les incendies sont représentés par des compositions renfermées dans de petites marmites en fer. On prend la matière des lances à feu, et on y ajoute simplement un peu d'huile de térébenthine.

Pour les *pluies de feu*, on prend deux parties, charbon de chêne, 10 fonte de fer, 16 pulvérin, 8 salpêtre, 4 soufre. On charge de cette composition des cartouches de 15 millimètres de diamètre sur 25 centimètres de longueur. Ces cartouches sont placées sur une ou plusieurs tringles et on y met simultanément le feu.

Les *éclairs* sont produits par la combustion du lycopode placé dans des torches creuses.

FIN DE L'APPENDICE.

TABLE DES MATIÈRES

DÉ LA FABRICATION DÉS POUDRÉS ET SALPÊTRES.

POUDRES.

TABLE DES MATIÈRES

DE L'APPENDICE.

FEUX D'ARTIFICE.

Corbeil. — Typ. et stér. de CRÉTÉ.

BIBLIOTHÈQUE LACROIX

(BIBLIOTHÈQUE DES PROFESSIONS INDUSTRIELLES ET AGRICOLES)

Depuis quarante-deux ans que notre maison est fondée, nos prédécesseurs ont publié et nous continuons à publier des ouvrages sur les sciences appliquées à l'industrie, aux arts et métiers, à l'agriculture. L'ensemble de ces publications forme une collection très-variée : donc, nous avions créé par le fait une *Bibliothèque des professions industrielles et agricoles*. Mais l'étendue de quelques-uns de ces ouvrages, l'enseignement plus ou moins scientifique ou plus particulièrement pratique qu'ils contiennent, la forme typographique, différente pour le plus grand nombre, et enfin le prix élevé de quelques-uns ne permettaient pas de les comprendre par séries dans une encyclopédie accessible, par la forme, par le fond et par le prix, aux personnes qui ont le plus souvent besoin d'indications pratiques sur la profession dont elles font l'apprentissage, ou dans laquelle elles veulent devenir plus intelligemment habiles.

A ces personnes, dont le nombre est très-grand, il faut des *guides pratiques* exacts, d'un format commode, d'un prix modéré, rédigés avec clarté et méthode, comme est clair et méthodique l'enseignement direct du professeur à l'élève ou celui du maître à l'apprenti. Telle a été notre pensée en commençant, en 1863, la publication de la *Bibliothèque des professions industrielles et agricoles*.

Nous atteindrons le but que nous nous sommes proposé, nous en avons aujourd'hui l'assurance par la vente soutenue des séries déjà publiées, par le nombre et le mérite, soit comme savants, soit comme praticiens, des collaborateurs acquis à l'œuvre, et par les adhésions qui nous arrivent de tous côtés et sous toutes les formes.

Notre publication s'adresse à l'ingénieur, à l'industriel, à l'ouvrier mécanicien dans chacune des professions spéciales, à l'artisan de tous les métiers, à l'instituteur, à l'agriculteur ; certaines séries conviennent à l'homme du monde qui désire satisfaire utilement sa curiosité, ou qui veut augmenter les notions déjà acquises, par des connais-

1

sances particulières sur les professions qui procurent à la société entière les éléments du bien-être matériel, base indispensable du progrès moral.

C'est donc à un très-grand nombre de lecteurs ou plutôt de travailleurs que nous offrons un concours efficace pour l'étude et les applications des questions d'utilité privée ou publique. Nous leur faisons un appel direct, en leur rappelant qu'il n'y a possibilité d'abaisser le prix de vente d'un livre qu'à condition de pouvoir imprimer ce livre à un très-grand nombre d'exemplaires, en prévision d'un grand nombre d'acheteurs : en effet, les premières dépenses, c'est-à-dire la gravure des bois et des planches, la composition typographique du texte et le travail de l'auteur sont les mêmes pour un exemplaire que pour mille... dix mille, etc. Dans l'espoir que le nombre des adhérents à notre œuvre ne cessera pas d'augmenter, — que rédacteurs et souscripteurs nous prêteront leur appui, de plus en plus efficace,—nous continuerons à publier les volumes annoncés, le plus promptement qu'il nous sera possible.

Le prix de vente de chacun d'eux sera fixé d'après le chiffre des frais occasionnés par sa fabrication.

· Cette Bibliothèque est composée de **Neuf Séries,** qui se subdivisent comme suit :

<table>
<tr><td>Série A.</td><td>— Sciences exactes................</td><td>9 vol.</td></tr>
<tr><td>»   B.</td><td>— Sciences d'observation..........</td><td>21 »</td></tr>
<tr><td>»   C.</td><td>— Constructions civiles.............</td><td>29 »</td></tr>
<tr><td>»   D.</td><td>— Mines et Métallurgie.............</td><td>20 »</td></tr>
<tr><td>»   E.</td><td>— Machines motrices...............</td><td>6 »</td></tr>
<tr><td>»   F.</td><td>— Professions militaires et maritimes.</td><td>9 »</td></tr>
<tr><td>»   G.</td><td>— Professions industrielles..........</td><td>67 »</td></tr>
<tr><td>»   H.</td><td>— Agriculture, Jardinage, etc.......</td><td>57 »</td></tr>
<tr><td>»   I.</td><td>— Économie domestique, Comptabilité, Législation, Mélanges......</td><td>26 »</td></tr>
</table>

Les volumes et les atlas de cette collection sont publiés dans le format grand in-18.

CATALOGUE DE LA BIBLIOTHÈQUE

PAR ORDRE ALPHABÉTIQUE

DES NOMS D'AUTEURS

POUR LES VOLUMES DÉJA PUBLIÉS.

CATALOGUE

PAR ORDRE ALPHABÉTIQUE DES MATIÈRES

POUR LES VOLUMES PUBLIÉS.

Acclimatation des animaux domestiques, par le D. B. LUNEL. 1 vol., 185 p.   2 fr.

Acier (son emploi et ses propriétés), par G. B. J. DESSOYE, avec Introduction et Notes, par E. GRATEAU. 1 vol., 306 p.   3 fr.

Agent voyer. V. *Ponts et chaussées.*

Agriculture (Traité élémentaire d'), par Hervé de LAVAUR. 1 vol., 259 p., avec tableaux.   2 fr.
(Voir aussi *Constructions rurales.*)

Alliages métalliques, par A. GUETTIER, directeur de fonderie. 1 vol., 343 p.   3 fr.

Aluminium et métaux alcalins (Recherche, extraction et fabrication), par C. H. et A. TISSIER. 1 vol., 228 p. avec 1 pl. et de nombreuses figures dans le texte.   3 fr.

Analyse des vins. V. *Vins.*

Analyse des sucres. V. *Sucres.*

Analyse qualitative, par H. WILL, traduit par W. BICHON. 1 vol., 259 p., avec tableaux dans le texte.   1 fr. 50

Animaux nuisibles; leur destruction, par H. GOBIN.

Appareils économiques de chauffage pour les combustibles solides et gazeux, par P. FLAMM. 1 v., 157 p., 4 pl. 3 fr.

Artifices (Feux d'). V. *Poudres et salpêtres.*

Asphaltes, bitumes, par MALO. 1 vol., III-319 p., 7 pl. 4 fr.

Bijoutier. Application de l'harmonie des couleurs, par L. MOREAU. 1 vol. in-12, 108 p., 2 pl.   1 fr.

Botanique appliquée à la culture des plantes, par Léon LEROLLE, 1 vol., 464 p., avec nombreuses figures dans le texte. 5 fr.

Brevets. Droits des inventeurs, par H. DUFRENÉ.   2 fr. 50

Café. Culture du caféier, par BOURGOIN D'ORLI. 1 vol., 100 p. 2 fr.

Canards, par MARIOT-DIDIEUX. 1 vol.   1 fr. 50

Canne à sucre. V. *Sucre.*

Chaleur (Théorie mécanique de la chaleur), par CLAUSIUS, traduit par FOLIE. 1 vol., 441 p.   8 fr.

Charpentier (Livre de poche du). Collection de 150 épures, avec texte explicatif en regard, par M. J.-F. MERLY. 1 vol., 287 p.   5 fr.

Chasseur médecin (Traité complet sur les maladies du chien, par Francis CLATER), traduit par MARIOT-DIDIEUX. 1 vol., 195 p.   2 fr.

Chemins de fer (Construction des), par J. MALEVILLE. 1 vol., 119 p., avec un tableau et deux planches.   3 fr.

Électricité. Principes généraux, applications, par SNOW HARRIS, traduit par E. GARNAULT. 1 vol. de 264 p., avec nombreuses figures dans le texte. 2 fr. 50

Engrais humain. V. *Vidange.*

Engrenages (Traité pratique du tracé et de la construction des), par F.-G. DINÉE. 1 vol., 80 p. et 17 pl. 3 fr. 50

Entomologie agricole. Destruction des insectes nuisibles, par H. GOBIN. 1 vol., 285 p., avec figures et tableaux dans le texte. 3 fr.

Épiceries, ou dictionnaire des denrées indigènes et exotiques, par le doct. B. LUNEL. 1 vol., 262 p. 2 fr.

Ethnographie (Description des races humaines), par D'OMALIUS D'HALLOY. 1 vol., avec une planche coloriée, 130 p. 3 fr.

Expropriation. Manuel des expropriés, par Victor EMION. 1 vol., 125 p. 1 fr.

Fécules et amidons (Fabrication des), par DUBIEF. 1 vol., 267 p. 6 fr.

Géomètre arpenteur (Arpentages, nivellements, levés des plans, partage des propriétés agricoles), par M. P. GUY. 1 vol., 272 p., avec 5 pl. 3 fr.

Géométrie élémentaire (Leçons de), par Ch. ROZAN. 1 vol. 270 p., avec 1 atlas de 31 pl. 5 fr.

Habitations des animaux (Bon aménagement des). Écuries et étables, par GAYOT. 1 vol., 203 p. 3 fr.

Habitations des animaux. Bergeries, porcheries, etc., par le même. 1 vol., 355 p. et 91 fig. 3 fr.

Huiles (Essai et dosage des) employées dans le commerce ou servant à l'alimentation, des savons et de la farine de blé, par CAILLETET. 1 vol., 107 p. 3 fr.

Hydraulique urbaine et agricole, par J. LAFFINEUR. 1 vol., 129 p., 2 pl. 2 fr.

Hydrauliques (Roues), par J. LAFFINEUR. 1 vol. de 142 pages et 8 planches. 2 fr. 50

Hygiène et médecine usuelle, par le doct. B. LUNEL. 1 vol., 212 p. 1 fr. 50

Ingénieur agricole (Hydraulique, desséchement, drainage, irrigation, etc.), par LAFFINEUR. 1 vol., 269 p., 3 pl. 3 fr.

Insectes nuisibles (Destruction des). V. *Entomologie.*

Jardinage (Manière de cultiver son jardin), par COURTOIS-GÉRARD. 1 vol., 403 p., avec 1 planche et figures dans le texte. 3 fr. 50

Jardins d'agrément (Tracé et ornementation), par T. BONA. 1 vol., 304 p., 4e éd. 2 fr. 50

Joaillier. Traité complet des pierres précieuses, par Ch. BARBOT. 1 vol., 567 p. et 178 figures gravées. 5 fr.

Lapins (Éducation lucrative des), par Mariot-Didieux. 1 vol.,
163 p. 2 fr.

Liqueurs (Fabrication des) sans distillation, par Dubief. 1 vol.,
288 p. avec figures et 1 pl. 4 fr.

Literie, par Jean de Laterrière. 1 vol., 180 p., avec 13 pl. 2 fr.

Machines agricoles en général et machines à vapeur rurales
(Construction, emploi et conduites), par Gaudry. 1 volume,
107 p. 1 fr.

Maçonnerie (Constructeur), par A. Demanet. 1 vol., texte
252 p. et atlas de 20 pl. 5 fr.

Maître de forges (Exploitation du fer et applications), par
M. Pelouze. 2 vol., 859 p., avec 10 pl. 5 fr.

Matières résineuses (Provenance et travail), par E. Dromart.
1 vol., 101 p., avec 3 pl. 5 fr.

Mécanique. V. *Chaleur.*

Métallurgie (Essai, préparation et traitement des minerais),
par MM. L. et D. 1 vol., 354 p., avec 8 pl. 2 fr.

Métallurgie (le Fer, son histoire, ses propriétés), par William
Fairbairn; traduit par G. Maurice. 1 vol., 351 pages, avec
5 pl. 5 fr.

Minéralogie usuelle (Exposition succincte et méthodique des
minéraux), par M. Drapiez. 1 vol., 507 p. 2 fr.

Mouvement industriel et commercial, 1864-1865, par
A. Sébillot. 1 vol., 232 p. 2 fr.

Oies et canards (Éducation lucrative des), par Mariot-Didieux.
1 vol., 187 p., avec de nombreuses fig. dans le texte. 1 fr. 50

Olivier (sa culture, son fruit et son huile), par J. Raynaud.
1 vol., 330 p. 3 fr.

Ostréiculture (Élevage et multiplication des races marines comestibles), par Fraiche. 1 vol., 178 p., avec de nombreuses
figures dans le texte. 3 fr.

Papiers et cartons (Fabrication), par A. Prouteaux. 1 vol.,
277 p., avec atlas, 7 pl. 4 fr.

Parfumeur. Dictionnaire des cosmétiques et parfums, par le
doct. B. Lunel. 1 vol., 215 p. 5 fr.

Pétrole (Gisements, exploitation et traitement industriels), par
E. Soulié et H. Haudoüin. 1 vol., 236 p. 3 fr.

Photographie (l'Étudiant photographe), par A. Chevalier.
1 vol. 3 fr.

Pisciculteur, par P. Carbonnier. 1 vol., 208 p. 2 fr.

Plantes fourragères, par M. H. Gobin.

— 1re partie. Prairies naturelles, irrigations, pâturages, 1 vol.,
284 p. 3 fr.

— 2e partie. Prairies artificielles, plantes-racines. 1 vol., 388 p.
et 87 fig. 3 fr. 50

Ponts et chaussées et agent voyer (conducteur), 1re partie. Plans et nivellements, par F. Birot. 1 vol., 129 p., 6 pl. 2 fr.
— 2e partie. Routes et chemins. 1 vol., avec pl. 2 fr.
— 3e partie. Ponts et viaducs. 1 vol. 2 fr.
— 4e partie. Constructions en général. 1 vol. 2 fr.
Ponts et chaussées. Tracé des courbes sur le terrain, par Péronne. 2 fr.
Potasses, soudes, cendres, acides et **manganèses**, par Frésénius et le doct. H. Will; traduit par G. W. Bichon. 1 vol., 176 p. 2 fr.
Poudres et salpêtres, par le major Steerk, avec un appendice sur **les feux d'artifice**. 1 vol., 360 p. 5 fr.
Poules (Éducation lucrative des), ou Traité raisonné de gallino-culture, par Mariot-Didieux. 1 vol., 456 p. 3 fr. 50
Prairies naturelles et artificielles. V. *Plantes fourragères.*
Roches, simples et composées (Classification et caractères minéralogiques), par Marcel de Serres. 1 vol., 291 p. 3 fr.
Rosier (Taille du), sa culture, par E. Forney. 1 vol., 216 p. 2 fr.
Roues hydrauliques (voir Laffineur, p. 4). 2 fr. 50
Science populaire (La), par J. Rambosson. 4 vol., avec de nombreuses figures dans le texte. 14 fr.
Sciences physiques appliquées à l'agriculture. V. *Chimie.*
Sténographie, par Ch. Tondeur. 1 vol., 18 p. 1 fr.
Sucres. Essai et analyse des sucres, par E. Monier, avec fig. et tableaux. 2 fr.
— La canne à sucre, par Bourgoin d'Orli. 1 vol. 156 p. 2 fr.
Télégraphie électrique, par B. Miége. 1 vol., 158 p., avec de nombreuses figures dans le texte. 2 fr.
Tissus imprimés (Leur fabrication). Impression des étoffes de soie, par D. Kæppelin. 1 vol., 151 p., avec 4 pl. et de nombreux échantillons. 10 fr.
Vaches. Choix des vaches laitières, par E. Dubos. 1 vol., 132 p. et planches. 2 fr.
Vernis (Fabrication des), par Henry Violette, 1 vol., avec figures dans le texte. 5 fr.
Vétérinaire maréchal, par J. Goodwin. 1 vol., 274 p., avec 3 pl. 2 fr.
Vidange agricole. Engrais humain, par J.-H. Touchet. 1 vol., 88 p. 1 fr.
Vigneron, par Fleury-Lacoste, 1 vol., 144 p., avec fig. 2 fr.
Vins. Falsifications et maladies du vin, par J. Brun. 1 vol., avec de nombreux tableaux. 2e éd., 1 vol., 191 p. 2 fr. 50
Vins factices et boissons vineuses, par Dubief. 1 vol., 67 p. 1 fr. 50

1.

CATALOGUE

DES OUVRAGES PUBLIÉS OU EN PRÉPARATION

PAR ORDRE DE SÉRIES.

TABLE DES MATIÈRES [1].

—

SÉRIE A.

SCIENCES EXACTES.

3. Leçons de **Géométrie élémentaire**, par M. Ch. ROZAN, professeur de mathématiques. 1 vol., 262 pages et un atlas de 31 planches doubles gravées.　　　　5 fr.

Ces leçons sont conçues sur un plan tout nouveau. M. Rozan s'est surtout attaché à faire sentir la liaison qui existe entre les principes essentiels de la géométrie élémentaire et la manière dont ils découlent les uns des autres par un enchaînement continuel de déductions et de conséquences.

6. Guide pratique pour l'étude du **Dessin linéaire** et de son application aux professions industrielles, par MM. A. ORTOLAN et J. MESTA. 1 vol., LXXVI-204 pages et un atlas de 41 planches doubles, gravées par EHRARD.　　　　5 fr.

Excellent manuel élémentaire, précédé d'une introduction dans laquelle les auteurs donnent, sous forme de dictionnaire, l'explication de tous les termes techniques et la description des divers instruments spéciaux.

En préparation [2].

1. Arithmétique.
2. Algèbre.
4. Trigonométrie.
5. Géométrie descriptive.

7. Perspective.
8. Connaissance et pratique des Logarithmes [3].
9. Emploi de la Règle à calcul.

---

[1] Cette table est loin d'être complète comme matières à publier, puisque la collection doit former une technologie complète; beaucoup d'autres volumes, traitant de sujets non mentionnés ici, viendront en leur temps en élargir le cadre, mais nous avons l'intention, pour le moment, de ne nous occuper que de ces premiers, parce que nous pensons que ce sont ceux dont la publication est le plus promptement désirée.

[2] Plusieurs ouvrages indiqués comme étant en préparation seront mis sous presse dans le courant de la présente année.

[3] Nous croyons devoir recommander spécialement un travail sur les logarithmes qui a paru récemment, intitulé : *Table des logarithmes* à sept décimales, par Jean Luvini, très-complète, comprenant plusieurs autres tables usuelles. Prix : 4 francs (librairie scientifique-industrielle Lacroix).

SÉRIE B.

SCIENCES D'OBSERVATION, CHIMIE, PHYSIQUE, ÉLECTRICITÉ, ETC.

2. **Théorie mécanique de la chaleur,** par R. Claudius, professeur à l'Université de Wurzbourg, traduit de l'allemand par F. Folie, professeur à l'École industrielle et répétiteur à l'École des mines de Liége. 1 vol., xxiv-441 pages. 8 fr.

4. **Télégraphie électrique,** ou *Vade mecum* pratique à l'usage des employés des lignes télégraphiques, suivi du programme des connaissances exigées pour être admis au surnumérariat dans l'administration des lignes télégraphiques, par M. B. Miége, directeur de station de ligne télégraphique. 1 vol., xi-148 pages, avec 45 figures dans le texte. 2 fr.

M. Miége n'a pas voulu faire seulement un livre utile, mais bien un guide indispensable. Aux notions préliminaires sur le magnétisme, les différentes sources d'électricité et les propriétés des courants, succède la description de tous les appareils usités, avec l'indication des signaux généralement adoptés. Des formules d'une grande simplicité permettent de se rendre compte de l'intensité des courants et de rechercher la cause des dérangements.

5. **L'Étudiant photographe,** par A. Chevalier, avec les procédés de MM. Civiale, Bacot, Cavelier, Robert. 1 vol. de 216 pages, avec figures. 3 fr.

7. Guide pratique de **Chimie élémentaire**; ouvrage mis à la portée des gens du monde, des lycées et des institutions, contenant les principes de cette science et leur application aux arts et aux questions usuelles de la vie, par M. J. Garnier jeune, professeur à l'École de commerce et d'industrie de Paris et à l'École vétérinaire d'Alfort. 1 vol., 304 pages et 3 pl. 2 fr.

Ce guide réunit le triple mérite d'être complet, sous un petit volume à bas prix. L'auteur a emprunté aux recueils scientifiques tout ce qu'ils renferment de nouveau et d'utile pour mettre son ouvrage au niveau des découvertes les plus récentes.

9. **Analyse qualitative,** instruction pratique à l'usage des laboratoires de chimie, par M. le docteur H. Will, professeur agrégé de l'université de Giessen; traduit de l'allemand par M. le docteur G.-W. Bichon, traducteur des Lettres de M. Justus Liebig sur la chimie, et auteur de plusieurs travaux sur cette science. 1 vol., 248 pages. 1 fr. 50

Les traités spéciaux sur la chimie analytique sont ou trop volumineux ou incomplets, en ce sens que, dans ces derniers, manquent les indications indispensables pour que l'élève puisse se conduire lui-même. M. le docteur Will a su éviter ces deux défauts : son guide enseigne d'une manière simple, substantielle et méthodique, tout ce qu'il faut savoir pour devenir capable de découvrir et de séparer les parties constituantes des corps composés.

11. **Introduction à l'étude de la chimie,** contenant les principes généraux de cette science, les proportions chi-

miques, la théorie atomique, le rapport des poids atomiques
avec le volume des corps, l'isomorphisme, les usages des poids
atomiques et des formules chimiques, les combinaisons isomé-
riques des corps catalyptiques, etc., accompagné de considérations détaillées sur les acides, les bases et les sels, par M. J.
LIEBIG, traduit de l'allemand par Ch. GHÉRARD, augmenté d'une
table alphabétique des matières présentant les définitions techniques et les relations des corps. 1 vol., 248 pages.   2 fr. 50

L'accueil favorable que cette traduction a rencontré en France rappelle
le succès obtenu en Allemagne par l'édition originale de l'illustre chimiste.

Dans cette *Introduction* sont exposés d'une manière succincte et claire les
principes généraux de la chimie, les proportions chimiques, la théorie
atomique, en un mot toutes les notions élémentaires indispensables à celui qui
veut aborder la chimie analytique.

12. Guide pratique pour reconnaître et corriger les **Fraudes
et maladies du vin**, suivi d'un Traité d'**Analyse chimique** de tous les vins, par M. Jacques BRUN, vice-président
de la Société suisse des pharmaciens. 2ᵉ éd., 1 vol., 191 p.,
avec de nombreux tableaux.   2 fr. 50

L'art de falsifier les vins a fait ces dernières années de rapides progrès. La
chimie ne doit pas se laisser devancer par la fraude : elle doit lui tenir tête et
pouvoir toujours montrer du doigt la substance ajoutée. Cette tâche, dit
M. Brun, incombe surtout aux pharmaciens. Son livre est le résumé des différents traitements qu'il a cru être réellement utiles dans la pratique et qui
ont le mieux réussi pour l'examen chimique des vins suspects.

13. Traité pratique et élémentaire de **Botanique** appliquée à
la culture des plantes, par M. Léon LEROLLE. (Voir série H,
n° 56, p. 33.)

17. Leçons élémentaires d'**Électricité** ou exposition concise
des principes généraux de l'**électricité et de ses applications**, par SNOW HARRIS, de la Société royale de Londres, etc. ;
annotées et traduites par E. GARNAULT, ancien élève de l'Ecole
normale, professeur de physique à l'Ecole navale impériale.
1 vol., 264 pages, avec 72 figures dans le texte.   2 fr. 50

Les leçons de M. Snow Harris ont eu un grand succès en Angleterre.
L'auteur s'est surtout attaché à donner des idées saines, pratiques et théoriques sur les principes généraux de l'électricité et les faits les plus simples, qu'il démontre à l'aide d'expériences faciles à répéter.

Son élégant traducteur, M. Garnault, a ajouté à l'ouvrage anglais des
notes dans lesquelles il donne surtout des aperçus sur les principales
applications de l'électricité qui ont passé dans l'industrie.

18. Guide pratique pour reconnaître et pour déterminer le titre
véritable et la valeur commerciale des **Potasses**, des **Soudes**,
des **Cendres**, des **Acides** et des **Manganèses**, avec neuf
tables de déterminations, par MM. les docteurs R. FRÉSÉNIUS et
H. WILL, assistants préparateurs au laboratoire de chimie de
Giessen ; traduit de l'allemand par M. le docteur W. BICHON,
1 vol., XVI-163 pages.   2 fr.

En rédigeant ce guide, les auteurs ont considéré qu'ils écrivaient non-seulement pour les chimistes, mais aussi pour des personnes qui sont moins avancées dans la science. Ils ont donc combiné leurs efforts de manière à réunir aux notions scientifiques nécessaires une exécution qui pût être généralement comprise de tous.

En présence du rôle important que jouent dans la technologie et dans les arts industriels les substances auxquelles ce livre est principalement consacré, nous croyons superflu d'insister sur l'utilité de la méthode qui y est enseignée et des neuf tables qui en font le complément.

En préparation.

1. Physique.
3. Galvanoplastie.
6. Astronomie.
8. Chimie générale.
10. Chimie industrielle.

14. Minéralogie.
15. Géologie.
16. Vinaigrier et Moutardier.
19. Météorologie.
20. Anatomie.
21. Zoologie.

Nous prions les lecteurs de voir aussi la série II, n°s 6 et 7, *Chimie inorganique* et *Chimie organique* de M. Pouriau.

SÉRIE C.

ART DE L'INGÉNIEUR, PONTS & CHAUSSÉES, CONSTRUCTIONS CIVILES.

1. Guide pratique du **Géomètre arpenteur**, comprenant l'arpentage, le nivellement, la levée des plans, le partage des propriétés agricoles, par M. P.-G. Guy, ancien élève de l'École polytechnique, officier d'artillerie. Nouv. édition. 1 vol. de 272 pages avec 5 planches.   3 fr.

Les deux premières éditions de ce guide étaient épuisées. Celle que nous annonçons a été complètement revue et quelques additions importantes y ont trouvé place. Les planches, gravées à nouveau, sont d'une grande netteté.

2. Guide pratique du **Conducteur des ponts et chaussées** et de l'**Agent voyer**. Principes de l'art de l'ingénieur, par M. F. Binot, ingénieur civil, ancien conducteur des ponts et chaussées. 3e édition, revue et augmentée. 1 vol. de 545 pages, avec un atlas de 19 planches doubles, contenant 144 figures. Prix du volume et de l'atlas.   8 fr.

Chaque partie se vend séparément :

Première partie : Plans et nivellements, 1 vol., viii-124 pages et 6 planches.   2 fr.
Deuxième partie : Routes et chemins. 1 vol. de 155 pages et 5 planches.   2 fr.
Troisième partie : Ponts et ponceaux. 1 vol. de 124 pages et 8 planches.   2 fr.

*

Quatrième partie : Travaux de construction en général. 1 vol.
de 145 p. et 1 pl.   2 fr.

Un premier ouvrage de M. Birot, qui avait pour titre *Routes et ponts*, s'est
épuisé avec une très-grande rapidité, et est demandé tous les jours. — La
série des 4 volumes publiés dans la Bibliothèque Lacroix, représente la nouvelle édition complétement refondue et augmentée de cet excellent ouvrage.

10. Guide pratique du **Constructeur**. — **Maçonnerie,** par
A. Demanet, lieutenant-colonel honoraire du génie, membre
de l'Académie royale de Belgique, etc. 1 vol., 252 pages, avec
tableau et 1 atlas in-18 de 20 planches doubles, gravées sur
acier, par Chaumont.   5 fr.

Ce guide, écrit par M. Demanet, qui a professé un cours de construction à
l'École militaire de Bruxelles, emprunte une grande autorité à l'expérience et
à la position qu'occupait l'auteur.
Les 20 planches de l'atlas qui accompagnent ce guide comprennent 137 figures que Chaumont a gravées avec cette exactitude et cette élégance qui ont
fondé sa réputation.
Nous rappellerons que M. le lieutenant-colonel Demanet est auteur d'un
Cours de construction qui a eu très-rapidement deux éditions et qui embrasse
la connaissance des matériaux et leur emploi, la théorie des constructions,
l'établissement des fondations, l'économie des travaux, leur entretien, etc., etc.
Cet ouvrage, édité par la Librairie scientifique, industrielle et agricole, coûte
avec l'atlas 70 francs et ne pouvait par conséquent entrer dans le cadre de la
Bibliothèque des professions industrielles et agricoles.

16. Nouvelles tables pour le tracé des **Courbes de raccor-**
dement (chemins de fer, routes et chemins), calculées par
M. Chauvac de la Place, chef de section aux chemins de fer
de l'Est. 1 vol., 120 pages, 1 planche.   3 fr. 50

Ces tables, calculées pour 82 rayons les plus fréquemment employés, et
prenant pour base un petit arc exprimé en nombre rond et s'ajoutant successivement à lui-même, offrent une grande facilité. Leur mérite a été promptement apprécié par tous ceux qui ont eu l'occasion de s'en servir.

17. Guide pratique pour le tracé des **Courbes sur le ter-**
rain, par Eug. Peronne. 66 pages ou tableaux, avec figures
dans le texte.   2 fr.

Les ouvrages spéciaux destinés à faciliter les opérations des ingénieurs sur
les terrains sont généralement volumineux ou incomplets, M. Péronne a su
éviter ce double écueil, et il a réuni dans un format commode les tables
concernant les tangentes, les cercles, les flèches, les conversions de la graduation et le lever des plans.
Chaque table est précédée d'une explication et d'une figure géométrique,
et l'auteur a indiqué soigneusement la manière de se servir de ces diverses
tables.

18. **Construction des chemins de fer,** par M. J. Maleville. 1 vol. 119 pages, tableaux et 2 planches.   3 fr.

Cet ouvrage, très-abrégé, ainsi qu'on peut en juger par le nombre de
pages qu'il compte, a résumé, condensé les principes essentiels utiles aux
agents voyers : aussi a-t-il promptement été adopté par eux.

20. Études et notions sur les **Constructions à la mer,** par
M. Bouniceau, ingénieur en chef des ponts et chaussées, 1 vol.,

viii-421 pages et Atlas de 44 planches in-4°, dont plusieurs doubles, gravées par Ehrard.   - 15 fr.

Cet ouvrage est le résumé d'études longues et consciencieuses d'un des ingénieurs en chef les plus distingués du corps impérial des ponts et chaussées. M. Bouniceau a attaché son nom à des travaux d'une haute importance. Son travail devra être médité par tous ceux qu'intéressent les nouveaux développements que doivent prendre les constructions conçues en vue d'améliorer les ports de mer et les ouvrages nécessaires à la préservation des côtes.

21. Traité de l'**Exploitation des chemins de fer**. *Première partie :* **Voyageurs et bagages**, par M. Victor Émion, précédé d'une préface par M. Jules Favre. 1 vol., xvi-305 p. 2 fr. 50

Deuxième partie : **Marchandises**. 1 vol., vii-459 p.   3 fr. 50

Aujourd'hui tout le monde voyage. Le manuel de M. V. Emion est donc le guide obligé de tout le monde. Il fait connaître à chacun ses droits et ses devoirs vis-à-vis des compagnies ; il prend le voyageur chez lui, il le mène à la gare, le suit à son départ, pendant sa route, à son arrivée, et le ramène à son domicile ; il prévoit toutes les difficultés, toutes les contestations et en donne la solution fondée sur la loi, les règlements, la jurisprudence et l'équité.

Dans la seconde partie, M. Emion traite avec beaucoup de détails l'organisation du service des marchandises, les tarifs, les formalités exigées pour la remise des marchandises en gare, l'expédition, la livraison, enfin tout ce qui concerne les actions à intenter aux Compagnies, soit pour avaries, soit pour retard, perte, négligence, etc.

27. **Notions générales sur les Chemins de fer**, statistique, histoire, exploitation, accidents, organisation des compagnies, administration, tarifs, service médical, institutions de prévoyance, construction de la voie, voitures, machines fixes, locomotives, nouveaux systèmes ; suivi des Biographies de Cugnot, Seguin et George Stephenson, d'un Mémoire sur les avantages respectifs des différentes voies de communication, d'un Mémoire sur les chemins de fer considérés comme moyens de défense d'un pays, et d'une bibliographie raisonnée ; par M. Auguste Perdonnet, ancien élève de l'Ecole polytechnique, ancien ingénieur en chef de plusieurs chemins de fer, directeur de l'Ecole centrale des arts et manufactures, président honoraire de la Société des ingénieurs civils, président de l'Association polytechnique, etc. 1 vol., 452 pages, avec de nombreuses figures dans le texte.   5 fr.

Après avoir publié deux ouvrages techniques sur les chemins de fer, qui s'adressaient directement aux hommes spéciaux, M. A. Perdonnet a voulu dans ses *Notions générales* se rendre intelligible pour tout le monde. Outre les questions techniques et économiques, il traite dans ces *Notions* des questions d'organisation des compagnies et d'exploitation dont il n'avait pas à parler dans ses deux grands ouvrages. Nous signalerons l'importance des renseignements historiques et statistiques dont il a enrichi notre publication.

En préparation.

3. Métreur vérificateur.   5. Architecte.
4. Fabrication des briques.   6. Tailleur de pierre.

SÉRIE D.

MINES ET MÉTALLURGIE, MINÉRALOGIE, GÉOLOGIE, HISTOIRE NATURELLE.

3. **Métallurgie,** ou Exposition détaillée des divers procédés employés pour obtenir les *métaux utiles*, précédé de l'essai et de la préparation des minerais, par MM. D... et L... 1 vol., 347 pages et 8 planches.   2 fr.

Cet ouvrage réunit, sous un petit volume, un corps d'instructions suffisant pour guider les personnes qui désirent connaître les principes de la métallurgie et ses applications journalières.

Les dessins qui accompagnent ce guide pratique sont d'une grande exactitude.

4. Guide pratique du métallurgiste. **Le Fer,** son histoire, ses propriétés et ses différents procédés de fabrication, par M. William Fairbairn, ingénieur civil, membre de la Société royale de Londres, correspondant de l'Institut de France, etc., traduit de l'anglais avec l'approbation de l'auteur, et augmenté de notes et d'appendices, par M. Gustave Maurice, ingénieur civil des mines, secrétaire de la rédaction du Bulletin de la Société d'encouragement. 1 vol., 331 pages et 68 figures dans le texte.   5 fr.

Le nom de M. Fairbairn fait autorité dans l'industrie du fer. Après avoir tracé l'histoire des progrès de la fabrication du fer, l'auteur donne les analyses des minerais et des combustibles dans leurs rapports avec les résultats des différents procédés de fabrication ; il saisit cette occasion pour donner la description des fourneaux, machines, etc., employés dans la métallurgie du fer.

M. Maurice, l'élégant traducteur du livre de M. Fairbairn, a complété par des notes et des appendices tout ce que le texte original pouvait présenter de trop laconique ou de trop exclusivement rédigé en vue de la métallurgie anglaise. Parmi ces appendices on remarquera ceux concernant les procédés Bessemer, et sur la résistance des tubes à l'écrasement.

5. **Emploi de l'acier,** ses propriétés, par J.-B.-J. Dessoye, ancien manufacturier, avec une introduction et des notes par Ed. Grateau, ingénieur civil des mines. 1 vol. de 303 p. 3 fr.

Ce livre constitue une véritable monographie de l'acier. M. Dessoye prend l'art de fabriquer l'acier à son origine et nous montre ses progrès. Il signale la nature et les propriétés natives de l'acier, en indique les différents modes d'élaboration et termine son guide par une étude sur l'emploi de l'acier dans les manipulations qu'on lui fait subir. Comme le fait remarquer M. Grateau dans sa savante introduction, ce livre s'adresse à tous ceux qui sont appelés à acheter et à consommer de l'acier d'une qualité quelconque sous toute forme, et il sera lu avec fruit par tous les praticiens.

Cet ouvrage est en quelque sorte complété par un volume de M. Landrin fils, intitulé *Traité de l'acier*. Quoique nous ayons publié cet ouvrage en dehors de la Bibliothèque, nous devons le citer ici. Il forme 1 volume, format de la Bibliothèque, de 315 pages avec figures dans le texte.   5 fr.

11. Guide pratique de la **recherche**, de l'**extraction** et de la **fabrication** de l'**Aluminium** et des **Métaux alcalins**. Recherches techniques sur leurs propriétés, leurs procédés d'extraction et leurs usages, par MM. Charles et Alexandre Tissier, chimistes-manufacturiers. 1 vol., 226 pages, 1 planche et figures dans le texte.   3 fr.

Les notions sur l'aluminium se trouvaient disséminées dans des recueils nombreux publiés en France et à l'étranger. Les auteurs de ce guide ont eu l'idée de faire de ces notions éparses un tout homogène dans lequel, après avoir retracé l'historique de la préparation des métaux alcalins, ils esquissent à grands traits l'histoire de la préparation de l'aluminium. Des chapitres spéciaux sont consacrés à la fabrication industrielle et aux propriétés physiques et chimiques du nouveau métal.

13. Guide pratique de l'**Alliage des métaux**, par M. A. Guettier. 1 vol., viii-342 pages.   3 fr.

Après avoir donné quelques explications préliminaires sur les propriétés physiques et chimiques des métaux et des alliages, l'auteur examine au point de vue des alliages entre eux les métaux spécialement industriels, c'est-à-dire d'un usage vulgaire très-répandu (cuivre, étain, zinc, plomb, fer, fonte, acier). Il donne ensuite quelques indications générales sur les métaux appartenant aux autres industries, mais n'occupant qu'une place secondaire (bismuth, antimoine, nickel, arsenic, mercure), et sur des métaux riches appartenant aux arts ou aux industries de luxe (or, argent, aluminium, platine) ; enfin, il envisage les métaux d'un usage industriel restreint, au point de vue possible de leur association avec les alliages présentant quelque intérêt dans les arts industriels.

14. L'Art du **Maître de forges**. Traité théorique et pratique de l'exploitation du fer et de ses applications aux différents agents de la mécanique et des arts, par M. Pelouze. 2 vol., ensemble 806 pages, et 10 planches.   5 fr.

Ce traité est toujours consulté avec fruit : c'est le résumé d'une longue expérience. L'art du maître de forges a fait des progrès notables depuis les dernières années, mais c'est toujours dans le livre substantiel de M. Pelouze qu'on va retrouver les notions théoriques et pratiques qui renfermaient en germe les améliorations qui se sont succédé.

15. Minéralogie usuelle. Exposition succincte et méthodique des minéraux, de leurs caractères, de leur composition chimique, de leurs gisements, de leurs applications aux arts et à l'économie, par M. Drapiez. 1 vol., 504 pages.   2 fr.

A la lucidité des définitions et à la simplicité de la méthode d'exposition, ce guide joint un autre mérite qui n'échappera pas aux hommes pratiques : il

**

contient la description de 1,500 espèces minérales dont il analyse les caractères distinctifs, la forme régulière et la forme irrégulière, les propriétés particulières, les compositions chimiques et les synonymies, les gisements, les applications dans les arts, dans l'industrie, etc.

17. Traité des **Roches** simples et composées ou de la classification géognostique des Roches d'après leurs caractères minéralogiques et l'époque de leur apparition, par M. Marcel DE SERRES, professeur à la Faculté des sciences de Montpellier, conseiller honoraire à la Cour impériale de la même ville, officier de la Légion d'honneur. 1 vol., 288 pages.   3 fr.

Une analyse de la table des matières de ce traité sera la meilleure recommandation que nous puissions en faire. De la composition du globe ; — de la classification minéralogique des roches composées ; — des roches plutoniques, ou des roches cristallines ; — des roches plutoniques composées à deux éléments dérivés des granites (six sous-familles) ; — roches plutoniques composées à trois éléments dont l'un est l'amphibole ; — *idem*, dont l'un est le talc, la stéatite ou le chlorate ; — *idem*, cont l'un est le pyroxène ; — de quelques roches simples ; — des divers degrés d'ancienneté des roches composées. — L'ouvrage est complété par divers tableaux et par les coupes idéales des terrains de gneiss de l'Ecosse.

18. Guide pratique pour la fabrication et l'application de l'**Asphalte** et des **Bitumes**, par M. Léon MALO, ingénieur civil, ancien élève de l'École centrale, 1 vol., III-319 pages, 7 planches.   4 fr.

L'usage de l'asphalte et des bitumes se généralise, et cependant il n'existait pas de traité pratique sur la fabrication et l'emploi de ces substances. Le livre de M. Malo comble cette lacune. Il abonde en renseignements fort intéressants non-seulement pour les ingénieurs, mais aussi pour les autorités municipales. Ce guide pratique est accompagné de sept planches, dont quelques-unes de très-grand format.

19. **Pétrole** (le), ses gisements, son exploitation, son traitement industriel, ses produits dérivés, ses applications à l'éclairage et au chauffage, par MM. Emile SOULIÉ et Hipp. HAUDOÜIN, anciens élèves de l'Ecole des mines. 1 vol., 232 pages, avec figures dans le texte.   3 fr.

A l'étude chimique du pétrole naturel les auteurs ont joint l'étude industrielle qui a pour but d'indiquer les moyens d'appliquer les données de la science. Les fabricants trouveront dans ce livre des renseignements véritablement pratiques, non-seulement sur le traitement chimique en lui-même, mais aussi sur les appareils qui serviront à l'effectuer.

En préparation.

1. Recherche et exploitation des mines métalliques.
2. Sondeur.
6. Le zinc.
7. Le cuivre.
8. Le plomb et l'étain.
9. L'argent.
10. L'or.
12. Essayeur.
16. Extraction de la tourbe.
20. Exploitation des houillères.

SÉRIE E.

MACHINES MOTRICES.

1. Traité de la construction des **Roues hydrauliques,** contenant tous les systèmes de roues en usage, les renseignements pratiques sur les dimensions à adopter pour les arbres tournants, les tourillons, les bras de roues hydrauliques, etc. 1 vol. de 142 pages, avec de nombreux tableaux et 8 planches, par Jules LAFFINEUR, ingénieur civil, membre de plusieurs Sociétés savantes. 2 fr. 50

L'auteur démontre, dans sa préface, que le perfectionnement des machines motrices des usines est à la fois une nécessité d'intérêt général et privé. Dans son ouvrage il recherche et il définit les principales conditions à remplir sous ce rapport, et il donne ensuite tous les détails relatifs à la construction des roues hydrauliques dans les meilleures conditions possibles.

Fidèle à la méthode qui lui est propre, M. Laffineur s'est surtout attaché à se faire comprendre par la simplicité des termes employés et par les nombreux exemples qu'il donne.

Les planches sont d'une grande netteté.

6. Traité pratique du tracé et de la construction des **Engrenages,** de la vis sans fin et des cames, par M. F.-G. DINÉE, mécanicien de la marine impériale, ex-élève de l'École d'arts et métiers de Châlons-sur-Marne, 1 vol., 80 p. et 17 pl. 3 fr. 50

Ce livre répond à un besoin, car depuis longtemps il manquait à toute bibliothèque industrielle ; c'est une œuvre de mécanique véritablement pratique.

Il se divise en trois chapitres :

1° Des courbes en usage dans la construction des engrenages ; 2° dimensions des détails et de l'ensemble des engrenages ; 3° tracé des engrenages, des vis sans fin, des cames.

En préparation.

2. Conduite, chauffage et entretien des machines fixes et locomobiles.

3. Construction des machines locomotives.

4. Des machines à vapeur marines.

5. Construction des moulins à vent.

SÉRIE F.

PROFESSIONS MILITAIRES ET MARITIMES.

1[1]. *Aide-mémoire de l'officier de marine* (marine militaire et marine marchande). Notions pratiques de **Droit maritime international** et commercial, par Alp. DONEAUD, professeur à l'École navale, 1 vol., 155 pages. 2 fr.

Les derniers traités de commerce ont augmenté dans des proportions considérables les relations internationales. Cet ouvrage de M. Doneaud devient donc d'une grande utilité pratique.

Nous ajouterons que ce livre commence une série de volumes dont l'ensemble formera, dans notre bibliothèque, l'*Aide-mémoire* de l'officier de marine.

4. Guide pratique de la fabrication, des **Poudres et Salpêtres**, par M. le major STEERK, avec un appendice sur les feux d'artifice. 1 vol., 360 pages, avec de nombreuses figures dans le texte.   5 fr.

Dès les premières lignes de ce livre, on s'aperçoit que l'auteur est un homme compétent dans la matière qu'il traite, et qu'à l'étude dans le laboratoire, le major Steerk a joint l'expérience de la fabrication en grand. Dans ses données, tout est rigoureusement exact, et on peut accepter l'auteur comme guide, sans craindre de se tromper.

L'appendice sur les feux d'artifice résume en quelques pages les notions pratiques nécessaires pour la confection des feux d'artifice.

En préparation.

2. Topographie militaire.
3. Pontonnier.
5. Constructions navales.
6. Capitaine au long cours.
7. Maître au cabotage.

8. Topographie marine, le lever du plan d'une côte ou baie.
9. Instruments et calculs nautiques.

SÉRIE G.

ARTS. — PROFESSIONS INDUSTRIELLES.

3. **Fabrication des Tissus imprimés**, impression des **étoffes de soie**. Ouvrage accompagné de planches et enrichi de nombreux échantillons, par M. D° KÆPPELIN, chimiste, directeur de fabriques d'impression sur étoffes. Deuxième édition augmentée d'un appendice. 1 vol., 142 p., 1 pl. et nombreux échantillons.   10 fr.

M. Kæppelin, avec l'autorité qui s'attache à une longue expérience, décrit successivement toutes les opérations de l'impression proprement dite, en commençant par celles qui les précèdent (blanchiment et mordançage); puis vient l'impression à la main, à la perrotine, au rouleau à l'aide de pierres lithographiques. Des chapitres spéciaux sont consacrés au fixage, au lavage, à l'apprêt, à la fabrication des foulards, aux différents genres de dérivés, etc.

4. Manuel de la **Literie**, par M. Jean DE LATERRIÈRE, manufacturier. 1 vol., 180 pages, avec 14 planches.   2 fr.

Ce manuel contient : 1° la description analytique, le genre de fabrication et le mode de traitement des meubles et objets mobiliers usités dans la literie ; 2° une série d'observations pratiques sur la composition et l'installation des lits dans les hôpitaux.

Quelque aride que puisse paraître le sujet traité par M. de Laterrière, abstraction faite de son incontestable utilité, l'auteur a su le parsemer de réflexions humouristiques qui font du *Manuel de la Literie* une lecture attrayante.

5. Traité théorique et pratique de la recherche, du travail et de l'exploitation commerciale des **Matières résineuses** provenant du pin maritime, par M. E. DROMART, ingénieur civil à Bordeaux. 1 vol., VIII-96 pages, 3 planches.   3 fr.

Après quelques mots sur le pin en général, M. Dromart donne les caractères chimiques de la gemme qui en découle, ainsi que ceux des essences de térébenthine et de la colophane qui en dérivent. Il compare les deux systèmes de gemmage usités dans les Landes et décrit tous les appareils nécessaires à la fabrication des produits résineux, avec les perfectionnements qu'on y a apportés. Le livre se termine par un aperçu de l'emploi des essences et des colophanes dans les principales industries.

8. Guide pratique de la **Fabrication des vernis**, par M. Henry VIOLETTE, ancien élève de l'Ecole polytechnique, commissaire des poudres et salpêtres, membre de plusieurs sociétés savantes. 1 vol., 401 p., avec de nombreuses figures dans le texte.   5 fr.

Nous avons cherché à faire connaître, dit M. Violette, les causes et les effets des réactions, les conditions du succès ; nous nous sommes efforcé de faire sortir l'art du vernisseur des obscurités de l'empirisme, pour le faire entrer dans le domaine de la science. — Faire connaître les conditions nécessaires et suffisantes à remplir, en écartant les faits accessoires et inutiles, simplifier les recettes, faciliter et assurer les opérations, — tel est le but que nous avons cherché à atteindre.

Ce plan, largement conçu, a été ponctuellement réalisé, et M. Violette a passé successivement en revue les vernis à l'éther, à l'alcool, à l'essence et les vernis gras.

9. **Connaissance** et **Exploitation** des **Corps gras industriels**, contenant l'histoire des provenances, des modes d'extraction, des propriétés physiques et chimiques, du commerce des corps gras ; des altérations et des falsifications dont ils sont l'objet, et des moyens anciens et nouveaux de reconnaître ces sophistications, par M. Théodore CHATEAU, chimiste, ex-préparateur au Muséum d'histoire naturelle ; ouvrage à l'usage des chimistes, des pharmaciens, des parfumeurs, des fabricants d'huiles, etc., des épurateurs, des fondeurs de suif, des fabricants de savon, de bougie, de chandelle, d'huiles et de graisses pour machines, des entrepositaires de graines oléagineuses et de corps gras, etc. 2e édition, revue et augmentée. 1 volume, 586 pages ou tableaux, suivi d'un appendice nouveau.   4 fr.

M. Chateau, en publiant la première édition de cet ouvrage, avait eu pour but de donner aux chimistes et aux manufacturiers une histoire aussi complète que possible des corps gras industriels employés tant en France qu'à l'étranger, et considérés au point de vue de leur provenance, de leur extraction, de leur composition, de leurs propriétés physiques et chimiques, de leur commerce et de leurs altérations spontanées ou frauduleuses.

Dans la nouvelle édition publiée dans notre *Bibliothèque*, M. Chateau a ajouté à sa monographie des corps gras un appendice renfermant quelques corrections indispensables et d'importantes additions.

12. Trois sources d'économie de combustibles. Guide pratique du **Constructeur d'appareils économiques de chauffage** pour les combustibles solides et gazeux, traitant des générateurs à gaz fixes et locomobiles, de l'application de la chaleur concentrée et du calorique perdu aux chaudières à vapeur et aux fours de toute espèce, à l'usage des ingénieurs, architectes,

fumistes, verriers, briquetiers; des forges, fabriques de zinc, de porcelaine, de faïence, d'acier, de produits chimiques ; des raffineries de sucre, de sel ; des industries métallurgiques et autres employant la chaleur ; par M. Pierre FLAMM, manufacturier, auteur d'un ouvrage qui a pour titre *le Verrier au dix-neuvième siècle*. 157 pages et 4 planches.   3 fr.

M. Flamm a pris pour épigraphe de son livre *Non multa sed multum*. Jamais devise n'a été plus fidèlement respectée. Dans ce traité tout est substantiel, rien n'est inutile. Les constructeurs y trouveront des données pratiques et les grands industriels pourront, après l'avoir lu, se rendre compte des qualités que doivent posséder les appareils qu'ils font établir dans leurs usines ou dans leurs fabriques.

Le même auteur a publié dans le même format une excellente petite brochure qui a pour titre : Un chapitre sur la *verrerie* ou transformation complète de la *fabrication* actuelle du *verre*, donnant les méthodes du chauffage aux gaz combustibles, les modes nouveaux de *couler les glaces*, le *cristal*, le *flint* et le *crown-glass* ; de travailler le *verre à vitres*, la *gobeletterie* et les *bouteilles*, de supprimer les creusets et le cueillage du *verre* sur les *pots*. 1 volume, 44 pages et 1 planche.   1 fr. 50

13. Le **Livre de poche du Charpentier**, application pratique à l'usage des **chantiers**, des **élèves des Écoles professionnelles**, etc. Collection de **140** épures, avec texte explicatif en regard, par J.-F. MERLY, charpentier, entrepreneur de travaux publics, membre de la Société industrielle d'Angers et de l'Académie nationale de Paris, auteur de l'album du Trait théorique et pratique, etc., 1 vol., 287 pages.   5 fr.

A propos du *Livre de poche du charpentier*, nous répéterons ce qui a été dit d'un autre livre de M. Merly. Les deux ouvrages méritent les mêmes éloges.

« M. Merly n'est pas un savant qui doit s'efforcer d'oublier la technologie de l'École pour parler le langage ordinaire de la plupart de ses auditeurs, M. Merly est, au contraire, un ouvrier, un homme pratique, qui a cherché d'abord à se faire comprendre par les compagnons de travail auxquels il s'adressait, et qui est arrivé à des démonstrations si claires, à des explications si naturelles, que les théoriciens eux-mêmes ont bientôt eu à s'inspirer de ses travaux. Rien de plus net que ses dessins, rien de plus simple que ses préceptes ; c'est en quelque sorte en se jouant qu'il arrive aux épures les plus compliquées. L'*Album du trait théorique et pratique* restera comme une preuve des résultats que peuvent donner l'intelligence, la persévérance et l'amour du travail. »

23. Guide pratique du **Bijoutier**. Application de l'harmonie des couleurs dans la juxtaposition des pierres précieuses, des émaux et de l'or de couleur, par M. L. MOREAU, bijoutier et dessinateur. 1 vol., 108 pages, avec 2 planches.   1 fr.

Ce petit livre est une protestation hardie contre l'esprit de routine. L'auteur a réuni les données fournies par la science sur l'harmonie et le contraste des couleurs, et, comparant ces données aux observations faites dans la pratique du métier, il a formé une théorie applicable à la bijouterie.

26. Guide pratique du **Joaillier**, ou Traité complet des pierres précieuses, leur étude chimique et minéralogique, les moyens de les reconnaître sûrement, leur valeur approximative et rai-

sonnée, leur emploi, la description des plus extraordinaires et
des chefs-d'œuvre anciens et modernes auxquels elles ont
concouru, par M. Ch. Barbot, ancien joaillier, inventeur du
procédé de décoloration du diamant brut, membre de plusieurs
Sociétés savantes. 1 vol., 567 pages, 3 planches renfermant
178 figures représentant les diamants les plus célèbres de
l'Inde, du Brésil et de l'Europe, bruts et taillés, et les dimensions exactes des brillants et roses en rapport avec leur poids,
depuis un carat jusqu'à cent carats.　　　　　　　　5 fr.

Écrit tout à la fois pour les praticiens et les gens du monde, ce guide donne,
par ordre alphabétique, la description de toutes les pierres précieuses, en
en indiquant l'aspect, la couleur, la dureté, l'éclat, la pesanteur spécifique,
la composition chimique, la forme géométrique, le gisement, l'abondance
et la rareté, l'emploi et le prix. — Un article spécial a été consacré au diamant, la pierre de prédilection de nos jours.

31. Guide pratique d'**Hydraulique** urbaine et agricole, ou
Traité complet de l'établissement des conduites d'eau pour
l'alimentation des villes, des bourgs, châteaux, fermes, usines, etc., comprenant les moyens de créer partout des sources
abondantes d'eau potable, par M. Jules Laffineur, ingénieur
civil, etc. Ouvrage formant le complément du *Guide pratique
de l'Ingénieur agricole* (voir p. 26, n° 3). 2e tirage, augmenté
d'un supplément. 1 vol., 130 pages et 2 planches.　　　2 fr.

En publiant cet ouvrage, M. Laffineur a eu pour but de réunir en un fais-
ceau les principales données de la science hydraulique expérimentale. On y
trouvera réunis tous les renseignements, toutes les formules, toutes les applications pour la conduite des eaux.

35. **Fabrication du papier** et du carton, par M. A. Prouteaux, ingénieur civil, ancien élève de l'Ecole centrale des arts
et manufactures, directeur de la papeterie de Thiers (Puy-de-
Dôme). 1 vol., 273 p. et atlas de VII planches doubles gravées
sur acier, avec leurs légendes en regard.　　　　　4 fr.

Après avoir énuméré et classé méthodiquement les diverses matières premières, l'auteur nous initie aux détails de fabrication et nous décrit les
nombreuses transformations que subit le chiffon avant de sortir de la cuve
ou de la machine sous forme de papier. Il nous apprend à connaître et à
distinguer les différentes espèces de papier, leurs formats, leur poids, leurs
dimensions, et décrit les diverses machines qui constituent le matériel d'une
papeterie. — Un éditeur américain s'est empressé de faire traduire en anglais
l'ouvrage de M. Prouteaux.

43. Guide pratique du **Parfumeur**, Dictionnaire raisonné des
Cosmétiques et **Parfums**, contenant la description des
substances employées en parfumerie, les altérations ou falsifications qui peuvent les dénaturer, etc., les formules de plus de
500 préparations cosmétiques, huiles parfumées, poudres den-
tifrices, épilatoires ; eaux diverses, extraits, eaux distillées,
essences, teintures, infusions, esprits aromatiques, vinaigres
et savons de toilette, pastilles, crèmes, etc. Ouvrage entière-

ment nouveau présentant des considérations hygiéniques sur les préparations cosmétiques qui peuvent offrir des dangers dans leur emploi, par M. le docteur Adolphe-Benestor LUNEL, chimiste, membre des Académies impériales des sciences de Caen, Chambéry, etc., ancien professeur de chimie et d'histoire naturelle, etc. 1 vol., 215 pages. 5 fr.

44. Guide pratique de l'**Épicerie**, ou Dictionnaire des denrées indigènes et exotiques en usage dans l'économie domestique, comprenant : l'étude, la description des objets consommables ; les moyens de constater leurs qualités, leur nature, leur valeur réelle ; les procédés de préparation, d'amélioration et de conservation des denrées, etc., contenant en outre la fabrication des liqueurs, le collage des vins, etc.; enfin les procédés de fabrication d'une foule de produits que l'on peut ajouter au commerce de l'épicerie, par le docteur Benestor LUNEL, membre de plusieurs sociétés savantes. 1 vol. de 256 pages. 2 fr.

Nous n'avons rien à ajouter aux titres de ces deux ouvrages qui indiqueront leur utilité. Nous devons seulement constater que le docteur Lunel a consciencieusement rempli le cadre qu'il s'était tracé.

48. Guide pour l'essai et l'analyse des **Sucres** indigènes et exotiques, à l'usage des fabricants de sucre. Résultats de 200 analyses de sucres classés d'après leur nuance, par M. Émile MONIER, ingénieur chimiste, ancien élève de l'École centrale des arts et manufactures, membre de la Société de chimie de Paris. 1 vol., 96 p., avec figures dans le texte et tableaux. 2 fr.

L'auteur, après avoir rappelé les propriétés générales des substances saccharifères, donne les méthodes les plus simples qui permettent de doser avec précision ces mêmes substances. Quelques notes sur l'altération et le rendement des sucres soumis au raffinage terminent le travail de M. Monier, dont M. Payen a fait un éloge mérité devant l'Académie des sciences.

(Pour *la Canne à sucre*, voir série II, n° 50.)

48 *bis*. Guide pratique du **Féculier** et de l'**Amidonnier**, suivi de la conversion de la fécule et de l'amidon en dextrine sèche et liquide ; en sirop de glucose, sirop de froment, sirop impondérable ; en sucre de raisin, sucre massé, sucre granulé et cassonade ; en vin, bière, cidre, alcool et vinaigre, ainsi que leur application dans beaucoup d'autres industries, par L.-F. DUBIEF, chimiste, 1 vol. de 267 pages. 6 fr.

50. Traité de la fabrication des **Liqueurs** françaises et étrangères sans distillation. 5e édition, augmentée de développements plus étendus, de nouvelles recettes pour la fabrication des liqueurs, du kirsch, du rhum, du bitter, la préparation et la bonification des eaux-de-vie et l'imitation de celles de Cognac, de différentes provenances, de la fabrication des sirops, etc., etc., par M. L.-F. DUBIEF, chimiste œnologue. 1 vol., 288 pages. 4 fr.

Ce traité est formulé en termes clairs et familiers ; la personne la moins expérimentée dans l'art du distillateur, qui en lira attentivement les préceptes, pourra sans autre guide devenir un bon fabricant après quelques essais.

60. Essai et dosage des huiles employées dans le commerce ou servant à l'alimentation, des savons et de la farine de blé ; manuel pratique à l'usage des commerçants et des manufacturiers, par Cyrille CAILLETET, pharmacien de première classe, etc. 1 vol., 104 pages. 3 fr.

Ce guide décrit avec clarté des procédés nouveaux et pratiques pour découvrir la sophistication des huiles, pour l'analyse prompte des savons, et pour l'essai commercial de la farine de blé. Les procédés de M. Cailletet ont à leur tour subi la pierre de touche de l'expérience ; la Société industrielle de Mulhouse a couronné, en 1857 et en 1859, le dosage des huiles mélangées et celui des savons. La Société des arts, sciences et belles-lettres de Paris a couronné, en 1855, l'essai de la farine de blé.

En préparation.

1. Tissage.
2. Composition des tissus.
6. Teinturier et préparation des matières tinctoriales.
7. Fabrication des couleurs.
10. L'Ouvrier mécanicien, ou Mécanique de l'atelier.
11. Le Forgeron et l'Ouvrier forgeron.
14. Menuisier modeleur.
15. Ebéniste.
16. Tourneur en bois.
17. Sculpteur.
18. Tapissier, ameublement, etc.
19. Serrurier.
20. Ajusteur et tourneur en métaux.
21. Fondeur et mouleur.
22. Ferblantier.
24. Marqueteur.
25. Chaudronnier.
27. Horloger-mécanicien.
28. Graveur.
29. Luthier.
30. Brocheur, relieur et cartonnier.
32. Vitrification et fabrication des glaces.
33. Porcelaine (Fabrication des).
34. Faïencier.
36. Peinture sur verre et sur porcelaine.
37. Imprimeur-typographe.
38. Imprimeur-lithographe et en taille-douce.
39. Charbonnage, coke, tourbe.
40. Fabrication du gaz.
41. Huiles.
42. Bougies et chandelles.
43. Fabrication des savons.
46. Meunerie et Boulangerie.
47. Saunier.
49. Cuisinier.
51. Sommelier.
52. Pâtissier.
53. Distillation.
54. Fabrication des bières.
55. Pharmacien.
56. Fabrication du sucre.
57. Raffinage.
58. Chocolatier, confiseur, etc.
59. Pharmacien-droguiste.
61. Instruments de précision.
62. Préparation et filature du chanvre et du lin.
63. Blanchiment.
64. Blanchissage et buanderie.
65. Naturaliste préparateur.
66. Herboriste.
67. Conservation des bois.

SÉRIE H.

AGRICULTURE, JARDINAGE, HORTICULTURE, EAUX ET FORÊTS, — CULTURES INDUSTRIELLES, ANIMAUX DOMESTIQUES, APICULTURE, PISCICULTURE, ETC.

2. Guide pratique d'**Agriculture**. Traité élémentaire avec tableaux, par M. H. Hervé de Lavaur, propriétaire-agriculteur, membre de plusieurs Sociétés savantes. 1 vol., 236 p.   2 fr.

3. **Ingénieur agricole** (L'), hydraulique, desséchement, drainage, irrigations, etc.; suivi d'un appendice, contenant les lois, décrets, règlements et instructions ministérielles qui régissent ces matières, par Jules Laffineur, ingénieur civil et agronome, membre de plusieurs Sociétés savantes, etc. 1 vol., 266 pages et 3 planches.   3 fr.

> Le *Guide pratique d'hydraulique* (p. 23, n° 31), du même auteur, s'adresse plus particulièrement aux habitants des villes, aux grands propriétaires, à ceux qui ont mission d'étudier ou d'établir des conduites d'eau. L'*Ingénieur agricole* s'occupe plus spécialement des travaux de la campagne. Les agriculteurs y trouveront des notions précises sur les travaux qu'il est de leur intérêt de faire exécuter, et des renseignements exacts sur leurs droits et leurs devoirs.

4. Guide pratique pour le bon aménagement des **habitations des animaux** : les Bergeries, les Porcheries, les habitations des animaux de la basse-cour, Clapiers, Oisellerie et Colombiers, par Eug. Gayot, membre de la Société impériale et centrale d'Agriculture de France, 1 volume de 355 pages et 31 figures dans le texte.   3 fr.

5. Guide pratique pour le bon aménagement des **habitations des animaux** : les Écuries et les Étables, par le même, 1 vol., 208 pages et 65 figures dans le texte.   3 fr.

> Aucun animal ne saurait être développé dans ses facultés natives, dans ses aptitudes propres, et produire activement dans le sens de ces dernières, si on ne le place dans les meilleures conditions d'alimentation, de logement, de multiplication. M. Gayot, avec l'autorité d'une longue expérience, a réuni dans ces deux volumes les conditions générales d'établissement et les dispositions particulières aux diverses espèces d'animaux.

6 et 7. Eléments des **Sciences physiques** appliquées à l'agriculture, par M. A.-F. Pouriau, docteur ès sciences, ancien élève de l'École centrale, etc., en deux volumes, savoir :

6. 1° *Chimie inorganique*, suivie de l'étude des marnes, des eaux et d'une méthode générale pour reconnaître la nature d'un des composés *minéraux* intéressant l'agriculture ou la médecine vétérinaire. 1 vol., 512 p., 153 figures dans le texte et tableaux.   6 fr.

7. **2°** *Chimie organique,* comprenant l'étude des éléments constitutifs des végétaux et des animaux, des notions de physiologie végétale et animale, l'alimentation du bétail, la production du fumier, etc., par le même. 1 vol., 541 p., 66 figures dans le texte et tableaux. 6 fr.

On ne fait plus l'éloge des livres de M. Pouriau. M. Pouriau est professeur et sous-directeur à l'École impériale d'agriculture de Grignon; l'élection l'a fait secrétaire général de la Société impériale d'agriculture de Lyon ; voilà quelques-uns des titres de l'homme; quant à ses ouvrages, ils sont promptement devenus classiques, et ils sont en même temps consultés avec fruit par les gens du monde.

(Voir aussi plus loin n° 55.)

7 bis. Guide pratique de la construction, de l'emploi et de la conduite des **Machines agricoles** en général et des machines à vapeur en particulier, par M. Jules GAUDRY, ingénieur au chemin de fer de l'Est, etc. 1 vol., 100 pages. 1 fr.

8. Drainage, résultats d'observations et d'expériences pratiques faites par M. C.-E. KIELMANN, directeur de l'École agricole de Haasenfeld (Prusse), et publiées à l'usage des agriculteurs français, par C. HOMBOURG. 1 vol., 104 pages avec figures dans le texte. 1 fr.

La plupart des ouvrages publiés sur le drainage sont le résultat d'études théoriques que l'expérience n'a pas encore sanctionnées. M. Kielmann est entré dans une autre voie : il n'a eu recours à la théorie qu'autant que cela était nécessaire pour expliquer certains phénomènes. Comme il le dit dans sa préface, il voulait offrir à ceux qui commencent à s'occuper du drainage et même au simple paysan, un manuel tel que le lecteur pût dire, après l'avoir parcouru : C'est facile à comprendre, désormais je pourrai travailler. — Ce but, le succès du *Guide pratique du drainage* le prouve, a été largement atteint.

9. Chimie agricole. Leçons familières sur les notions de chimie élémentaire utiles au cultivateur, et sur les opérations chimiques les plus nécessaires à la pratique agricole, par M. N. BASSET, auteur de plusieurs ouvrages d'agriculture et de chimie appliquée. 1 vol., 336 p. avec fig. dans le texte. 3 fr.

L'auteur, laissant de côté les grands mots et les formules scientifiques, a cherché, avant tout, à se rendre intelligible à tous. Dans une série de leçons familières, après avoir prouvé la nécessité de la chimie pour l'agriculture, il a successivement traité de l'analyse des sols, des amendements, de la composition des plantes, de celle des animaux, de quelques industries agricoles, etc. Des observations succinctes et des notions intéressantes sur divers sujets complètent cette *Chimie agricole*.

11. Guide pratique des **Conférences agricoles,** par M. Louis GOSSIN, cultivateur, professeur d'agriculture dans l'Oise, etc. 1 vol., XII-112 pages. 1 fr.

(Ouvrage recommandé officiellement pour les écoles normales, etc.)

14. Guide pratique pour le choix de la **Vache laitière,** par M. ERNEST DUBOS, vétérinaire de l'arrondissement de Beau-

vais, professeur de zootechnie à l'Institut agricole de la même
ville. In-18, 132 pages et planches.   2 fr.

Les diverses méthodes pour le choix des vaches laitières sont résumées
dans ce livre. Les agriculteurs et les éleveurs y trouveront l'indication des
signes qui peuvent les guider pour la conservation et l'acquisition des animaux qui conviennent le mieux à leurs exploitations. — Les figures représentant les diverses races de vaches laitières sont remarquables.

17. **Éducation lucrative des Lapins**, ou Traité de la race
cuniculine, suivi de l'Art de mégisser leurs peaux et d'en
confectionner des fourrures, par M. MARIOT-DIDIEUX, vétérinaire en premier attaché aux remontes de l'armée, membre
de plusieurs sociétés savantes. 1 vol., 156 p.   2 fr.

L'industrie de l'éducation de la race cuniculine est créée et elle marche
vers le progrès. C'est dans le but de la voir se propager dans les campagnes
comme une des industries peut-être les plus propres à tarir les sources du
paupérisme et de la misère que l'auteur a publié cette nouvelle édition de
son *Guide pratique*, en l'enrichissant d'un grand nombre de données nouvelles. En résumé, l'auteur démontre qu'aucune viande ne peut être produite
aussi bon marché que celle du lapin.

18. **Éducation lucrative des Poules**, ou Traité raisonné
de Gallinoculture, par le même. 1 vol., 444 pages.   3 fr. 50

L'éducation, la multiplication et l'amélioration des animaux qui peuplent
les basses-cours ont fait depuis une quinzaine d'années de notables progrès.
Répondant à un besoin de l'économie domestique, l'auteur de ce guide pratique a voulu faire un traité complet de gallinoculture dans lequel, après des
considérations historiques, anatomiques et physiologiques sur les poules, il
décrit les caractères physiques et moraux de quarante-deux races, apprend à
faire un choix parmi ces races si diverses, et indique les moyens de conservation et de multiplication des individus. Des chapitres spéciaux sont consacrés aux maladies, à la pharmacie gallinée, à la statistique des poules et des
œufs de la France, etc.

19. **Éducation lucrative des Oies et des Canards**, par
le même. 1 vol., 180 pages, avec de nombreuses figures dans
le texte.   1 fr. 50

Ces deux monographies sont à la fois utiles, instructives et amusantes.
L'auteur décrit les mœurs particulières de chaque espèce et indique le
genre de nourriture favorable à leur multiplication, et propre à donner des
bénéfices aux éleveurs. Toutes ces notions, parsemées de données historiques,
d'anecdotes, de réflexions philosophiques, offrent une lecture des plus at-
trayantes.

20. Guide pratique du **Piscicateur**, par M. Pierre CARBONNIER,
pisciculteur, fabricant d'appareils à éclosion, membre de la
section des poissons de la Société impériale d'acclimatation et
de plusieurs Sociétés savantes, etc. 1 vol., 200 pages, avec de
nombreuses figures dans le texte.   2 fr.

Ce n'est pas comme un théoricien ou un savant systématique que M. Carbonnier se présente à ses lecteurs : ce sont les résultats pratiques qu'il a
obtenus dans la *piscifacture* construite et exploitée par lui à Champigny, qui
lui donnent le droit d'indiquer les méthodes et les systèmes qui lui ont le mieux
réussi, c'est-à-dire qui lui ont donné les résultats les plus profitables. Le
Traité de pisciculture est suivi d'une notice sur les poissons d'eau douce
qui vivent dans nos climats, leurs formes, leurs habitudes, enfin les particula-

rités relatives à la culture artificielle de chacun d'eux. Un appendice est consacré aux *aquariums* d'appartement.

21. Guide pratique du **Chasseur médecin**, ou Traité complet sur les maladies du chien, par M. Francis CLATER, vétérinaire anglais; traduit de l'anglais sur la 27e édition. 5e édition française, corrigée et augmentée, par M. MARIOT-DIDIEUX, vétérinaire en premier attaché aux remontes de l'armée, etc. 1 vol., 189 pages. 2 fr.

La mention que ce livre a eu en Angleterre vingt-sept éditions dispense de tout commentaire. Le guide que nous avons placé dans notre Bibliothèque en est la troisième édition française. M. Mariot-Didieux, le savant vétérinaire, en acceptant la révision de cette édition, s'est attaché à supprimer dans le texte original des formules trop compliquées, à en simplifier d'autres et à en ajouter de nouvelles. Ainsi entièrement refondu, l'ouvrage est véritablement un traité complet sur les maladies du chien, traité auquel un chapitre sur l'art de mégisser les peaux pour en faire des tapis, sert de complément.

23. Guide pratique du **Vétérinaire** et du **Maréchal** pour le ferrage des chevaux et le traitement des pieds malades, par M. Joseph GOODWIN, médecin vétérinaire des écuries de Sa Majesté Britannique. Traduit de l'anglais. 1 vol., 244 pages et 3 planches. 2 fr.

La première édition anglaise de ce guide remonte déjà à quelques années, mais les conseils de M. Goodwin ont le mérite de ne pas vieillir, parce qu'ils reposent sur une connaissance approfondie du cheval et sur une longue expérience pratique. Nous n'hésitons pas à recommander cet ouvrage.

28. Manuel pratique de **Culture maraîchère**, par M. COURTOIS-GÉRARD, marchand grainier, horticulteur. 4e édition, augmentée d'un grand nombre de figures et de plusieurs articles nouveaux. Ouvrage couronné d'une médaille d'or par la Société impériale et centrale d'agriculture, d'une grande médaille de vermeil par la Société impériale et centrale d'horticulture. 1 vol., 396 pages, 88 figures dans le texte. 3 fr. 50

Outre les récompenses honorifiques qui viennent d'être mentionnées, l'auteur de ce manuel a obtenu une attestation qui garantit la valeur de son travail aux yeux du public, en même temps qu'elle constate l'exactitude de ses recherches et l'utilité des notions renfermées dans son ouvrage. Cette attestation émane de vingt-cinq jardiniers-maraîchers de la ville de Paris qui, après avoir entendu la lecture du travail de M. Courtois-Gérard, déclarent qu'ils lui donnent toute leur approbation, comme étant conforme aux bonnes méthodes de culture en usage parmi eux, et autorisent l'auteur à le publier sous leur patronage. (Cet ouvrage est officiellement recommandé pour les écoles normales, etc.)

Cette nouvelle édition a été augmentée d'un chapitre sur la culture des porte-graines et d'un vocabulaire maraîcher.

32. Guide pratique pour la **Culture des plantes fourragères**, par A. GOBIN, ancien élève de l'Ecole impériale de Grand-Jouan, directeur de la colonie pénitentiaire du Val-d'Yèvres (Cher).

1° *Première partie :* **Prairies naturelles**, irrigations, pâturages, avec un appendice reproduisant les lois du 21 juin 1866

sur les associations agricoles. 1 vol., 284 pages, avec nombreuses figures.   3 fr.

33. 2° **Plantes fourragères**, *deuxième partie*, par le même
auteur : *Prairies artificielles, Plantes-racines.* 1 vol. de 388 p.
et 87 figures.   3 fr. 50

Les fourrages sont la base de toute culture, et il est admis aujourd'hui,
par tous les agriculteurs intelligents, que pour avoir du blé il faut faire des
prés. M. Gobin a voulu rédiger un guide tout pratique, indiquant tout ce
qui doit être observé pour obtenir les meilleurs résultats et éviter les dépenses inutiles; mais, comme il le dit dans sa préface, si le titre même de
son livre lui a fait une loi de se restreindre à la culture des plantes fourragères, et de s'abstenir de considérations scientifiques inutiles au but qu'il
poursuit, il ne s'est pas interdit les applications pratiques des sciences en
tant qu'elles se rapportent à l'explication des phénomènes ou à l'amélioration des méthodes de culture.« C'est là, en effet, dit-il, ce que nous entendons
par la pratique, et non point la seule routine manuelle, qui consiste à savoir
tenir les mancherons de la charrue, charger une voiture de gerbes ou ma-
nier la faux; celle-ci suffit à un ouvrier, celle-là est nécessaire au moindre
cultivateur intelligent. »
C'est donc la *pratique intelligente* qui a dicté ce guide qui a obtenu
promptement le succès qu'il mérite.

38. **Culture de l'Olivier**, son fruit et son huile, par M. Joseph
REYNAUD (de Nîmes), négociant et manufacturier. 1 vol., 300
pages.   3 fr.

Ce livre est le fruit de trente-cinq années de durs travaux, de longues
veilles, de nombreux voyages, de recherches patientes, de minutieuses expériences : aussi a-t-il été l'objet de nombreuses distinctions, et les procédés de M. J. Reynaud n'ont pas tardé à être pratiqués chez un grand nombre
d'extracteurs d'huile.

40. Guide pratique du **Vigneron**, culture, vendange et vinifi-
cation, par FLEURY-LACOSTE, président de la Société centrale
d'agriculture du département de la Savoie, membre de plusieurs
sociétés savantes, 1 vol., 137 pages.   2 fr.

Il existe un grand nombre de livres sur l'art de faire le vin; Malheureusement, il en est beaucoup qui ne sont que des reproductions presque ser-
viles d'ouvrages antérieurs, tandis que d'autres ne présentent que le résultat
d'expériences personnelles, de systèmes individuels.

M. Fleury-Lacoste est à la fois un homme instruit et un homme pratique.
Dans son *Guide du vigneron*, il a su éviter ces deux écueils; son livre sera
consulté avec fruit, et l'on peut avec confiance en adopter les préceptes.
Au surplus, S. Exc. M. le ministre de l'agriculture, certes plus compétent
que nous, vient d'engager M. Fleury-Lacoste à poursuivre ses études en
souscrivant à son excellent petit Traité. — C'est bien là le meilleur éloge que
l'on puisse faire de cet ouvrage.

41. Manuel pratique de **Jardinage**, contenant la manière de
cultiver soi-même un jardin ou d'en diriger la culture, par
M. COURTOIS-GÉRARD, marchand grainier, horticulteur. 6° édition. 1 vol., 396 pages, 1 planche et de nombreuses figures
dans le texte.   3 fr. 50

Nous renvoyons à la note accompagnant le n° 28 (*Manuel de culture maraîchère*) pour les titres de M. Courtois-Gérard à la confiance publique. Dans

le *Manuel du jardinier*, les jardiniers de profession trouveront des conseils, des détails nouveaux et des renseignements pratiques qu'ils peuvent ignorer ; le propriétaire et l'amateur de jardin y puiseront des instructions précises et claires, qui leur éviteront toute espèce de méprises et d'erreurs.

42. Guide pratique de la culture du **Saule** et de son emploi en agriculture, notamment dans la création des oseraies et des saussaies, avec un appendice sur la culture du **Roseau**, par M. M.-J. Koltz, chevalier de l'ordre R. G. D. de la Couronne de chêne, agent des eaux et forêts, etc., etc. Vol. in-18, 144 pages et 35 figures dans le texte.   2 fr.

Ce travail a pour objet de faire ressortir les avantages que procure la culture du saule dans les terrains qui lui conviennent, et qui, le plus souvent, ne peuvent être rendus productifs qu'à l'aide de cette essence. M. Koltz donne donc le moyen de mettre en produit des terrains vagues, et, à ce point de vue, son traité est un véritable service rendu à l'agriculture.
Dans certains parages, le roseau commun forme le complément obligé de l'osier : l'appendice que M. Koltz a consacré à cette plante renferme des détails fort intéressants, surtout pour les propriétaires de terrains aujourd'hui tout à fait improductifs.

43. Guide pratique de la **Culture du coton**, par le docteur Adrien Sicard, secrétaire général de la Société d'horticulture et du comité d'aquiculture pratique de Marseille, etc. 1 vol., 143 pages, avec figures dans le texte.   2 fr.

Ce guide, écrit par un homme compétent, est le fruit de longues études pratiques. Lorsque M. Sicard fait une affirmation, c'est qu'il parle *de visu*, et d'après ses propres expériences. Ainsi, les figures intercalées dans le texte, et qui donnent une idée exacte du cotonnier et des détails du coton, ont été photographiées d'après nature par lui-même et par l'un de ses fils.

45. Guide pratique du tracé et de l'ornementation des **Jardins d'agrément**, par M. T. Bona, ancien architecte, directeur de l'École de dessin industriel de Verviers. 1 vol., 304 pages. 4e édition, complétement refondue et ornée de 258 figures dans le texte.   2 fr. 50

Il existe quelques ouvrages spéciaux sur la composition et l'ornementation des jardins : malheureusement ils sont généralement d'un prix élevé, et puis la plupart des auteurs arborent des prétentions qui se traduisent par la classification qu'ils ont adoptée : ils ont, en fait de jardins, des genres *graves*, *terribles*, *mélancoliques*, *riants*, *lugubres*, etc.; M. Bona pense qu'il faut étudier le terrain dont on dispose et l'embellir par des créations conformes à sa situation.

46. Guide pratique de la **Culture du caféier** et du **cacaoyer**, suivi de la fabrication du chocolat, par M. P.-H.-F. Bourgoin d'Orli. 1 vol., 100 pages.   2 fr.

Ce livre est le fruit d'une longue expérience acquise par l'auteur dans une pratique de plusieurs années et par ses propres observations en Asie et en Amérique.

47. Guide pratique de la **Taille du rosier**, sa culture, ses belles variétés, par Eugène Forney, professeur d'arboriculture à l'amphithéâtre de l'École de médecine, membre professeur

de l'Association philotechnique, etc. 1 vol., 208 pages et figures
dans le texte.   2 fr.

Ce guide est le résumé des leçons faites par l'auteur sur la taille du rosier à l'amphithéâtre de l'Ecole de médecine, suivi d'un traité sur la culture de
ce bel arbrisseau. Cet ouvrage, comme le dit M. Forney, est une œuvre de
bonne foi, c'est-à-dire la recherche autant que possible du bon, du vrai et
du simple. Comme tout amateur qui n'a pas possédé, aux débuts de l'étude
sur la taille, cette routine qui trop souvent tient lieu de savoir-faire, il lui
a suffi de se rappeler les difficultés des commencements pour chercher à les
aplanir aux personnes étrangères à l'arboriculture. C'est le fruit des efforts
de M. Forney pour arriver à la vulgarisation des bons procédés de taille que
nous offrons au public.

48. Acclimatation des animaux domestiques. Etude
des animaux destinés à l'acclimatation, la naturalisation et la
domestication : Animaux domestiques, méthodes de perfectionnement, mammifères, oiseaux, poissons, insectes, vers à soie ;
précédée de Considérations générales sur les climats, de l'Exposé des diverses classifications d'histoire naturelle, etc., pouvant servir de *Guide au Jardin d'acclimatation;* par M. le
docteur B. LUNEL, ancien professeur d'histoire naturelle, 1 vol.,
188 pages, avec figures dans le texte.   2 fr.

M. le docteur Lunel a résumé d'une manière concise dans ce guide les notions concernant l'acclimatation, disséminées dans un grand nombre d'ouvrages
volumineux. Ce livre sera consulté avec fruit par toutes les personnes qu'intéresse la grande question de l'acclimatation.

49. Guide pratique d'Entomologie agricole, et petit traité
de la destruction des insectes nuisibles, par M. H. GOBIN.
1 vol., 279 pages, avec figures dans le texte.   3 fr.

Ce traité, d'une lecture attrayante, dissimule un grand fonds de science sous
des apparences légères. Le volume se compose de lettres familières adressées
à un nouveau propriétaire rural. Tous les insectes qui s'attaquent aux champs
et à leurs produits et aux animaux y sont passés en revue, et ce qui est mieux
encore, l'auteur a indiqué le moyen de se débarrasser de cette engeance en-
vahissante. Le livre est terminé par des nomenclatures scientifiques avec les
noms français.

50. Guide pratique de la Culture de la canne à sucre et
Traité de la sucrerie exotique, par M. P.-H.-F. BOURGOIN D'ORLI,
1 vol. de 156 pages.   2 fr.

Ce guide n'est pas, comme beaucoup de manuels, un livre fait avec d'autres
livres. M. Bourgoin d'Orli s'est, pendant de longues années, livré à une étude
toute spéciale de la canne à sucre et de sa culture dans plusieurs contrées
équatoriales et tropicales. Il a réuni dans ce volume, comme il l'a fait pour le
caféier, le résultat de son expérience et de ses observations personnelles.

La manipulation du sucre est complétement traitée dans cet ouvrage indispensable aux propriétaires et aux cultivateurs qui veulent mettre en sucreries
tout ou partie de leurs possessions dans les colonies.

52. Guide pratique de l'Ostréiculteur ou Culture des huîtres
et procédés d'élevage et de multiplication des races marines
comestibles, par M. Félix FRAICHE, professeur de sciences
mathématiques et naturelles. 1 vol., 175 pages, avec figures
dans le texte.   3 fr.

Les chemins de fer et la navigation, en diminuant les dist... les races marines comestibles des débouchés qui leur avaient manqué jus qu'alors. De là, et d'autres causes que M. Fraiche indique, l'appauvrissement des bancs d'huîtres. L'auteur, qui s'est inspiré des travaux de M. Coste, démontre que l'ostréiculture est une industrie facile à créer et à développer, et qui donne des résultats rémunérateurs à ceux qui savent l'exploiter.

52 bis. Richesse de l'agriculture. — Guide pratique de la **Vidange agricole**, à l'usage des agronomes, propriétaires et fermiers. Description de moyens faciles, économiques, salubres et pratiques, de recueillir, de désinfecter et d'employer utilement en agriculture l'engrais humain, par M. J.-H. Touchet, ancien chef de service à la Comp. Richer. 2e édition. 1 vol. de 88 pages avec figures. . 1 fr.

Les pages de M. Touchet sont riches en enseignements : son guide, en ce qui concerne les vidanges et les différentes manières d'employer l'engrais humain, est le résumé des meilleures méthodes pratiquées actuellement. Les constructeurs, les entrepreneurs, les propriétaires, les fermiers y trouveront tous des indications utiles.

55. Manuel du **chimiste-agriculteur**, par A.-F. Pouriau, docteur ès sciences, ancien élève de l'École centrale, etc., 1 vol., 460 pages, 148 figures et de nombreux tableaux, suivi d'un appendice. 5 fr.

Ce volume forme en quelque sorte le complément de la *Chimie organique* et de la *Chimie inorganique*. Il fait connaître les diverses manipulations, qui sont décrites avec un très-grand soin. Il contient, en outre, un grand nombre d'indications d'une utilité toute pratique.

(Voir plus haut, série H, nos 6 et 7.)

56. Guide pratique élémentaire de **Botanique** et Traité de **Physiologie végétale** appliquée à la culture des plantes, par M. Léon Lerolle, ancien élève de l'École impériale d'agriculture du Grand-Jouan, membre de la Société d'horticulture de Marseille. 1 vol., VIII-464 pages, avec 108 figures dans le texte. 5 fr.

Dans ce traité, simple dans sa forme, mais rigoureusement exact quant au fond, l'auteur a eu pour but de donner la science en guide à la pratique, et il présente au cultivateur des explications rationnelles sur les phénomènes qui s'accomplissent journellement dans les champs, les forêts et les jardins. M. Lerolle s'est étendu principalement sur les points de la physiologie végétale où les différentes branches de culture trouveront d'utiles applications. Les nombreuses gravures sur bois qui élucident le texte en rendent la lecture attrayante même pour les gens du monde.

57. Manuel des **Constructions rurales**, par T. Bona, avec figures dans le texte. 1 vol. de 296 pages. 3 fr. 50

En préparation.

1. Traité complet d'agriculture.
10. Fabrication, choix et emploi des engrais.
12. Guide pratique de l'éleveur du cheval (production, élevage et utilisation).
13. Elevage des bœufs.
15. — des moutons.
16. — des porcs.
22. Elevage et entretien des oiseaux de volière.
24. Le berger.

6. Les droits des Inventeurs en France et à l'étranger.
Conseils généraux, — Brevets d'invention, — Péremption, —
Vente, — Licences, — Exploitation, — Géographie industrielle,
— Marques de fabrique, — Dessins, — Objet d'utilité, par
M. H. Dufrené, ingénieur civil, ancien élève de l'École impé-
riale des arts et manufactures, etc. 1 vol. de 108 pages. 2 fr. 50

Ce livre est un guide indispensable pour les inventeurs qui veulent demander un brevet et pour ceux qui en possèdent déjà soit en France soit à l'étranger. Pour tous M. Dufrené a de bons conseils. D'après ses indications, résultant
d'une longue pratique, on peut prévoir presque avec certitude les résultats
que doivent ou que peuvent produire les inventions ou les perfectionnements,
d'après la nature des brevets et les pays où on veut les exploiter.

7. La liberté et le courtage des marchandises, commentaire pratique de la loi du 18 juillet 1866, par Victor Emion,
avocat à la Cour impériale de Paris. Vol. de 142 pages.   1 fr.

L'application pratique de la nouvelle loi sur le courtage des marchandises
devait donner lieu à de nombreuses difficultés : ce sont ces difficultés que
M. V. Emion s'est étudié à prévoir et à résoudre dans son commentaire suivi
d'un appendice qui renferme de nombreux documents intéressant tous les
conmmerçants.

**12. Manuel pratique et juridique des Expropriés pour cause
d'utilité publique**, suivi de deux tableaux donnant le chiffre
de la valeur du mètre de terrain dans Paris et faisant connaître
les principales indemnités accordées aux industriels négociants
et commerçants expropriés, par M. Victor Emion, avocat à la
Cour impériale de Paris. Vol. de 125 pages.   1 fr.

Ce manuel est le résumé simple et concis des règles pratiques que les
expropriés ont intérêt à connaître pour se diriger dans la défense de leurs
droits. En étudiant ce manuel, les expropriés sauront qu'avant de se présenter
devant le jury, ils n'ont que peu ou point de formalités à remplir et *pas de
frais* à débourser. Ils y apprendront encore qu'en général les traités souscrits
d'avance avec des intermédiaires ne sont *habituellement* avantageux que pour
ceux qui contractent avec l'exproprié.
Les tableaux de la valeur du mètre dans les différents arrondissements de
Paris et des principales indemnités accordées par le jury offrent un très-grand
intérêt pour les propriétaires et les locataires.

14. Guide pratique d'Hygiène et de Médecine usuelle,
complété par le traitement du choléra épidémique, par le docteur B. Lunel, chimiste, membre des Académies impériales
des sciences de Caen, etc., ancien médecin commissionné pour
les épidémies, etc. 1 vol., 209 pages.   1 fr. 50

Ce livre ne s'adresse à aucune spécialité de lecteurs et convient à tout le
monde. Il se subdivise en hygiène privée et en hygiène publique. Dans la
première partie, l'auteur examine dans quelle mesure l'homme qui veut conserver sa santé doit, selon son âge, sa constitution et les circonstances dans
lesquelles il se trouve, user des choses qui l'environnent et de ses propres
facultés, soit pour ses besoins, soit pour ses plaisirs. Dans le second, il s'occupe de tout ce qui concerne la salubrité publique. Un chapitre spécial est
consacré à la médecine des accidents.

16. Manuel pratique d'**Ethnographie**, ou Description des races humaines; les différents peuples, leurs caractères naturels, leurs caractères sociaux; divisions et subdivisions des différentes races humaines, par M. J. d'Omalius d'Halloy. 5ᵉ édition, 1 vol., 127 pages, avec 1 planche coloriée.   3 fr.

Après avoir exposé les principes généraux de l'ethnographie, l'auteur décrit les races, rameaux, familles et peuples que l'on distingue dans le genre humain. Le *Manuel d'ethnographie* est terminé par des tableaux synoptiques présentant les diverses divisions, avec l'indication approximative de la force de chaque peuple et de la distribution des familles dans les cinq parties de la terre. Cet ouvrage est accompagné de nombreuses notes dans lesquelles l'auteur discute les diverses questions sur lesquelles il ne partage pas les opinions de la plupart des ethnographes.

17. Guide pratique de **Sténographie**, par M. Charles Tondeur. 23ᵉ édition. 1 volume.   1 fr.

Ce n'est point un système nouveau que M. Tondeur a voulu introduire, c'est une méthode éclectique qui renferme en elle ce qu'il y a plus de simple et de plus heureux dans tous les autres systèmes. La sténographie de M. Tondeur est à sa *vingt-troisième* édition.

En préparation.

4. Comptabilité manufacturière
5. — agricole.
8. Législation agricole.
9. Géographie commerciale.
10. Géographie industrielle.
11. Droit usuel.
13. Créancier hypothécaire.
15. Économie industrielle.
18. Maires et adjoints.
19. Electricité médicale.
20. Pêcheur.

21. Conservation des substances alimentaires.
22. Chimie amusante.
23. Physique amusante.
24. Extinction des incendies, ou le Guide du sapeur-pompier. (Nouvelle édition complétement refondue.)
25. Choix d'une profession.
26. Personnel des chemins de fer.

Paris. — Typographie Hennuyer et fils, rue du Boulevard, 7.